微塑料
土壤毒理及环境效应

Soil Toxicology and
Environmental Effects of
Microplastics

余 红
史聆聆 等著

化学工业出版社
·北京·

内 容 简 介

本书以微塑料为研究对象，总结了土壤微塑料的来源、特征、迁移规律和污染状况；分析了微塑料对土壤生态效应的危害，包括对土壤物理和化学性质、土壤酶活性和微生物群落、土壤动植物的影响，概述了微塑料对土壤物质循环的影响；评估了微塑料对其他污染物（重金属和有机污染物等）的吸附和相互作用，阐明了土壤微塑料的毒理和环境效应及其可能机理，为微塑料对土壤生态环境影响的研究以及污染防治工作的开展提供理论依据。

本书具有较强的针对性和原创性，可供从事微塑料污染研究、土壤污染及管控等的科研人员、工程技术人员及管理人员参考，也可供高等学校环境科学与工程、生态工程、农业工程、材料工程及相关专业师生参阅。

图书在版编目(CIP)数据

微塑料土壤毒理及环境效应 / 余红等著. — 北京：化学工业出版社，2023.10
ISBN 978-7-122-44186-7

Ⅰ.①微… Ⅱ.①余… Ⅲ.①塑料垃圾-环境效应-研究②土壤学-毒理学-研究 Ⅳ.①X705②S154.1

中国国家版本馆 CIP 数据核字（2023）第 176157 号

责任编辑：刘婧　刘兴春　　　　　　　　文字编辑：王丽娜
责任校对：王鹏飞　　　　　　　　　　　装帧设计：刘丽华

出版发行：化学工业出版社（北京市东城区青年湖南街 13 号　邮政编码 100011）
印　　装：涿州市般润文化传播有限公司
787mm×1092mm　1/16　印张 14¾　彩插 8　字数 310 千字
2023 年 12 月北京第 1 版第 1 次印刷

购书咨询：010-64518888　　　　　　　　售后服务：010-64518899
网　　址：http://www.cip.com.cn
凡购买本书，如有缺损质量问题，本社销售中心负责调换。

定　价：98.00 元　　　　　　　　　　　　　　　　版权所有　违者必究

前言

塑料的发明是材料领域的重要革新,随着塑料生产工艺的进步,其高经济性、高效能、高可替代性等优势更加明显。此外,塑料制品种类繁多,已成为日常生产生活不可或缺的重要部分。据统计,目前全球塑料累计产量达 8.3×10^9 t,然而只有约 20% 的塑料被回收利用,剩余约 80% 最终堆积在土壤、河流和海洋环境中。堆存在环境中的塑料垃圾在物理、化学或生物作用下分解成较小的碎片和颗粒,逐步形成粒径<5mm 的微塑料颗粒。微塑料因其疏水性强、颗粒小、比表面积大、化学性质稳定和携载其他环境污染物等特点,能够在环境中积累、迁移和扩散,微塑料污染已成为全世界共同面临的新型环境问题。土壤是地球上最宝贵的资源之一,为人类及其他生物提供一系列重要的生态系统功能和服务。人类活动的引入(如农用薄膜的使用、污水灌溉、土壤改良剂施用、乱扔垃圾等)和环境介质(如雨水径流、空气)的传输,使土壤成为微塑料最大的储藏库,可能是海洋的 4~23 倍。微塑料进入土壤后,对土壤养分循环和土壤健康产生影响,通过物理毒害、化学毒害和多重载体等作用影响环境中生物的正常代谢活动,污染生态系统和影响生态系统服务功能,并且对人类食品安全造成潜在威胁,从而对人体健康产生危害。

本书共 8 章,全书以微塑料为研究对象,总结了土壤微塑料的来源、特征、迁移规律和污染状况;分析了微塑料对土壤生态效应的危害,包括对土壤物理和化学性质、土壤酶活性和微生物群落、土壤动植物的影响,概述了微塑料对土壤物质循环的影响;评估了微塑料对其他污染物(重金属和有机污染物等)的吸附和相互作用,阐明了微塑料的环境效应及其可能机理,为微塑料对土壤生态环境的影响研究以及污染防治工作的开展提供理论依据。本书内容具有较强的针对性和原创性,可供从事微塑料污染研究、土壤污染及治理等的工程技术人员、科研人员及高等学校相关专业师生参考。

本书由余红和史聆聆等著,其中,余红负责全书的总体设计和统稿;第 1 章、第 2 章、第 3 章、第 5 章、第 6 章由余红著;第 4 章由张颖著;

第 7 章由李萌著；第 8 章由史聆聆著。本书的出版获得了国家重点研发计划（2020YFC1909502）和长江驻点跟踪研究二期（2022-LHYJ-02-0509-05）资助。此外，本书在撰写过程中还参考了部分相关领域的文献，引用了国内外许多专家和学者的成果和图表资料，谨此向有关作者致以谢忱。

限于学术水平及撰写时间，书中不足和疏漏之处在所难免，敬请专家、学者及广大读者批评指正。

著者
2023 年 3 月

目录

第 1 章　土壤微塑料的定义、来源及迁移　/　001

1.1　微塑料的定义及性质　/　001
1.2　土壤微塑料的来源　/　002
1.2.1　土壤改良剂施用　/　003
1.2.2　塑料覆盖　/　004
1.2.3　灌溉　/　004
1.2.4　其他来源　/　005
1.3　土壤微塑料的分布　/　005
1.4　土壤微塑料的迁移　/　009
1.4.1　生物条件下的微塑料迁移　/　009
1.4.2　非生物条件下的微塑料迁移　/　010
1.5　土壤微塑料的老化降解　/　011
1.5.1　光和热引发的氧化降解　/　011
1.5.2　与土壤胶体的异质聚集　/　012
1.5.3　生物降解　/　012
1.6　微塑料中的添加剂　/　013
1.7　塑料污染防控策略　/　016
1.7.1　设计与生产　/　016
1.7.2　销售与使用　/　019
1.7.3　塑料垃圾回收利用与处置　/　020
参考文献　/　021

第 2 章　微塑料对土壤理化性质的影响　/　028

2.1　微塑料对土壤物理性质的影响　/　028
2.1.1　土壤结构　/　028
2.1.2　土壤孔隙度　/　029
2.1.3　土壤容重　/　030
2.1.4　土壤水分　/　030

2.2 微塑料对土壤化学性质的影响 / 038
2.2.1 土壤 pH 值 / 038
2.2.2 土壤有机质 / 040
2.2.3 土壤营养物质 / 041
2.3 微塑料对土壤不同团聚体组分物化性质的影响 / 043
2.3.1 试验设计 / 043
2.3.2 微塑料对土壤营养成分的影响 / 046
2.3.3 微塑料对土壤 pH 值和阳离子交换量的影响 / 050
2.4 不同微塑料对土壤溶解性有机质的影响 / 051
2.4.1 试验设计 / 051
2.4.2 微塑料对土壤 DOC 的影响 / 055
2.4.3 微塑料对土壤 DOM 紫外-可见光谱特征的影响 / 056
2.4.4 微塑料对土壤 DOM 荧光光谱特征的影响 / 057
2.4.5 微塑料对土壤 DOM 分子特征的影响 / 061
2.4.6 微塑料诱导的土壤性质变化对 DOM 化学多样性的影响 / 064
参考文献 / 068

第3章 微塑料对土壤酶活性的影响 / 075

3.1 微塑料对土壤酶活性的影响研究进展 / 075
3.2 微塑料及土壤化学因子对不同土壤团聚体酶活性的影响 / 076
3.2.1 试验设计 / 076
3.2.2 微塑料对不同土壤团聚体组分中酶活性的影响 / 078
3.2.3 土壤化学因子对酶活性的影响 / 080
3.2.4 土壤化学因子对酶活性的影响途径 / 081
3.3 不同类型微塑料对土壤酶活性的影响 / 086
3.3.1 试验设计 / 086
3.3.2 土壤酶活性对不同类型微塑料的响应 / 086
参考文献 / 088

第4章 微塑料对土壤微生物的影响 / 091

4.1 微塑料对土壤微生物的影响研究进展 / 091
4.2 微塑料对土壤不同团聚体微生物的影响 / 097
4.2.1 试验设计 / 097
4.2.2 微塑料对土壤微生物多样性的影响 / 098
4.2.3 微塑料对土壤微生物群落组成的影响 / 100

4.2.4 微塑料诱导的土壤化学因子变化对微生物群落的影响 / 106
4.2.5 微塑料对微生物功能的影响 / 109
4.2.6 微塑料对土壤碳、氮和磷循环相关功能基因的影响 / 109

4.3 不同类型微塑料对土壤微生物的影响 / 113

4.3.1 试验设计 / 113
4.3.2 不同微塑料对微生物多样性的影响 / 113
4.3.3 微塑料对微生物组成和结构的影响 / 116
4.3.4 微塑料对微生物潜在功能的影响 / 119
4.3.5 土壤细菌和真菌对微塑料的异质性响应 / 122

4.4 微塑料对不同土层微生物多样性和群落影响的"邻避效应" / 124

4.4.1 试验设计 / 124
4.4.2 微塑料对微生物多样性的影响 / 125
4.4.3 微塑料对微生物群落组成的影响 / 127
4.4.4 微塑料对微生物群落结构的影响 / 130
4.4.5 微塑料对微生物功能的影响 / 130

参考文献 / 132

第 5 章 微塑料对土壤共存污染物的影响 / 137

5.1 微塑料对土壤共存污染物的影响研究进展 / 137

5.1.1 微塑料对土壤重金属的影响 / 138
5.1.2 微塑料对土壤有机污染物的影响 / 142

5.2 微塑料对土壤不同团聚体组分中重金属的影响 / 144

5.2.1 试验设计 / 144
5.2.2 不同重金属化学形态对土壤微塑料的响应 / 145
5.2.3 不同土壤团聚体组分中重金属化学形态对微塑料的响应 / 148
5.2.4 微塑料诱导的土壤因子变化对重金属化学形态的影响 / 148
5.2.5 微塑料诱导的土壤因子变化对重金属化学形态影响路径分析 / 151

参考文献 / 156

第 6 章 微塑料对土壤温室气体排放的影响 / 161

6.1 微塑料对土壤温室气体排放的影响研究进展 / 161

6.2 秸秆还田背景下微塑料对土壤温室气体排放的影响 / 162

6.2.1 试验设计 / 162
6.2.2 秸秆还田背景下微塑料对土壤有机碳及组分的影响 / 164
6.2.3 秸秆还田背景下微塑料对土壤 CO_2 排放的影响 / 167

6.2.4 秸秆还田背景下微塑料对土壤 N_2O 排放的影响 / 169
6.2.5 微塑料对不同土壤中 SOC 分布及 CO_2 和 N_2O 排放的差异影响 / 170
6.2.6 环境意义 / 172

参考文献 / 173

第 7 章　微塑料对植物的影响 / **176**

7.1 微塑料对植物的影响机制 / 176
7.2 微塑料对植物种子发芽和根系发育的影响 / 180
7.3 微塑料对植物生长和组织发育的影响 / 181
7.4 微塑料对植物光合作用的影响 / 182
7.5 微塑料对植物群落结构的影响 / 183
7.6 微塑料诱导的植物氧化应激 / 184
7.7 微塑料对植物代谢过程的影响 / 186
7.8 微塑料对植物遗传毒性的影响 / 187

参考文献 / 187

第 8 章　微塑料对土壤动物和人类的影响 / **192**

8.1 微塑料对土壤动物和人类的影响研究进展 / 192
8.1.1 微塑料对小型土壤动物的影响 / 192
8.1.2 微塑料对大型陆生动物和人类的影响 / 200
8.2 传统和生物可降解微塑料暴露对蚯蚓的影响 / 201
8.2.1 试验设计 / 201
8.2.2 微塑料对蚯蚓的神经毒性 / 204
8.2.3 微塑料对蚯蚓解毒酶的影响 / 205
8.2.4 微塑料诱导的蚯蚓氧化应激 / 207
8.2.5 微塑料诱导的蚯蚓氧化应激的综合评估 / 211
8.2.6 微塑料对蚯蚓肠道微生物群落的影响 / 213
8.2.7 微塑料对蚯蚓肠道微生物功能的影响 / 218

参考文献 / 221

附录　专业缩写词 / 227

第1章

土壤微塑料的定义、来源及迁移

1.1 微塑料的定义及性质

塑料的发明是材料领域的重要革新,随着塑料生产工艺的进步,其高经济性、高效能、高可替代性等优势更加明显。塑料制品种类繁多,已成为日常生产生活不可或缺的重要部分。据统计,全球塑料累计产量达 8.3×10^9 t[1],然而只有约20%的塑料被回收利用,剩余80%最终堆积在土壤、河流和海洋环境中[2]。堆存在环境中的塑料垃圾在物理、化学或生物作用下分解成较小的碎片和颗粒,逐步形成了"微塑料(MP)",即粒径<5mm的塑料颗粒[3-4]。微塑料疏水性强、颗粒小、比表面积大、化学性质稳定,能够在环境中积累、迁移和扩散,携载其他环境污染物。塑料污染已成为全世界共同面临的新型环境问题[5]。微塑料进一步衍生出纳米塑料,一般是指粒径<1000nm的塑料颗粒[6]。

微塑料按来源分为初级微塑料和次级微塑料[7]。初级微塑料有特定应用,包括化妆品、个人护理品、药物载体以及工业和工程应用,如空气喷砂和水性涂料。这些微塑料通常难以使用污水处理技术去除,一旦进入废水,最终会在环境中积累[8]。次级微塑料来源于较大的塑料,它们被风、波浪、温度和紫外线等多种复杂的环境条件逐渐破碎成较小的碎片。此外,重复使用也会导致塑料制品碎片化,并导致次级微塑料的形成。Hartline 等[9]发现,用顶装式洗衣机每件衣服的超细纤维产生量为 1471~2121 根,大约是前装式的 7 倍。纺织服装中每平方米有 3.0×10^4~4.65×10^5 根微纤维(或 175~560 根微纤维/g)分离[10]。与车辆运输有关的塑料排放,包括轮胎磨损、制动器、道路标记,是环境中微塑料的另一个主要来源。道路车辆轮胎磨损产生的微塑料排放的全球平均值约为人均 0.81kg/a。除道路交通外,飞机轮胎磨损产生的微塑料排放在轮胎磨损排放总量中也占有一定的比重。人造草坪在微塑料的次级来源中也发挥着重要作用,人造草坪微塑料排放量为 760~4500t/a[11]。各种类型的微塑料正被排放到各种自然栖息地和生态系统中。此外,环境中由于初级微塑料的比例很小以及风化和老化的影响，初级微塑料和次级微塑料几乎无法区分。

环境中微塑料的类型多样，常见聚合物类型为聚乙烯（PE）、聚对苯二甲酸乙二醇酯（PET）、聚酰胺（PA）、聚丙烯（PP）、聚苯乙烯（PS）、聚乙烯醇（PVA）和聚氯乙烯（PVC）。微塑料的化学成分在很大程度上决定了它们的性质，如降解性、密度和毒性。微塑料的密度一般为 $0.8 \sim 2g/cm^3$，其中密度为 $1g/cm^3$ 的最常见。环境微塑料颗粒平均质量为 $12.5\mu g$，体积 $0.011mm^3$，密度 $1.14g/cm^3$[12]。

微塑料的大小是影响其环境效应的重要因素。较小的微塑料（如纳米塑料）更有可能阻塞土壤微孔或被土壤动植物吸收，较大的微塑料则会引起更严重的环境问题。微塑料粒径从纳米到毫米，范围超过6个数量级。研究表明微塑料颗粒的粒径分布通常遵循负指数函数规律，其大小取决于微塑料颗粒在环境介质（包括空气）中形成（通过破碎）或迁移（通过侵蚀、粒径选择性迁移或沉降）的过程[13]，其数量浓度随着粒径的减小而急剧增加。

微塑料的形状是其影响土壤物理性质的关键属性[14]。微塑料常见的形状为碎片、纤维和薄膜，薄膜的厚度很小，纤维的厚度和宽度也很小。微塑料的形状主要取决于其来源和采样地点。微塑料的颜色主要为黑色、灰色、透明、白色、红色、蓝色、绿色等，颜色可能是影响塑料风化和微塑料形成的重要因素[15]。

环境微塑料表面具有不同的表面官能团。一方面，微塑料颗粒在生产过程中，会根据用途人为修饰不同的表面官能团，如广泛应用于化工和医药领域的PS，其表面会修饰羧基、氨基和磺酸基等官能团[16]；另一方面，微塑料在自然老化和降解过程中会被不断氧化，导致其表面官能团数量增加，如在风化和降解过程中，聚合物链断裂形成羟基、羰基和乙烯基等官能团[15]。官能团在很大程度上决定了微塑料的一些物理化学性质，如微塑料结构中含有极性官能团（如羧基、羟基和醚键等）会导致其极性增强，降低其疏水性，老化的微塑料表现出比原始微塑料更高的亲水性。

2011年起联合国环境规划署开始持续关注海洋中的微塑料污染问题。2014年首届联合国环境大会将海洋塑料垃圾污染列为"十大紧迫环境问题之一"。2015年第二届联合国环境大会将"微塑料"与"全球气候变化""臭氧耗竭"并列为全球重大环境问题。2018年，联合国环境规划署首次聚焦一次性塑料污染问题，并将当年世界环境日的主题确定为"塑战速决（Beat Plastic Pollution）"。2019年第四届联合国环境大会通过最新"海洋塑料垃圾与微塑料"专项决议，首次将一次性塑料污染列为重点防治领域，鼓励各国实行塑料污染生命周期管理。

1.2 土壤微塑料的来源

土壤微塑料的来源主要包括土壤改良剂施用、塑料覆盖、化肥和农药包装废弃物、灌溉、道路径流、大气沉降等[17-24]。农业薄膜对农田土壤中微塑料的贡献＜22.7％，牲畜和家禽粪便、灌溉水和空气沉降对农田土壤中微塑料的贡献分别为4.0％±3.0％、7.6％±6.9％（河水为9.8％±5.9％，地下水为5.8％±4.5％）和5.9％±5.0％，其余微塑料可能来自农业和非农业活动[25]。

土壤微塑料的来源及环境效应如图1-1所示。图1-1中，⊕、⊖和⊜分别表示微塑料的积极、消极和微不足道的影响。

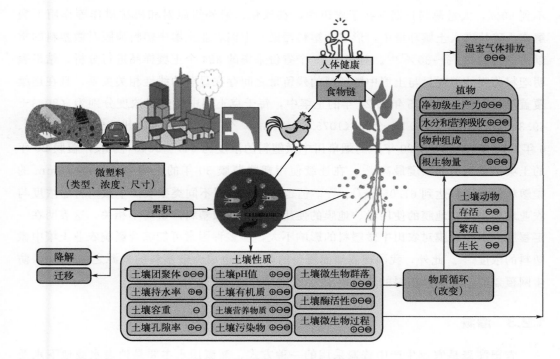

图1-1 土壤微塑料的来源及环境效应

1.2.1 土壤改良剂施用

污泥和堆肥产品中含有大量的微塑料，而其常作为土壤改良剂施用于土壤中，从而导致大量的微塑料进入土壤环境[26-27]。Blasing等[26]估计7t/hm²和35t/hm²堆肥产品施用可导致耕地每年微塑料输入量分别达0.016～1.2kg/hm²和0.08～6.3kg/hm²。我国堆肥产品年产量约2.5×10⁷t，施用量约2.2×10⁷t[27]，每千克堆肥产品大约含有1200mg微塑料，照此推算我国通过施用堆肥产品每年将2.64×10⁴t微塑料引入农田土壤。污泥是农业中常见的土壤改良剂，污水处理厂的每千克污泥中含有1600～56400个（平均22700个±12100个）微塑料颗粒，因此污水处理厂污泥的施用可能给土壤带来大量的微塑料颗粒[27-30]。据估计，随污泥施用进入欧洲和北美农田土壤的微塑料可达到（6.3～43）×10⁴t/a和（4.4～30）×10⁴t/a[31]。土壤微塑料的含量与污泥施用的时长和用量呈正相关。在智利，施用污泥的农田土壤中微塑料含量为0.57～12.9mg/kg[32]。

1.2.2 塑料覆盖

地膜可调节土壤温度和提高水分利用率，进而可以促进作物生长和改善作物质量，因此被广泛使用。世界上有超过 $128652km^2$ 的农业用地覆盖塑料薄膜，并且全球使用量平均每年以 1.5×10^6 t 的速度增长[33]。中国是农用塑料薄膜的消费大国，消费量从 1995 年的 4.7×10^5 t 增加到 2020 年的 13.6×10^5 t（国家统计网），而塑料薄膜的回收率不到 60%，大量薄膜长期存在于农田中，在风化、紫外线照射和机械耕作等作用下裂解成小碎片进入土壤环境中，形成微塑料污染。中国农业土壤中塑料薄膜对微塑料的贡献占比达到 10%～30%[34]。对我国 19 个省份采集的 384 个土壤样品进行分析，结果表明塑料薄膜的消耗量与土壤中微塑料的残留量之间存在显著的线性相关关系，且在连续覆盖塑料薄膜 5 年、15 年和 24 年的土壤中，每千克土壤中微塑料浓度分别为（80.3±49.3）个、（308±138.1）个和（1075.6±346.8）个[35]。我国恩施州连续覆膜（3 年、6 年、10 年、15 年和 20 年）的烟草田中微塑料的浓度为 647～2840 个/kg，覆膜 20 年的土壤中微塑料的浓度最高[36]。在连续使用塑料薄膜 30 年的土壤中，粒径<2mm 的微塑料的浓度可达到 $61.05mg/kg$[37]。但也有研究表明不同类型农田中微塑料的浓度与农业地膜类型和地膜的使用量、地膜的使用强度和初级塑料产量均不相关，这表明在一定程度上农业地膜对农田中微塑料的影响不大，但多种因素可能综合影响农业土壤中微塑料的浓度[25]。此外，我国裸露地面覆盖的防尘网也成为微塑料的来源之一[20,38]，防尘网覆盖的土壤中微塑料的浓度范围为 272～13752 个/kg[38]。

1.2.3 灌溉

农田灌溉是农业生产中普遍采用的一种方式，灌溉用水主要是地表水或地下水及净化后的污水，有些地区甚至直接使用或部分使用未经处理的污水灌溉农田。地表水或地下水中均含有微塑料，我国长江水表面微塑料的浓度为（4137.3±2461.5）个/m^3[39]，黄河水表面微塑料浓度达 380～1392 个/L[40]，汉江中微塑料的浓度达到（2933±305.5）个/m^3[41]。地下水的微塑料丰度较低，约为 7 个/m^3，粒径为 50～150μm[42]。采用地表水或地下水灌溉会将水中微塑料输入土壤中。灌溉水与农田中微塑料的丰度显著相关，尤其是在大型农田中。用地下水和雨水灌溉的农田中微塑料的浓度显著低于用河水、山泉水和其他水灌溉的农田，这可能是由于不同类型灌溉水中微塑料的浓度不同[25]。

据估计，全世界大约有 $2.0\times10^7 hm^2$ 的农田直接使用部分处理或未处理的废水灌溉。未经处理的废水中含有大量的微塑料，即使经过处理，仍然有 1% 的微塑料流入自然环境中[43]。无论废水是否处理，估计每天有 1.5×10^4～4.5×10^6 个微塑料排入环境中[44]，这些微塑料的主要来源是家用洗衣机的纺织纤维和个人护理产品，例如牙膏、肥皂和面部磨砂膏[43,45]。在西班牙东部发现污水灌溉农田中微塑料的浓度为 5190

个/kg，未受污水灌溉农田中微塑料的浓度为 2030 个/kg[46-47]。

1.2.4 其他来源

大气沉降是微塑料进入土壤的另一种途径。法国巴黎市区和郊区大气微塑料沉积速率分别为 $(110±96)$ 个$/(m^2 \cdot d)$ 和 $(53±38)$ 个$/(m^2 \cdot d)$，每年因大气沉降产生的微塑料输入量高达 10t[48]；英国伦敦市区微塑料沉积速率为 575~1008 个$/(m^2 \cdot d)$[49]；我国东莞市微塑料沉积速率为 $(36±7)$ 个$/(m^2 \cdot d)$[50]。我国北方城市空气中微塑料的浓度高于东南城市，如北京 $[(393±112)$ 个$/m^3]$ 和天津 $[(324±145)$ 个$/m^3]$ 空气中微塑料的浓度显著高于上海 $[(267±117)$ 个$/m^3]$、杭州 $[(246±78)$ 个$/m^3]$ 和南京 $[(177±59)$ 个$/m^3]$[51]。道路上乱抛垃圾、非法倾倒垃圾和轮胎磨损等也可能导致土壤中微塑料的累积[52]。最近一项研究表明垃圾焚烧后的底灰也是微塑料的重要来源，试验证明每吨垃圾焚烧后约产生 360~102000 个微塑料颗粒，主要类型是聚丙烯和聚苯乙烯，70% 微塑料的粒径在 $50\mu m$~1mm 之间[53]。

轮胎微粒作为一类特殊类型的微塑料，在全球微塑料污染中扮演着重要角色。在中国，54% 的初级微塑料来源于轮胎微粒。随着机动车数量的持续增加，轮胎微粒释放量将会持续增加。累计至 2018 年，世界轮胎的总产量已达到 $2.91×10^7$t，而伴随着其磨损，每年有高达 $5.92×10^6$t 轮胎微粒最终会释放到环境中，相当于每人每年排放 0.81kg 的轮胎磨损微粒[11]。在瑞典每年的轮胎粉尘排放量高达 10000t，德国甚至达到了 $1.1×10^5$t[26]。我国是世界轮胎微粒的第二大排放国，每年释放量约为 $7.56×10^5$t，占世界总排量的 12.8%。其中，机动车的释放是环境轮胎微粒的主要来源，在地表径流和大气传输的作用下，轮胎微粒广泛分布在全球各大生态系统中。其中，土壤系统是轮胎微粒重要的储存库，49%~90% 的轮胎磨损微粒最终残留在土壤生态系统中[54]。

在新冠感染大流行期间，全球范围内的生活垃圾和医疗垃圾有所增加[55]。医务人员使用的一次性个人防护设备套件（合成头套、鞋套和长袍）和一次性口罩导致了环境中微塑料的大量积累[56-57]。此外，无论是否佩戴口罩，空气中（室外/室内）微塑料和纳米微塑料的吸入风险都很高。

1.3 土壤微塑料的分布

在中国、澳大利亚、德国、瑞士、智利、孟加拉国和韩国等国家的土壤中均发现了微塑料。农田土壤中微塑料的浓度范围从 50 个/kg 到超过 5000 个/kg，主要取决于农业实践；城市、住宅和工业土壤中的微塑料浓度范围从 0.0092 个/kg 到超过 12000 个/kg[58]。在北极的雪地[59]、洪泛区[60]、海拔相对较高的山区和森林等天然土壤中[61]

都检测到微塑料，浓度范围为 0.0046～719 个/kg，主要来源于大气沉降和地表径流。

微塑料广泛存在于农田土壤中，但不同地区农田土壤中微塑料的浓度存在显著差异（表1-1），耕作方式和人类活动显著影响农田中微塑料的浓度。中国 31 个省级行政区的 109 个城市采集的 477 份土壤样本结果显示，温室、覆膜农田（包括大型和小型农田）和未覆膜农田中微塑料的平均浓度分别为（3330±5309）个/kg、（1837±2094）个/kg[大型农田为（1717±1908）个/kg，小型农田为（2093±2442）个/kg]和（2226±2924）个/kg。温室土壤的微塑料浓度显著高于覆膜农田和未覆膜农田。未覆膜农田的土壤微塑料浓度高于覆膜农田，但差异不显著，可能风从周围的覆膜农田中携带残余的薄膜碎片，然后将其沉积。此外，与覆膜农田相比，未覆膜农田中农民的田间管理（监管）通常较宽松，这可能会导致更多不同来源的微塑料输入，如塑料垃圾。对于覆膜农田，小农田中微塑料的浓度高于大农田，但不显著，表明人类非农业活动可能对农田中的微塑料产生重大影响。塑料的回收方法主要包括堆放、焚烧、回收、清除和无措施等，回收方法与农田中的微塑料浓度显著相关，特别是覆膜农田[25]。

农业土壤中微塑料的浓度与土壤的种植类型和气候因素密切相关。西班牙东部种植谷物的农田土壤中微塑料浓度为（2130±950）个/kg[47]，而东南部蔬菜种植地土壤微塑料浓度为（2116±1024）个/kg[62]。我国长江下游蔬菜、水稻、玉米和休闲土壤微塑料浓度分别为 41.7 个/kg、32.2 个/kg、51.5 个/kg 和 28.4 个/kg[63]，覆膜土壤中的微塑料浓度明显高于未覆膜土壤[64]。我国麦地土壤（河北）、水田土壤（山东）、果园土壤（陕西）、地膜土壤（湖北）、温室土壤（吉林）的微塑料浓度分别为（3910±1031）个/kg、（5490±573）个/kg、（3386±593）个/kg、（5386±835）个/kg 和（5124±632）个/kg；吉林省微塑料浓度最高，为（5215±839）个/kg，山东省最低，为（3986±1185）个/kg[65]。陕西中北部和南部的农作物种植类型不同，北部以果树为主，中部以小麦、玉米等旱地作物为主，南部则以水稻为主。研究发现北部农田土壤微塑料浓度明显高于中部和南部，这可能是因为种植果树需要使用更多的农用塑料制品。此外，南部土壤中薄膜微塑料最多，且粒径较小，说明陕南地区雨量大、气温高的因素可能导致微塑料降解，导致该区域以小径粒的微塑料为主[66]。

同时，微塑料的浓度随土壤深度的增加而减小，如蔬菜地浅层和深层土壤中微塑料的浓度分别为（78.00±12.91）个/kg 和（62.50±12.97）个/kg[67]，且土壤中粒径＜0.5mm 的微塑料在 10～25cm 层中的占比高于 0～5cm 层中[68]。土壤微塑料的分布还与土壤质地相关，砂壤土中微塑料浓度超过粉质壤土或壤土[68]。此外，微塑料的浓度与人口密度呈正相关，与高人口密度相关的农业活动是导致农田土壤中微塑料浓度高的主要因素[69]。土壤微塑料的特性（聚合物类型、大小和形状）与其来源有关。土壤微塑料的常见聚合物类型为 PE、PP、PS 和 PET，常见形状是纤维、薄膜、碎片/片材、颗粒/球体和泡沫。

表1-1 农田土壤中微塑料浓度

地点	土地利用类型	主要来源	采样深度/cm	浓度/(个/kg)	尺寸/mm	形状	聚合物类型	参考文献
中国陕西	—	SA, WI, MF	—	1430~3410	0~0.49 (81%)	纤维、碎片、薄膜	PS, PE, PP, PVC, PET	[66]
中国河北、山东、山西、湖北、吉林	麦田、水稻田、果园、覆膜农田、温室	SA, WI, MF	—	3910±1031 5490±573 3386±593 5386±835 5124±632	<5, <1 (80%)	纤维、碎片、薄膜、球体	PVC, PA, PP, PS, PE, PES, PMMA	[65]
中国石河子	棉花地	MF (5年, 15年, 24年)	0~40	80.3±49.3, 308.1±138.1, 1075.6±346.8	<5	碎片	PE	[35]
中国青藏高原	牧场、覆膜农田、温室	MF, WI, LI	0~3, 3~6	53.2±29.7, 43.9±22.3	<0.5 (66.27%), <0.5 (78.31%)	薄膜、碎片、泡沫、小球	PP, PE, PS, PA, 其他	[64]
中国恩施	烟草田	MF, SA, OF	0~20	646.67~2840	≤1.0 (55.20%~71.85%)	碎片、薄膜、纤维、泡沫、颗粒	—	[36]
中国昆明	菜地	SA, WI, MF	0~5, 5~10	13470~42960	0.05~0.25 (82%)	薄膜、碎片	—	[70]
中国哈尔滨	菜地、玉米地	MF	0~20, 20~30	(50±87) ~ (400±692)	0.05~5	—	PE	[71]
中国武汉	菜地	SA, WI, MF, LI	0~5	4.3×10⁴~6.2×10⁵	0.01~0.1 (81.7%)	碎片、纤维、颗粒、薄膜、泡沫	PE, PA, PP, PS, PVC, 其他	[72]
中国武汉	菜地	SA, MF	0~5	320~12560	<0.2 (70%)	纤维、颗粒、薄膜	PA, PP, PS, PE, PVC	[73]
中国杭州湾	菜地	SA, WI, MF, LI	0~10	571 (覆膜), 263 (未覆膜)	0.06~5, 1~3 (60%)	薄膜、纤维、碎片和其他	PE, PP, PA, PES, ACR, 尼龙, 其他	[23]

续表

地点	土地利用类型	主要来源	采样深度/cm	浓度/(个/kg)	尺寸/mm	形状	聚合物类型	参考文献
中国寿光	菜地	MF, LI, OF, RO	0~5 5~10 10~25	275~5411, 179~7175, 307~4507	<0.5 (65.2%)	纤维、碎片、薄膜、颗粒和泡沫	PP, EPC, PE, PS, PES, PU, ABS, PMMA, 其他	[68]
智利 Mellipilla	玉米地	SA	0~25	600~10400	<5	纤维	—	[32]
加拿大 Ontario	—	SA	0~15	4~541	>0.3	纤维、碎片	PS, PE, PP, PES, ACR, PU, PA, PMMA, 其他	[74]
德国东南部	—	—	0~5	0.34±0.36	1~5	薄膜、碎片、纤维	PE, PS, PP	[75]
德国 Schleswig-Holstein	冬油菜、冬小麦、橄榄灌	WI, OF	0~10 10~20 20~30	0~217.8	1~5	碎片、纤维、薄膜	PE, PP, PA, 其他	[76]
伊朗 Fars	—	MF	0~10	(156±153)~(400±305)	0.040~0.74	—	LDPE	[77]
西班牙 Valencia	谷田、橄榄园	SA, 其他	0~10 10~30	无 SA: 930±740 (轻密度); 1100±570 (重密度); SA: 2130±950 (轻密度); 3060±1680 (重密度)	>0.05	碎片、纤维、薄膜	LDPE, HDPE	[47]
韩国济州	果园、温室、水稻田、高地	MF, CT, AD	0~5	664~3440	<5	碎片、薄膜、纤维和颗粒	PE, PP, PS, PVC	[78]
韩国 Yong-In	水稻田、覆膜土地、温室	MF, LI	0~5	20~325, 10~265, 75~7630 (温室外), 215~3315 (温室内)	<5	碎片、纤维、片状	PE, PP, PET	[79]

注: 1. SA—污泥施用; OF—有机肥; WI—污灌; MF—覆膜; LI—乱扔垃圾; CT—汽车轮胎磨损; AD—大气沉降; RO—径流。
2. PMMA—聚甲基丙烯酸甲酯; PES—聚酯纤维; ACR—丙烯酸酯类共聚物; EPC—乙烯-丙烯共聚物; PU—聚氨酯; ABS—丙烯腈-丁二烯-苯乙烯共聚物; LDPE—低密度聚乙烯; HDPE—高密度聚乙烯。

1.4 土壤微塑料的迁移

微塑料可以通过生物扰动和农业实践进行短距离传播，通过地表径流和土壤侵蚀进行长距离传播。土壤特性（如土壤裂缝、孔隙）、土壤生物群（如真菌、细菌、植物和土壤动物）、土壤管理（耕作和收获）、气候条件（干湿交替、冻融、风、气流等）影响微塑料在土壤中的水平和垂直迁移[71, 80-82]。

1.4.1 生物条件下的微塑料迁移

土壤中小型和微型无脊椎动物（如蚯蚓、螨虫、蚱蜢和跳虫）的摄食活动、挖洞行为会造成微塑料在土壤中的运输[82-84]，是微塑料在土壤中迁移的关键媒介。不同的物种表现出不同的摄食行为和对其外部的黏附作用，可以为微塑料在土壤中的迁移提供不同的途径。例如，弹尾虫（*Folsomia candida* 和 *Proisotoma minuta*）已被证明能够水平移动微塑料，且主要迁移粒径<100μm 的微塑料颗粒[83]；而蚯蚓被证明在很大程度上推动了微塑料在土壤中向下移动[84]，微塑料可被蚯蚓吞食随后排出体外，也可以通过蚯蚓的洞穴从浅层土壤输送到深层土壤[84-86]。较大的物种比较小的物种具有更强的运输微塑料的能力，如较大的 *Folsomia candida* 相比较小的 *Proisotoma minuta* 可以更远更快地运输更大的微塑料颗粒[83]。螨虫、弹尾虫、地鼠和鼹鼠可通过刮擦或咀嚼行为来分散微塑料[82-83, 87]。与单一物种相比，土壤动物之间的捕食关系对微塑料在土壤中的迁移有更显著的影响，例如捕食弹尾虫（*Folsomia candida*）和捕食螨（*Hypoaspis aculeifer*）之间捕食-被捕食关系显著地促进了微塑料迁移[82]，这可能是由捕食过程中捕食者和猎物的加速运动引起的。此外，生活在土壤中的其他动物，如蚂蚁和仓鼠，也造成了微塑料在土壤中迁移[88]。

植物根系是土壤生态系统的重要组成部分，其生长不可避免地影响了微塑料在土壤环境中的迁移。植物根系的生长过程（例如，根系移动、根系生长和根系吸水）是微塑料在土壤中迁移的关键途径[89]。植物根系倾向于将微塑料向上移动或保持在土层中，主要原因是植物根系的存在增加了土壤表面的空隙，这有利于水分渗透，然而，微塑料的密度比土壤成分和水的密度小[90]，因此，微塑料在水中的浮力可能有助于它们在饱和土壤中向上运动[91]。在作物生长的早期阶段由于根系不发达，对微塑料的迁移影响不明显[90]。此外，植物根可以通过吸收水分来运输微塑料。纳米级（≤100nm）和亚微米级（<1μm）的 PS 微塑料可被植物根系吸收，然后转移到地表组织[92]。此外，微塑料可以在重力作用下通过根部生长产生的裂缝向下迁移[93]，植物根系的降解会留下促进微塑料运输的大孔。根茎/球茎食物（如胡萝卜、土豆、生姜等）的种植和收获也有助于微塑料的向下移动[94]。农业生态系统中的常规耕作方式（例如耕作）可能会翻覆地表和深层土壤，从而将微塑料带入更深的土层[95]。

土壤微生物，如真菌和细菌，对微塑料在土壤中的迁移也有一定影响[96]。然而，由于微生物的规模和活动范围较小,它们对微塑料迁移的影响不如外力和土壤动植物的影响明显[97]。也有研究证明,活性丝状真菌可以连接土壤孔隙,并为细菌移动提供通道[98]。因此,一些研究提出真菌菌丝可以在小范围内作为微塑料迁移的载体[99]。一些细菌的生长基质和分泌物会改变土壤颗粒的电荷,从而减小微塑料和土壤颗粒之间的静电排斥,导致微塑料的迁移能力降低[100]。此外,微生物还可以附着在微塑料表面形成生物膜(biofilm),生物膜的存在将改变微塑料的迁移过程[101]。

1.4.2 非生物条件下的微塑料迁移

微塑料特性的差异,包括尺寸、形状、密度、电荷和表面化学性质,以及其他环境因素,会影响微塑料在土壤中的运输和分布。尺寸小的微塑料最容易向下迁移,因为它们可以穿过土壤孔隙到达深层土壤[85],已经证明聚乙烯在土壤中的渗透深度远高于聚丙烯[102]。由于微塑料与土壤团聚体的不同相互作用,微塑料的形状可能会影响其运输行为,可能会对微塑料在土壤中的迁移产生阻碍效应。例如,微球和微粒的塑料比微纤维更容易移动到土壤深层,因为微纤维可以容易地缠绕土壤颗粒形成土块[103]。深层土壤中的微塑料形状主要是颗粒和纤维,表明这两种形状的微塑料更有利于垂直迁移[104]。微塑料的表面特性,如官能团和疏水性,在微塑料迁移中发挥重要作用[105]。具有—COOH 的微塑料比具有—NH_2 的微塑料更容易通过饱和海砂迁移,这是由于具有—NH_2 的微塑料与带负电的砂子之间存在静电吸引;亲水性聚苯乙烯颗粒在不饱和砂中的流动性大于疏水性聚苯乙烯颗粒[106]。微塑料老化导致微塑料的物理性质发生变化和化学键断裂,这可能会增强它们在土壤中的迁移能力,并使微塑料抵抗微生物攻击的能力降低[34]。

土壤的物理化学性质,如土壤孔隙度、表面非均质性、天然有机质和矿物含量,对微塑料在土壤中的迁移起到重要作用。土壤质地直接影响土壤孔隙大小进而影响微塑料迁移[103],土壤裂缝、干燥气候可能会加速微塑料向下移动、干湿循环可以促进微塑料在土壤中的垂直运输[102]。基于中国 347 个城市的气象数据分析,微塑料平均向下迁移可能达到 5.24m。天然有机物(如富里酸)可以显著改善 PE 微塑料在饱和石英砂中的迁移,这是由于塑料颗粒和石英砂之间的排斥力增加。PE 微塑料对富里酸的吸附使微塑料表面的负电荷从 $-24.4mV$ 增加至 $-38.8mV$,这有助于 PE 颗粒和砂子之间的相斥[107]。Wu 等[108]研究了聚苯乙烯微球在三种土壤中的迁移行为,发现随着土壤矿物(Fe/Al 氧化物)含量的增加,微塑料的迁移减少,这是由土壤中带负电的微塑料和带正电的 Fe/Al 氧化物之间的静电吸引导致的。老化微塑料与土壤矿物和天然有机物的异质聚集也有助于微塑料的垂直运输。Yan 等[109]强调了土壤矿物和腐殖酸将微塑料在天然壤土中的垂直迁移提高了 9~10cm。Li 等[110]研究发现,土壤微塑料很容易被由微生物和有机沉积物组成的生物膜覆盖,这也可能影响其迁移。因此,微塑料在土壤环境中的迁移可能受到其物理化学性质和环境因素的影响。

地表径流、土壤侵蚀和风力也可以促进微塑料的迁移。微塑料不仅通过土壤孔隙下渗迁移（<4%），还可以通过地表水土流失迁移（>96%）[71]。地表径流可促使微塑料进入河流和沿海水域，从而对水生生态系统造成潜在影响[46,52]。如在模拟微塑料从土壤迁移到河流的过程中，发现土壤中超过60%的微塑料最终会迁移到河流中，污染水环境[46]。土壤表面的微塑料可以通过风悬浮在大气中，可能成为PM2.5的组成部分；也可以通过大气循环运输，成为偏远地区冰川和湖泊中微塑料的重要来源[111-112]。

1.5 土壤微塑料的老化降解

老化导致微塑料发生物理化学变化，改变其性质，包括颜色、化学成分、结晶度、表面化学和吸附能力。土壤中存在大量微塑料，这些微塑料易受不同类型老化过程的影响，包括光氧化和热氧化降解、与土壤胶体的相互作用（即异质聚集），以及土壤生物的生物降解。

1.5.1 光和热引发的氧化降解

残留在土壤中的微塑料可能在紫外线照射和热氧化下发生广泛的化学老化。事实上，在现有研究中，紫外线照射是微塑料老化处理使用最广泛的方法之一。老化的主要过程通常涉及以下3个步骤的自由基反应[113]。

① 链启动：$RH \longrightarrow R\cdot + H\cdot$，$RH + O_2 \longrightarrow R\cdot + HO_2\cdot$，$R\cdot + O_2 \longrightarrow RO_2\cdot$

② 链扩展和转移：$RO_2\cdot + RH \longrightarrow ROOH + R\cdot$，$ROOH \longrightarrow RO\cdot + \cdot OH$，$ROOH + RH \longrightarrow RO\cdot + R\cdot + H_2O$，$RO\cdot + RH \longrightarrow ROH + R\cdot$

③ 链终止：$R\cdot + R\cdot \longrightarrow R-R$，$R\cdot + RO_2\cdot \longrightarrow ROOR$，$RO_2\cdot + RO_2\cdot \longrightarrow ROOR + O_2\cdot$

因此，老化改变了微塑料表面形貌并改变了聚合物化学结构，包括微塑料的链断裂、表面粗糙度和微裂纹、电荷、疏水性和极性，如图1-2所示（书后另见彩图）。Wang等[114]发现，在紫外线照射暴露后，随着老化的进行PE微塑料表面出现官能团（—OH、C═O和═CH），羰基指数（CI）从0.07增加到0.62。Zhu等[115]证实，由上述活性氧化物诱导的氧化官能团的形成在PVC微塑料的光转化中发挥了重要作用，特别是在减小其颗粒粒径和增强其表面负电荷和表面粗糙度方面。这些老化过程取决于环境条件，如温度、强度、时间、土壤微生物种类（生物膜）和微塑料的特性[116-117]。即使暴露在相同的UV照射下，PVC微塑料在不同的条件下也具有不同的特性，如与纯水和海水相比，暴露在空气中的PVC微塑料的理化性质变化最大，因为空气中的氧含量和紫外线的利用率高于水环境中的氧浓度和紫外线利用率[118]。由于老化显著改变了微塑料的表面物理化学性质，主要是通过增加比表面积和减小颗粒粒径以及引入含氧官能团，如—C═O、—COOH和—OH基团[15]，这些特征使老化的微塑料成为吸引

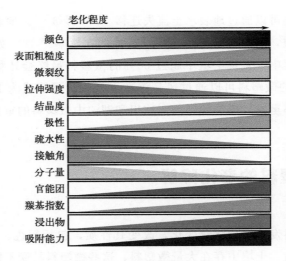

图1-2 随老化程度微塑料的物理化学性质变化[34]

重金属和有机污染物等环境污染物的载体。

迄今为止，仍广泛利用传统的化学氧化方法，如过硫酸盐氧化法或紫外线来模拟微塑料的老化过程，这些方法值得怀疑，因为在自然环境中微塑料老化是复杂的，并且涉及多种暴露剂。此外，不同的暴露剂和老化处理（例如时间和强度）给量化微塑料的老化程度和实验室间比较带来了很大的困难，因此需要更标准化的方法。

1.5.2 与土壤胶体的异质聚集

微塑料不仅会发生光氧化和热氧化老化，还会不可避免地与土壤团聚体以及有机质、微生物和原生土壤矿物胶体相互作用，从而改性表面而老化[109,119]。72%的微塑料颗粒与土壤团聚体有关[70]。在微塑料表面（如聚乙烯和聚丙烯）检测到无机矿物，特别是氧化铁，显著增加了微塑料的Zeta电位[120]。带正电荷的铁氧化物可能通过静电吸引与带负电荷的微塑料相互作用。此外，在土壤胶体中还检测到微塑料与其他无机元素（如Mg、Si和Al）的异质聚集[109]。微塑料可能与土壤矿物和有机物（即腐殖酸）相互作用，形成异质聚集，导致微塑料的密度和Zeta电位增加。现有的研究表明，吸附在微塑料上的土壤胶体对微塑料的性质有影响，然而异质聚集对微塑料迁移的影响以及土壤胶体中驱动微塑料颗粒迁移的主要因素仍然很大程度上未知，需要进一步研究。

1.5.3 生物降解

除了广泛的非生物降解外，生物降解在土壤塑料颗粒的分解中也起着重要作用。微塑料的生物降解包括4个步骤：

① 微生物黏附和定植在微塑料表面；
② 生物退化和解体；
③ 微生物分泌酶解聚；

④ 微生物的同化和矿化，在需氧条件下产生 CO_2 和 H_2O 的代谢产物，或在厌氧条件下产生 CO_2 和 CH_4[121]。

土壤动物，主要是蚯蚓，可以通过粉碎易碎的塑料碎片来消化微塑料。蚯蚓铸件（即蚯蚓消化有机物后留下的残留物）中释放的碎片微塑料被土壤生物群和土壤衍生的有机和无机大分子形成的生物膜包裹，可能导致进一步的生物降解[122]。Zhang 等[123]指出，聚乙烯表面羟基、羰基和醚基团的出现为聚乙烯降解微生物可以促进聚乙烯塑料的生物氧化和生物降解提供了证据。Rummel 等[124]指出，定植微生物是导致微塑料分解并产生短链碎片（例如低聚物、二聚体和单体）的关键驱动因素，从而影响微塑料的环境行为。微塑料生物降解引起的老化效应因聚合物类型和细菌种类而异。Muenmee 等[121]揭示，与异养生物和自养生物等其他细菌群落相比，只有甲烷营养菌，特别是 *Methylobacter* sp. 和 *Methylocella* sp.，倾向于随时间延长定植在微塑料表面。甲烷硝化菌可以产生一种具有较强酶活性的酶（甲烷单加氧酶），通过共代谢有效地降解烃类化合物。HDPE 比 PP、PVC 和 LDPE 的动力学降解率更高，因为 HDPE 在空隙体积中含有更大的交联，碳含量更高，这为微生物反应提供了额外的场所[121]。微塑料生物降解率与甲烷菌密度呈正相关[121]，而生物膜中的细菌数量与 PE 降解程度之间没有显著关系[117]。因此，微塑料和土壤生物之间的降解机制需进一步研究。

总体而言，微塑料在不同环境条件下具有不同的老化特性[116]。大多数研究都在实验室模拟条件下研究了微塑料的光和热氧化降解，而这些条件对于这些研究来说并不一致，例如紫外线照射的强度、纬度、经度和太阳仰角。由于土壤团聚体中微塑料的分离、鉴定和定量方法存在挑战，微塑料与土壤胶体之间的相互作用在很大程度上是未知的。最近，一些新开发的创新技术可用来识别土壤样品中的微塑料，例如拉曼成像和扫描电子显微镜联用的 RISE 显微镜，以及衰减全反射傅里叶变换红外光谱（ATR-FTIR）。土壤生物对微塑料的风化行为和机制可能会有所不同，主要是由于物种的不同，故需要一种标准的测试方法来测量和比较暴露于不同老化剂的微塑料的老化程度。聚合物共混物的老化引发的碎片可导致大量微塑料的释放[125]。因此，广泛了解微塑料的老化机制对于优化这些相互作用，并通过涉及实际陆地环境条件下的多种风化行为来增加当前实验室实验的生态相关性至关重要。此外，聚合物共混物（包括塑料/塑料共混物、塑料/橡胶共混物和橡胶/橡胶共混物）广泛应用于电子、包装、汽车、家用电器等，占工程聚合物总消费量的 20% 以上。老化引起的聚合物共混物碎裂会导致释放大量的微塑料[125]，然而尚未专门调查来源于聚合物共混物的微塑料。

1.6 微塑料中的添加剂

用作塑料添加剂的化合物有 400 多种[126]。塑料中使用的添加剂有多种，如增塑剂、阻燃剂、抗氧化剂、光热稳定剂、润滑剂、颜料等（表1-2）[127-128]。这些添加剂具有持久性和生物活性。塑料在土壤中受到物理、化学和微生物的作用发生老化或降解，导致各种潜在的有害物质释放，包括邻苯二甲酸盐、双酚A、多溴二苯醚和用于着色的重金属[127]，这些物质会对土壤生态系统产生有害影响。研究表明，土壤中微塑料的毒性与其特性和可提取添加剂有关[129]。如增塑剂显著抑制小麦种子萌发并影响植物抗氧化酶活性，甚至通过改变相对基因表达引发种子细胞程序性死亡[130]。此外，微塑料和邻苯二甲酸二丁酯（DBP，一种常见的塑料增塑剂和软化剂）共同暴露时，加剧了生菜根部的细胞壁分离，抑制了各种根系生长发育指标（如根系活力、总根长、总根数、根表面积、平均根直径和根毛数量）[131]。

表1-2 塑料中使用的添加剂 [127, 139-140]

添加剂		典型浓度（质量分数）/%	物质	描述
功能性添加剂	增塑剂	10～70	短链和中链氯化石蜡（SCCP/MCCP）；邻苯二甲酸二异庚酯（DIHP）；邻苯二甲酸-二（C7～C11支链与直链）烷基酯（DHNUP）；邻苯二甲酸苄丁酯（BBP）；邻苯二甲酸二（2-乙基己基）酯（DEHP）；邻苯二甲酸二（2-甲氧基乙基）酯（DMEP）；邻苯二甲酸二丁酯（DBP）；邻苯二甲酸二异丁酯（DIBP）；磷酸三(2-氯乙基)酯（TCEP）	改善塑料在加工过程中的流动性和室温下的柔韧性。约80%用于PVC，其余20%用于纤维素塑料
	阻燃剂	3～25（用于溴化）	短、中、长链氯化石蜡（SCCP/MCCP/LCCP）；硼酸；以锑（Sb）为增效剂的溴化阻燃剂［例如多溴二苯醚（PBDEs），十溴二苯乙烷，四溴双酚A（TBBPA）］；磷阻燃剂［例如磷酸三(2-氯乙基)酯（TCEP），磷酸三(2-氯异丙基)酯（TCPP）]	降低材料的可燃性。三组：非反应性有机物（如磷酸酯、卤代磷酸酯、卤代烃）、非反应性无机物（如氧化锑、三水合氧化铝、硼酸锌、正磷酸铵、氨基磺酸铵）、反应性有机物（如含溴和/或磷的多元醇、卤代酚、四氯邻苯二甲酸酐、磷酸酯、二溴新戊醇）
	抗氧化剂稳定剂	0.1～3	四[3-(3,5-二叔丁基-4-羟基苯基)丙酸]季戊四醇酯；丁基化羟基甲苯；三(2,4-二叔丁基苯基)亚磷酸酯；磷酸三苯酯；3,3'-硫代二丙酸二硬脂醇酯；4,4'-二叔丁基二苯胺	防止热氧化和变质
	光稳定剂	0.1～3	癸二酸二(1,2,2,6,6-五甲基-4-哌啶基)酯	防止光照导致的氧化和变质

续表

添加剂		典型浓度（质量分数）/%	物质	描述
功能性添加剂	紫外线吸收稳定剂	0.1~3	二甲基咪唑；2-(2H-苯并三唑-2-基)-4,6-二叔戊基苯酚，氧苯酮；2,2′,4,4′-四羟基二苯甲酮	防止紫外线和自由基破坏分子键
	防雾添加剂	0.1~2	—	疏水表面允许冷凝，导致半透明性损失。表面活性剂防止起雾
	热稳定剂	0.5~3	镉和铅化合物；壬基酚（钡盐和钙盐）	在加工过程中抑制氯乙烯树脂的热降解，主要用于PVC。基于Pb、Sn、Ba、Cd和Zn的化合物，其中铅是最有效的，使用量较低
	润滑剂和助滑剂	0.1~3	脂肪酸酰胺（伯芥酰胺和油酸酰胺）；脂肪酸酯；金属硬脂酸盐（例如硬脂酸锌）；蜡（例如石蜡、巴西棕榈油、褐煤）	防止塑料黏附在加工设备上，提高流动性，减少表面摩擦。量取决于助滑剂的化学结构和塑料聚合物类型
	固化剂	0.1~2	4,4′-二氨基二苯甲烷（MDA）；3,3′-二氯-4,4′-二氨基二苯基甲烷（MOCA）；甲醛与苯胺的反应产物；联氨；1,3,5-三(环氧乙烷-2-基甲基)-1,3,5-三嗪-2,4,6-三酮（TGIC)/1,3,5-三[(2S和2R)-2,3-环氧丙基]-1,3,5-二嗪-2,4,6-(1H,3H,5H)-三酮	过氧化物和其他交联剂、催化剂、促进剂
	发泡剂	取决于泡沫密度	偶氮二甲酰胺；苯二磺酰肼（BSH）；戊烷；CO_2	用于泡沫制造，制造泡沫结构
	生物杀灭剂	0.001~1	砷化合物；有机锡化合物；三氯生	防止微生物降解塑料，通常与其他添加剂一起使用。软PVC和泡沫聚氨酯是杀菌剂的主要使用者
着色剂	可溶的	0.25~5	4,4′-二氨基[1,1′-二苯并噻吩]-9,9′,10,10′-四酮	增强美观性，降低透光性
	有机颜料	0.001~2.5	乙酸钴（Ⅱ）	
	无机颜料	0.01~10	镉化合物；铬化合物；铅化合物	
	特殊效果	因效果和内容而异	Al和Cu粉末；碳酸铅或三氧化铋；具有荧光的物质	

续表

添加剂	典型浓度（质量分数）/%	物质	描述
填料	0~50	碳酸钙；滑石；黏土；氧化锌；微光；金属粉；木粉；石棉；硫酸钡；玻璃微球；硅酸土	以低廉的价格增加体积，增强塑料的多样性，主要是硬度、热稳定性和光稳定性以及耐磨性
加固物	15~30	玻璃纤维；碳纤维；芳纶纤维	添加纤维以提高机械性能。15%~30%仅用于玻璃，因为其密度高

邻苯二甲酸酯（邻苯二酸酯，PAEs）是薄膜中关键的添加剂，占薄膜总重量的60%，用作增塑剂以增加材料的柔韧性和延展性[132]。地膜中添加剂DBP和邻苯二甲酸二-2-乙基己酯（DEHP）的平均含量分别为20.1mg/kg和45.2mg/kg，在温室膜中分别为44mg/kg和22.4mg/kg[133]。Wang等[134]调查了50种农用薄膜发现，PAEs含量为2.59~282000mg/kg。由于PAEs与聚合物和非聚合物产品是物理结合而不是化学结合，故PAEs很容易从产品中迁移出来，随后作为外源化合物和有害化合物释放到环境中[135]。农业塑料膜中的PAEs是水果和蔬菜地土壤中PAEs污染的来源，因此易在食物链中累积[132]。覆膜土壤中的PAE含量是未覆膜土壤的5倍[135]，覆膜农业土壤中PAE的浓度为1.8~3.5mg/kg[136]。

添加剂释放的量和速度受到多种因素的影响，如不同类别的塑料制品、添加剂的特性及化学结构、环境客观因素、人为主观因素等[137]。例如，光照后发生老化的微塑料，其表面形成的极性基团能减少添加剂在塑料表面的吸附，并加速其向环境释放[138]。

1.7 塑料污染防控策略

大量塑料产品的使用和塑料垃圾处理不当，使土壤成为各种塑料垃圾和微塑料的一个主要的污染汇。由于其稳定性和不可降解性，大量微塑料累积在土壤中，可能对生态系统构成潜在风险。普遍认为开发可生物降解的塑料制品作为替代物，发布"限塑令"限制初级微塑料和塑料制品的使用，回收和妥善处理塑料垃圾并对塑料垃圾存量进行一定的清除，这些措施将对微塑料的源头控制及切断向农田土壤中传输、累积的途径方面产生积极作用。

1.7.1 设计与生产

大多数塑料来源于不可再生石化资源，合成工艺成熟、规模大、成本低，应用相当广泛，产量持续增加。但石油为不可再生资源，我国石油进口依存度高达70.9%，且这些塑料大分子主链以C—C键连接，自然界中难降解；此外，环氧树脂、酚醛树脂等热固性塑料材料为三维网状结构，不溶不熔，难回收利用。在塑料制品设计及生产环节，我国出台了大量法规、政策，不仅涉及废塑料的加工、循环利用，也对可降解塑料的生产流通做出了详细的要求。除通过政策文件进行约束和监管外，我国还发起了一系列如"散乱污"清理行动、禁止"洋垃圾"入境等专项行动计划。

2001年国家经贸委发布了《关于立即停止生产一次性发泡塑料餐具的紧急通知》。2016年国务院办公厅发布《关于印发生产者责任延伸制度推行方案的通知》，要求各级地方政府、国务院各部委和直属机关认真推行生产者责任延伸制度，明确要求生产者对其产品承担资源环境责任；提出到2025年，生产者责任延伸制度相关法律法规基本完善，产品生态设计普遍推行，废弃产品规范回收与循环利用率平均达到50%的工作目标。

可降解塑料取代广泛使用的不可降解塑料已成为塑料污染治理的关键。《降解塑料的定义、分类、标志和降解性能要求》（GB/T 20197—2006）规定了光降解塑料、热氧降解塑料、生物分解塑料以及可堆肥塑料四类降解塑料；《生态设计产品评价规范 第2部分：可降解塑料》（GB/T 32163.2—2015）针对6种可降解塑料产品的全生命周期过程，提出了衡量可降解塑料全生命周期绿色程度的指标，包括生物降解率、包装降解度以及重金属含量等。但很多可降解塑料在严格的试验条件下才能完全降解，在自然环境中只能破裂成微塑料，对环境的危害并没有减少。根据联合国环境规划署《生物可降解塑料与海洋垃圾：误解、关切和对海洋环境的影响》，某些生物降解塑料袋只能在50℃工业堆肥条件下才能完全降解为水、二氧化碳等产物，自然环境中难以具备这样的条件。我国需重新修订可降解塑料相关标准，重新定义可降解塑料的降解条件及指标，并以微塑料为降解产物重新评估可降解塑料的生态风险，谨慎推广可降解塑料制品。

废塑料加工行业的污染控制主要依据《废塑料加工利用污染防治管理规定》，该规定禁止废塑料加工企业将加工过程中产生的残余塑料垃圾移交给不符合环保要求的单位或个人，强调无害化处理残余塑料垃圾，同时该规定中部分条款也禁止企业加工国家禁止进口的废塑料。2013年，我国发起"绿篱行动"，加强进口固体废物监管，遣回不符合标准的"洋垃圾"；2017年3月，"国门利剑"行动进一步强化了对"洋垃圾"的监管；2017年国务院办公厅印发《禁止洋垃圾入境推进固体废物进口管理制度改革实施方案》（禁废令）要求全面禁止洋垃圾入境，完善进口固体废物管理制度，加强固体废物回收利用管理，大力发展循环经济，切实改善环境质量、维护国家生态环境安全和人民群众身体健康。2021年1月起禁止进口包括塑料垃圾在内的所有固体废物，有效切断了"散乱污"企业的原料供给。近年来，生态环境部加大了对"散乱污"企业的查处力度，塑料加工行业被列为"散乱污"企业综合整治的重点；专项清理行动将规范废塑料加工行业生产流程，减少化工废水直排，从而降低微塑料的排放。

我国农用薄膜覆盖面积大、应用范围广，在增加农作物产量、提高品质、丰富农产品供给等方面发挥了重要作用。但部分地区农用薄膜残留污染严重，成为微塑料的来源之一，近年来得到了我国的高度关注。围绕地膜回收体系构建、可降解地膜研发等治理方式，我国政府出台了一系列政策文件。2015年《全国农业可持续发展规划（2015—2030年）》提出，要综合治理地膜污染，推广加厚地膜，开展废旧地膜机械化捡拾示范推广和回收利用，加快可降解地膜研发，到2030年农业主产区农膜废弃物实现基本回收利用。2018年新修订的《聚乙烯吹塑农用地面覆盖薄膜》（GB 13735—2017），将地膜厚度从0.08mm提升至0.10mm，通过提高地膜的机械强度以提高农膜的重复利用和回收便利性。2019年，农业农村部、国家发展改革委等6部门联合印发《关于加快推进农用地膜污染防治的意见》，明确了地膜污染防治的总体要求、制度措施、重点任务和政策保障。2020年《农用薄膜管理办法》遵循全链条监督管理的思路，构建了覆盖农用薄膜生产、销售、使用、回收等环节的监管体系。2021年农业农村部、国家发展改革委、科技部、自然资源部、生态环境部、国家林草局联合印发《"十四五"全国农业绿色发展规划》，提出到2025年我国废旧农膜回收率达到85%，促进废旧地膜加工再利用，建立健全农膜回收利用机制，同步推进农药化肥包装废弃物回收处置。我国已在西北地区开展塑料农膜试点回收工作，但由于农膜回收价值较低、回收主体不明确等因素，塑料农膜回收难以形成市场机制。此外，塑料农膜的回收责任划分也制约着农膜的广泛回收。根据生产者责任延伸制度，企业应承担回收责任，但由于回收体系建设复杂以及回报低等问题，法令难以得到有效实施。因此，农膜回收工作应注重"政府主导、企业管理、消费者参与"的原则，针对不同地区的发展差异制定相应的管理规定，综合调动各环节承担相应的责任和义务，通过强制与经济措施的综合运用，在不同地区建立差异化农膜回收机制。

《产业结构调整指导目录（2019年本）》和国家发展改革委、生态环境部联合发布的《关于进一步加强塑料污染治理的意见》提出，我国到2020年底，禁止生产含塑料微珠的日化产品；到2022年底，禁止销售含塑料微珠的日化产品。

2021年9月8日国家发展改革委、生态环境部印发了《"十四五"塑料污染治理行动方案》（以下简称《方案》），提出从源头减量、回收利用和处置、塑料垃圾清理整治等方面开展塑料污染全链条治理，对2021~2025年的塑料污染治理重点工作进行了全面部署。在产品设计生产环节，《方案》提出要积极推行塑料制品绿色设计；禁止生产厚度小于0.025mm的超薄塑料购物袋、厚度小于0.01mm的聚乙烯农用地膜、含塑料微珠日化产品等部分危害环境和人体健康的产品；减少商品过度包装，提高材质均一化程度和产品的易循环、易回收性，方便塑料制品使用后的回收和再利用。在塑料流通消费环节，《方案》提出要推动商品零售、餐饮、住宿等传统商贸服务领域不可降解塑料购物袋、一次性塑料餐具、一次性塑料吸管、宾馆酒店一次性塑料用品的使用减量；督促指导电子商务、外卖等平台企业和快递企业落实主体责任，制定一次性塑料制品减量平台规则；大幅减少电商商品在寄递环节的二次包装，提升快递包装标准化、绿色化、循环化水平。

1.7.2 销售与使用

2007年，国务院办公厅发布了《关于限制生产销售使用塑料购物袋的通知》（国办发〔2007〕72号），规定从2008年6月1日起，在全国范围内禁止生产、销售、使用厚度小于0.025mm的塑料购物袋，在所有超市、商场、商贸市场等商品零售场所实行塑料购物袋有偿使用制度，一律不得免费提供塑料购物袋。2015年吉林省施行《吉林省禁止生产、销售和提供一次性不可降解塑料购物袋、塑料餐具规定》。

随着中国电子商务和快递业的迅速发展，快递包装环节带来的废弃物污染等问题日益凸显。2017年国家邮政局等10部门联合发布《关于协同推进快递业绿色包装工作的指导意见》，明确将完善快递业绿色包装法规标准，推动出台《快递暂行条例》，引导和支持各类企业加大对快递绿色包装产品研发、设计和生产投入；要求到2020年可降解的绿色包装材料应用比例提高到50%，基本建成专门的快递包装物回收体系，平均每件快递包装耗材减少10%以上，编织袋和胶带使用量进一步减少。2020年国家发展改革委等8部门联合发布《关于加快推进快递包装绿色转型的意见》，提出推进快递包装材料源头减量，加强快递领域塑料污染治理，推动重点地区逐步停止使用不可降解的塑料包装袋、一次性塑料编织袋，减少使用不可降解塑料胶带，推进可循环快递包装应用，减少一次性塑料泡沫箱等的使用；要求到2022年电商快件不再二次包装比例达到85%，可循环快递包装应用规模达$7.0×10^6$个，到2025年，电商快件基本实现不再二次包装，可循环快递包装应用规模达$1.0×10^7$个。

2019年，海南省发布《海南省全面禁止生产、销售和使用一次性不可降解塑料制品实施方案》（简称"禁塑令"），计划建立《海南省禁止生产销售使用一次性不可降解塑料制品名录（试行）》，提出2025年底前全省全面禁止生产、销售和使用纳入名录中的塑料制品，具有良好的示范作用。但由于目前塑料制品的替代能力不足，且部分替代产品已被证实在环境中不易降解，因此海南"禁塑令"效果仍充满未知。此外，全面禁止应充分考虑塑料产品的实际使用情况，分领域分阶段逐步进行，对于需求量大、与生产生活关系密切的塑料消费品，应优先考虑通过经济手段进行调控，重点强调其回收利用。《上海市生活垃圾管理条例》规定自2019年7月1日起，旅游及酒店行业不得主动提供牙刷、剃须刀等一次性生活用品。该政策以旅游业为杠杆，逐步改变消费者对一次性用品的依赖。经历了地方政府关于废塑料制品治理的率先实践，国家发展改革委、生态环境部于2020年1月出台《关于进一步加强塑料污染治理的意见》，提出禁止、限制部分塑料制品的生产、销售和使用，推广应用替代产品和模式，规范塑料废弃物回收利用和处置。提出到2020年，率先在部分地区、部分领域禁止、限制部分塑料制品的生产、销售和使用。到2022年，一次性塑料制品消费量明显减少，替代产品得到推广，塑料废弃物资源化能源化利用比例大幅提升；在塑料污染问题突出领域和电商、快递、外卖等新兴领域，形成一批可复制、可推广的塑料减量和绿色物流模式。到2025年，塑料制品生产、流通、消费和回收处置等环节的管理制度基本建立，多元共治体系基本形成，替代产品开发应用水平进一步提升，重点城市塑料垃圾填埋量大幅降低，塑料污染得到有效控制。

1.7.3 塑料垃圾回收利用与处置

我国塑料制品的使用量庞大，源头减量工作虽已展开，但减量效果仍需进一步观察。塑料污染全链条治理另一重要的环节就是要强化废弃塑料的回收利用，变"塑料垃圾"为"再生资源"。我国目前缺乏针对塑料垃圾的专项管理政策，塑料垃圾的处置只能依托城市生活垃圾的综合管理，处置方法包括垃圾分类、填埋、堆肥和焚烧。

垃圾分类是提高塑料垃圾回收率、实现资源化的有效途径。2017年国家发展改革委与住房和城乡建设部联合发布《生活垃圾分类制度实施方案》，上海、厦门等地先后将生活垃圾分类制度纳入法治体系。上海市制定了《上海市可回收物回收指导目录（2019版）》，将高低价值的可回收废塑料和不可回收废塑料的种类进一步细化分类。填埋所依据的标准《生活垃圾填埋场污染控制标准》（GB 16889—2008），对填埋场的选址、施工设计以及废物的入场等提出了明确的要求。根据该标准，混合生活垃圾中的塑料垃圾可以通过填埋进行处置。堆肥是通过微生物将有机物转化为腐殖质，只能应用于生物可降解塑料。而有关资料表明，可堆肥塑料在自然环境中降解率低，且与传统塑料混合回收会降低再生塑料的性能，因此市面上出现的可堆肥塑料对于塑料制品的替代作用尚不理想。

垃圾焚烧可有效降低环境污染，且产热可用于发电。但由于含有塑料的生活垃圾成分复杂，完全燃烧得不到保障，可能会造成某些污染物的产生。例如，聚氯乙烯塑料的不充分燃烧会产生二噁英等有害物质，若二次焚烧炉温度低于850℃，二噁英不能完全分解。从微塑料防治角度来看，依据《生活垃圾焚烧污染控制标准》（GB 18485—2014）焚烧，并不能从源头削减塑料垃圾的产生。2022年国家发展改革委等部门发布《关于加强县级地区生活垃圾焚烧处理设施建设的指导意见》，提出到2025年，全国县级地区基本形成与经济社会发展相适应的生活垃圾分类和处理体系，京津冀及周边、长江三角洲、粤港澳大湾区、国家生态文明试验区具备条件的县级地区基本实现生活垃圾焚烧处理能力全覆盖。长江经济带、黄河流域、生活垃圾分类重点城市、"无废城市"建设地区以及其他地区具备条件的县级地区，应建尽建生活垃圾焚烧处理设施。到2030年，全国县级地区生活垃圾分类和处理设施供给能力和水平进一步提高，除少数不具备条件的特殊区域外，全国县级地区生活垃圾焚烧处理能力基本满足处理需求。

2018年国务院办公厅印发《"无废城市"建设试点工作方案》，旨在以创新、协调、绿色、开放、共享的新发展理念为引领，通过推动形成绿色发展方式和生活方式，持续推进固体废物源头减量化和资源化利用，最大限度减少填埋量，将固体废物环境影响降至最低的城市发展模式。2019年生态环境部公布了11个"无废城市"建设试点和5个参照实施地区。2021年12月，生态环境部等18部委印发《"十四五"时期"无废城市"建设工作方案》，提出要推动100个左右地级及以上城市开展"无废城市"建设。

2022年4月明确有117个地级及以上城市明确将在"十四五"期间开展"无废城市"的建设，以及8个特殊地区参照"无废城市"建设要求。

2015年住房和城乡建设部等部门发布了《关于全面推进农村垃圾治理的指导意见》，目标任务是因地制宜建立"村收集、镇转运、县处理"的模式，有效治理农业生产生活垃圾、建筑垃圾、农村工业垃圾等。2022年生态环境部等部门发布《农业农村污染治理攻坚战行动方案（2021—2025年）》，提出到2025年，农村环境整治水平显著提升，农业面源污染得到初步管控，农村生态环境持续改善，农膜回收率达到85%。2022年住房和城乡建设部等6部门发布《关于进一步加强农村生活垃圾收运处置体系建设管理的通知》，确定了到2025年的工作目标，明确了统筹谋划农村生活垃圾收运处置体系建设和运行管理、推动源头分类和资源化利用、完善收运处置体系、提高运行管理水平、建立共建共治共享机制等重点任务。

2016年国务院印发《土壤污染防治行动计划》，提出加强污染源监管，建立政府、社区、企业和居民协调机制，通过分类投放收集、综合循环利用，促进垃圾减量化、资源化和无害化。建立农村清洁制度，推进农村生活垃圾处理，建立废旧农膜回收储运综合利用网络。到2020年，河北、辽宁、山东、河南、甘肃、新疆等农膜使用量较高省份力争实现废弃农膜全面回收利用。

在回收和清运方面，《"十四五"塑料污染治理行动方案》（以下简称《方案》）提出结合生活垃圾分类，推进城市再生资源回收网点与生活垃圾分类网点融合，提升塑料废弃物回收规范化水平，完善农村生活垃圾分类收集、转运和处置体系。在再生利用方面，《方案》提出要支持塑料废弃物再生利用项目建设，发布废旧塑料综合利用规范企业名单，引导相关项目向资源循环利用基地、工业资源综合利用基地等园区集聚，推动塑料废弃物再生利用产业规模化、规范化、清洁化发展。在无害化处置方面，《方案》提出要全面推进生活垃圾焚烧设施建设，推动难以再生利用的塑料垃圾能源化利用，实现塑料垃圾直接填埋量大幅减少。在垃圾清理方面，开展重点区域塑料垃圾清理整治，重点水域、重点旅游景区、农村地区的历史遗留露天塑料垃圾基本清零，塑料垃圾向自然环境泄漏现象得到有效控制。

参考文献

[1] Plastics Europe. Plastics—The Facts 2021. An Analysis of European Plastics Production, Demand And Waste Data. Plastics Europe AISBL, Association of Plastics Manufacturers, Bruxelles, Belgium, 2021.

[2] Letcher T M. Plastic waste and recycling—Environmental impact, societal issues, prevention, and solutions. Melliand International: Worldwide Textile Journal, 2021 (2): 27.

[3] Collignon A, Hecq J-H, Galgani F, et al. Annual variation in neustonic micro-and meso-plastic particles and zooplankton in the Bay of Calvi (Mediterranean-Corsica). Marine Pollution Bulletin, 2014, 79 (1): 293-298.

[4] Thompson R C. Lost at sea: Where is all the plastic? Science, 2004, 304 (5672): 838.

[5] Alimi O S, Farner Budarz J, Hernandez L M, et al. Microplastics and nanoplastics in aquatic environments: Aggregation, deposition, and enhanced contaminant transport. Environmental Science & Technology, 2018, 52 (4): 1704-1724.

[6] Materić D, Kasper-Giebl A, Kau D, et al. Micro-and nanoplastics in alpine snow: A new method for chemical

identification and (semi) quantification in the nanogram range. Environmental Science & Technology, 2020, 54 (4): 2353-2359.

[7] Bergmann M, Gutow L, Klages M. Marine Anthropogenic Litter//Thompson R C. Microplastics in the Marine Environment: Sources, Consequences and Solutions. Berlin: Springer International Publishing, 2015: 185-200.

[8] Castañeda R A, Avlijas S, Simard M A, et al. Microplastic pollution in St. Lawrence River sediments. Canadian Journal of Fisheries and Aquatic Sciences, 2014, 71 (12): 1767-1771.

[9] Hartline N L, Bruce N J, Karba S N, et al. Microfiber masses recovered from conventional machine washing of new or aged garments. Environmental Science & Technology, 2016, 50 (21): 11532-11538.

[10] Belzagui F, Crespi M, Álvarez A, et al. Microplastics' emissions: Microfibers' detachment from textile garments. Environmental Pollution, 2019, 248: 1028-1035.

[11] Kole P J, Lohr A J, Van Belleghem F, et al. Wear and tear of tyres: A stealthy source of microplastics in the environment. International Journal of Environmental Research and Public Health, 2017, 14 (10): 1265.

[12] Koelmans A A, Hasselerharm P, Nor N, et al. Solving the non-alignment of methods and approaches used in microplastic research in order to consistently characterize risk. Environmental Science & Technology, 2020, 54: 12307-12315.

[13] Koelmans A A, Redondo-Hasselerharm P E, Nor N H M, et al. Risk assessment of microplastic particles. Nature Reviews Materials, 2022, 7 (2): 138-152.

[14] Lehmann A, Leifheit E F, Gerdawischke M, et al. Microplastics have shape-and polymer-dependent effects on soil aggregation and organic matter loss—an experimental and meta-analytical approach. Microplastics Nanoplastics, 2021, 1 (1): 1-14.

[15] Yang J, Song K, Tu C, et al. Distribution and weathering characteristics of microplastics in paddy soils following long-term mulching: A field study in southwest China. Science of the Total Environment, 2023, 858: 159774.

[16] Magrì D, Sánchez-Moreno P, Caputo G, et al. Laser ablation as a versatile tool to mimic polyethylene terephthalate nanoplastic pollutants characterization and toxicology assessment. ACS Nano, 2018, 12 (8): 7690-7700.

[17] Chae Y, An Y J. Current research trends on plastic pollution and ecological impacts on the soil ecosystem: A review. Environmental Pollution, 2018, 240: 387-395.

[18] He P, Chen L, Shao L, et al. Municipal solid waste (MSW) landfill: A source of microplastics? — Evidence of microplastics in landfill leachate. Water Researchearch, 2019, 159: 38-45.

[19] Horton A A, Walton A, Spurgeon D J, et al. Microplastics in freshwater and terrestrial environments: Evaluating the current understanding to identify the knowledge gaps and future research priorities. Science of the Total Environment, 2017, 586: 127-141.

[20] Lu X, Vogt R, Li H, et al. China's ineffective plastic solution to haze. Science, 2019, 364: 1145.

[21] 韩丽花, 徐笠, 李巧玲, 等. 辽河流域土壤中微(中)塑料的丰度、特征及潜在来源. 环境科学, 2021, 42 (4): 1781-1790.

[22] 程万莉, 樊廷录, 王淑英, 等. 我国西北覆膜农田土壤微塑料数量及分布特征. 农业环境科学学报, 2020, 39 (11): 2561-2568.

[23] Zhou B, Wang J, Zhang H, et al. Microplastics in agricultural soils on the coastal plain of Hangzhou Bay, east China: Multiple sources other than plastic mulching film. Journal of Hazardous Materials, 2020, 388: 121814.

[24] Okeke E S, Okoye C O, Atakpa E O, et al. Microplastics in agroecosystems-impacts on ecosystem functions and food chain. Resources, Conservation and Recycling, 2022, 177: 105961.

[25] Chen L, Yu L, Li Y, et al. Spatial distributions, compositional profiles, potential sources, and intfluencing factors of microplastics in soils from different agricultural farmlands in China: A national perspective. Environmental Science & Technology, 2022, 56 (23): 16964-16974.

[26] Blasing M, Amelung W. Plastics in soil: Analytical methods and possible sources. Science of the Total Environment, 2018, 612: 422-435.

[27] Weithmann N, Möller J N, Löder M G J, et al. Organic fertilizer as a vehicle for the entry of microplastic into the environment. Science advances, 2018, 4 (4): 8060.

[28] Willén A, Junestedt C, Rodhe L, et al. Sewage sludge as fertiliser-environmental assessment of storage and land application options. Water Science and Technology, 2017, 75 (5): 1034-1050.

[29] Li X, Chen L, Mei Q, et al. Microplastics in sewage sludge from the wastewater treatment plants in China. Water Research, 2018, 142 (oct. 1): 75-85.

[30] Yang L, Li K, Cui S, et al. Removal of microplastics in municipal sewage from China's largest water reclamation plant. Water Research, 2019, 155: 175-181.

[31] Nizzetto L, Futter M, Langaas S. Are agricultural soils dumps for microplastics of urban origin? Environmental Science & Technology 2016, 50 (20): 10777-10779.

[32] Corradini F, Meza P, Eguiluz R, et al. Evidence of microplastic accumulation in agricultural soils from sewage sludge disposal. Science of the Total Environment, 2019, 671: 411-420.

[33] Luo G, Jin T, Zhang H, et al. Deciphering the diversity and functions of plastisphere bacterial communities in plastic-mulching croplands of subtropical China. Journal of Hazardous Materials, 2022, 422: 126865.

[34] Ren Z, Gui X, Xu X, et al. Microplastics in the soil-groundwater environment: Aging, migration, and co-transport of contaminants—A critical review. Journal of Hazardous Materials, 2021, 419: 126455.

[35] Huang Y, Liu Q, Jia W, et al. Agricultural plastic mulching as a source of microplastics in the terrestrial environment. Environmental Pollution, 2020, 260: 114096.

[36] Zhang Z, Peng W, Duan C, et al. Microplastics pollution from different plastic mulching years accentuate soil microbial nutrient limitations. Gondwana Research, 2022, 108: 91-101.

[37] Li W, Wufuer R, Duo J, et al. Microplastics in agricultural soils: Extraction and characterization after different periods of polythene film mulching in an arid region. Science of the Total Environment, 2020, 749: 141420.

[38] Chen Y, Wu Y, Ma J, et al. Microplastics pollution in the soil mulched by dust-proof nets: A case study in Beijing, China. Environmental Pollution, 2021, 275: 116600.

[39] Zhao S, Zhu L, Wang T, et al. Suspended microplastics in the surface water of the Yangtze estuary system, China: First observations on occurrence, distribution. Marine Pollution Bulletin, 2014, 86 (1): 562-568.

[40] Han M, Niu X, Tang M, et al. Distribution of microplastics in surface water of the lower Yellow River near estuary. Science of the Total Environment, 2020, 707: 135601.

[41] Wang W, Ndungu A W, Li Z, et al. Microplastics pollution in inland freshwaters of China: A case study in urban surface waters of Wuhan, China. Science of the Total Environment, 2017, 575: 1369-1374.

[42] Mintenig S M, Löder M G J, Primpke S, et al. Low numbers of microplastics detected in drinking water from ground water sources. Science of the Total Environment, 2019, 648: 631-635.

[43] Carr S A, Liu J, Tesoro A G. Transport and fate of microplastic particles in wastewater treatment plants. Water Research, 2016, 91: 174-82.

[44] Hoellein T, Kelly J, McCormick A, et al. Consider a source: Microplastic in rivers is abundant, mobile, and selects for unique bacterial assemblages. American Geophysical Union, Ocean Sciences Meeting, 2016, abstract #HI41A-02.

[45] Napper I E, Bakir A, Rowland S J, et al. Characterisation, quantity and sorptive properties of microplastics extracted from cosmetics. Marine Pollution Bulletin, 2015, 99 (1-2): 178-185.

[46] Nizzetto L, Bussi G, Futter M N, et al. A theoretical assessment of microplastic transport in river catchments and their retention by soils and river sediments. Environmental Science: Processes & Impacts, 2016, 18 (8): 1050-1059.

[47] van den Berg P, Huerta-Lwanga E, Corradini F, et al. Sewage sludge application as a vehicle for microplastics in eastern Spanish agricultural soils. Environmental Pollution, 2020, 261: 114198.

[48] Dris R, Gasperi J, Saad M, et al. Synthetic fibers in atmospheric fallout: A source of microplastics in the environment? Marine Pollution Bulletin, 2016, 104 (1-2): 290-293.

[49] Wright S L, Ulke J, Font A, et al. Atmospheric microplastic deposition in an urban environment and an evaluation of transport. Environment International, 2020, 136: 105411.

[50] Cai L, Wang J, Peng J, et al. Characteristic of microplastics in the atmospheric fallout from Dongguan City, China: preliminary research and first evidence. Environmental Science and Pollution Research, 2017, 24 (32): 24928-24935.

[51] Zhu X, Huang W, Fang M, et al. Airborne microplastic concentrations in five megacities of northern and southeast China. Environmental Science & Technology, 2021, 55 (19): 12871-12881.

[52] Wang W, Ge J, Yu X, et al. Environmental fate and impacts of microplastics in soil ecosystems: progress and perspective. Science of the Total Environment, 2020, 708: 134841.

[53] Yang Z, Lu F, Zhang H, et al. Is incineration the terminator of plastics and microplastics? Journal of Hazardous Materials, 2020, 401: 123429.

[54] Ding J, Lv M, Zhu D, et al. Tire wear particles: An emerging threat to soil health. Critical Reviews in Environmental Science & Technology, 2022: 239-257.

[55] You S, Sonne C, Ok Y S. COVID-19's unsustainable waste management. Science, 2020, 368 (6498): 1438.

[56] Sills J, Adyel T M. Accumulation of plastic waste during COVID-19. Science, 2020, 369 (6509): 1314-1315.

[57] Ma M, Xu D, Zhao J, et al. Disposable face masks release micro particles to the aqueous environment after simulating sunlight aging: Microplastics or non-microplastics? Journal of Hazardous Materials, 2023, 443: 130146.

[58] Jacques O, Prosser R S. A probabilistic risk assessment of microplastics in soil ecosystems. Science of the Total Environment, 2021, 757: 143987.

[59] Bergmann M, Mützel S, Primpke S, et al. White and wonderful? Microplastics prevail in snow from the Alps to the Arctic. Science Advances, 2019, 5 (8): eaax1157.

[60] Scheurer M, Bigalke M. Microplastics in Swiss Floodplain soils. Environmental Science & Technology, 2018, 52 (6): 3591-3598.

[61] Allen S, Allen D, Phoenix V R, et al. Atmospheric transport and deposition of microplastics in a remote mountain catchment. Nature Geoscience, 2019, 12 (5): 339-344.

[62] Beriot N, Peek J, Zornoza R, et al. Low density-microplastics detected in sheep faeces and soil: A case study from the intensive vegetable farming in southeast Spain. Science of the Total Environment, 2021, 755 (Pt 1): 142653.

[63] Cao L, Wu D, Liu P, et al. Occurrence, distribution and affecting factors of microplastics in agricultural soils along the lower reaches of Yangtze River, China. Science of the Total Environment, 2021, 794: 148694.

[64] Feng S, Lu H, Liu Y. The occurrence of microplastics in farmland and grassland soils in the Qinghai-Tibet Plateau: Different land use and mulching time in facility agriculture. Environmental Pollution, 2021, 279: 116939.

[65] Wang J, Li J, Liu S, et al. Distinct microplastic distributions in soils of different land-use types: A case study of Chinese farmlands. Environmental Pollution, 2021, 269: 116199.

[66] Ding L, Zhang S, Wang X, et al. The occurrence and distribution characteristics of microplastics in the agricultural soils of Shaanxi Province, in north-western China. Science of the Total Environment, 2020, 720: 137525.

[67] Liu M, Lu S, Song Y, et al. Microplastic and mesoplastic pollution in farmland soils in suburbs of Shanghai, China. Environmental Pollution, 2018, 242 (Pt A): 855-862.

[68] Yu L, Zhang J, Liu Y, et al. Distribution characteristics of microplastics in agricultural soils from the largest vegetable production base in China. Science of the Total Environment, 2021, 756: 143860.

[69] Bi D, Wang B, Li Z, et al. Occurrence and distribution of microplastics in coastal plain soils under three land-use types. Science of the Total Environment, 2022, 855: 159023.

[70] Zhang G S, Liu Y F. The distribution of microplastics in soil aggregate fractions in southwestern China. Science of the Total Environment, 2018, 642: 12-20.

[71] Zhang S, Liu X, Hao X, et al. Distribution of low-density microplastics in the mollisol farmlands of northeast China. Science of the Total Environment, 2020, 708: 135091.

[72] Zhou Y, Liu X, Wang J. Characterization of microplastics and the association of heavy metals with microplastics in suburban soil of central China. Science of the Total Environment, 2019, 694: 133798.

[73] Chen Y, Leng Y, Liu X, et al. Microplastic pollution in vegetable farmlands of suburb Wuhan, central China. Environmental Pollution, 2020, 257: 113449.

[74] Crossman J, Hurley R R, Futter M, et al. Transfer and transport of microplastics from biosolids to agricultural soils and the wider environment. Science of the Total Environment, 2020, 724: 138334.

[75] Piehl S, Leibner A, Loder M G J, et al. Identification and quantification of macro-and microplastics on an agricultural farmland. Scientific Reports, 2018, 8 (1): 17950.

[76] Harms I K, Diekotter T, Troegel S, et al. Amount, distribution and composition of large microplastics in typical agricultural soils in northern Germany. Science of the Total Environment, 2021, 758: 143615.

[77] Rezaei M, Riksen M, Sirjani E, et al. Wind erosion as a driver for transport of light density microplastics. Science of the Total Environment, 2019, 669: 273-281.

[78] Choi Y, Kim Y N, Yoon J H, et al. Plastic contamination of forest, urban, and agricultural soils: A case study of Yeoju City in the Republic of Korea. Journal of Soils and Sediments, 2021, 21: 1-12.

[79] Kim S K, Kim J S, Lee H, et al. Abundance and characteristics of microplastics in soils with different agricultural practices: Importance of sources with internal origin and environmental fate. Journal of Hazardous Materials, 2021, 403: 123997.

[80] Al-Jaibachi R, Cuthbert R N, Callaghan A. Examining effects of ontogenic microplastic transference on *Culex* mosquito mortality and adult weight. Science of the Total Environment, 2019, 651 (Pt 1): 871-876.

[81] Yu M, Martine V D P, Lwanga E H, et al. Leaching of microplastics by preferential flow in earthworm (*Lumbricus terrestris*) burrows. Environmental Chemistry, 2019, 16 (1): 31-40.

[82] Zhu D, Bi Q F, Xiang Q, et al. Trophic predator-prey relationships promote transport of microplastics compared with the single *Hypoaspis aculeifer* and *Folsomia candida*. Environmental Pollution, 2018, 235: 150-154.

[83] Maass S, Daphi D, Lehmann A, et al. Transport of microplastics by two collembolan species. Environmental Pollution, 2017, 225: 456-459.

[84] Huerta Lwanga E, Gertsen H, Gooren H, et al. Microplastics in the terrestrial ecosystem: Implications for *Lumbricus terrestris* (Oligochaeta, Lumbricidae). Environmental Science & Technology, 2016, 50 (5): 2685-2691.

[85] Rillig M C, Ziersch L, Hempel S. Microplastic transport in soil by earthworms. Scientific Reports, 2017, 7 (1): 1362.

[86] Heinze W M, Mitrano D M, Lahive E, et al. Nanoplastic transport in soil via bioturbation by *Lumbricus terrestris*. Environmental Science & Technology, 2021, 55 (24): 16423-16433.

[87] Rillig M C. Microplastic in terrestrial ecosystems and the soil? Environmental Science & Technology, 2012, 46 (12): 6453-6454.

[88] Xu B, Liu F, Cryder Z, et al. Microplastics in the soil environment: Occurrence, risks, interactions and fate—A review. Critical Reviews in Environmental Science & Technology, 2019, 50 (21): 2175-2222.

[89] van Weert S, Redondo-Hasselerharm P E, Diepens N J, et al. Effects of nanoplastics and microplastics on the growth of sediment-rooted macrophytes. Science of the Total Environment, 2019, 654: 1040-1047.

[90] Li H, Lu X, Wang S, et al. Vertical migration of microplastics along soil profile under different crop root systems. Environmental Pollution, 2021, 278: 116833.

[91] Ding W C, Cai F, Fu Q, et al. Effect of soybean roots and a plough pan on the movement of soil water along a profile during rain. Applied Water Science, 2019, 9 (5): 138.

[92] Liu Y, Guo R, Zhang S, et al. Uptake and translocation of nano/microplastics by rice seedlings: Evidence from a hydroponic experiment. Journal of Hazardous Materials, 2022, 421: 126700.

[93] Wan Y, Wu C, Xue Q, et al. Effects of plastic contamination on water evaporation and desiccation cracking in soil. Science of the Total Environment, 2019, 654: 576-582.

[94] Kumar A, Mishra S, Pandey R, et al. Microplastics in terrestrial ecosystems: Unignorable impacts on soil characterises, nutrient storage and its cycling. TrAC Trends in Analytical Chemistry, 2023, 158: 116869.

[95] Zhang X, Chen Y, Li X, et al. Size/shape-dependent migration of microplastics in agricultural soil under simulative and natural rainfall. Science of the Total Environment, 2022, 815: 152507.

[96] Bradney L, Wijesekara H, Palansooriya K N, et al. Particulate plastics as a vector for toxic trace-element uptake by aquatic and terrestrial organisms and human health risk. Environment International, 2019, 131: 104937.

[97] Zhou Y, Wang J, Zou M, et al. Microplastics in soils: A review of methods, occurrence, fate, transport, ecological and environmental risks. Science of the Total Environment, 2020, 748: 141368.

[98] Wick L Y, Remer R, Würz B, et al. Effect of fungal hyphae on the access of bacteria to phenanthrene in soil. Environmental Science & Technology, 2007, 41 (2): 500-505.

[99] Guo J J, Huang X P, Xiang L, et al. Source, migration and toxicology of microplastics in soil. Environment International, 2020, 137: 105263.

[100] Tripathi S, Champagne D, Tufenkji N. Transport behavior of selected nanoparticles with different surface coatings in granular porous media coated with *Pseudomonas aeruginosa* biofilm. Environmental Science & Technology, 2012, 46 (13): 6942-6949.

[101] Mitzel M R, Sand S, Whalen J K, et al. Hydrophobicity of biofilm coatings influences the transport dynamics of polystyrene nanoparticles in biofilm-coated sand. Water Research, 2016, 92: 113-120.

[102] O'Connor D, Pan S, Shen Z, et al. Microplastics undergo accelerated vertical migration in sand soil due to small size and wet-dry cycles. Environmental Pollution, 2019, 249: 527-534.

[103] Zhang G S, Zhang F X, Li X T. Effects of polyester microfibers on soil physical properties: Perception from a field and a pot experiment. Science of the Total Environment, 2019, 670: 1-7.

[104] Hu C, Lu B, Guo W, et al. Distribution of microplastics in mulched soil in Xinjiang, China. International Journal of Agricultural and Biological Engineering, 2021, 14 (2): 196-204.

[105] Liu J, Zhang T, Tian L, et al. Aging significantly affects mobility and contaminant-mobilizing ability of nanoplastics in saturated loamy sand. Environmental Science & Technology, 2019, 53 (10): 5805-5815.

[106] Dong Z, Zhu L, Zhang W, et al. Role of surface functionalities of nanoplastics on their transport in seawater-saturated sea sand. Environmental Pollution, 2019, 255 (Pt 1): 113177.

[107] Hou J, Xu X, Lan L, et al. Transport behavior of micro polyethylene particles in saturated quartz sand: Impacts of input concentration and physicochemical factors. Environmental Pollution, 2020, 263: 114499.

[108] Wu X, Lyu X, Li Z, et al. Transport of polystyrene nanoplastics in natural soils: Effect of soil properties, ionic strength and cation type. Science of the Total Environment, 2020, 707: 136065.

[109] Yan X, Yang X, Tang Z, et al. Downward transport of naturally-aged light microplastics in natural loamy sand and the implication to the dissemination of antibiotic resistance genes. Environmental Pollution, 2020, 262: 114270.

[110] Li X, He E, Jiang K, et al. The crucial role of a protein corona in determining the aggregation kinetics and colloidal stability of polystyrene nanoplastics. Water Research, 2021, 190: 116742.

[111] Zhang Y, Gao T, Kang S, et al. Microplastics in glaciers of the Tibetan Plateau: Evidence for the long-range transport of microplastics. Science of the Total Environment, 2021, 758: 143634.

[112] Zhang Y, Gao T, Kang S, et al. Importance of atmospheric transport for microplastics deposited in remote areas. Environmental Pollution, 2019, 254 (Pt A): 112953.

[113] Celina M, Linde E, Brunson D, et al. Overview of accelerated aging and polymer degradation kinetics for combined radiation-thermal environments. Polymer Degradation and Stability, 2019, 166: 353-378.

[114] Wang Y, Wang X, Li Y, et al. Effects of exposure of polyethylene microplastics to air, water and soil on their adsorption behaviors for copper and tetracycline. Chemical Engineering Journal, 2021, 404: 126412.

[115] Zhu K, Jia H, Sun Y, et al. Long-term phototransformation of microplastics under simulated sunlight irradiation in aquatic environments: Roles of reactive oxygen species. Water Research, 2020, 173: 115564.

[116] Luo H, Zhao Y, Li Y, et al. Aging of microplastics affects their surface properties, thermal decomposition, additives leaching and interactions in simulated fluids. Science of the Total Environment, 2020, 714: 136862.

[117] Montazer Z, Habibi-Najafi M B, Mohebbi M, et al. Microbial degradation of UV-pretreated low-density polyethylene films by novel polyethylene-degrading bacteria isolated from plastic-dump soil. Journal of Polymers and the Environment, 2018, 26 (9): 3613-3625.

[118] Mao R, Lang M, Yu X, et al. Aging mechanism of microplastics with UV irradiation and its effects on the adsorption of heavy metals. Journal of Hazardous Materials, 2020, 393: 122515.

[119] Peng S, Wu D, Ge Z, et al. Influence of graphene oxide on the transport and deposition behaviors of colloids in saturated porous media. Environmental Pollution, 2017, 225: 141-149.

[120] Corcoran P L, Norris T, Ceccanese T, et al. Hidden plastics of Lake Ontario, Canada and their potential preservation in the sediment record. Environmental Pollution, 2015, 204: 17-25.

[121] Muenmee S, Chiemchaisri W, Chiemchaisri C. Microbial consortium involving biological methane oxidation in relation to the biodegradation of waste plastics in a solid waste disposal open dump site. International Biodeteri-

oration Biodegradation, 2015, 102: 172-181.

[122] Galloway T S, Cole M, Lewis C. Interactions of microplastic debris throughout the marine ecosystem. Nature Ecology and Evolution, 2017, 1 (5): 116.

[123] Zhang J, Gao D, Li Q, et al. Biodegradation of polyethylene microplastic particles by the fungus *Aspergillus flavus* from the guts of wax moth *Galleria mellonella*. Science of the Total Environment, 2020, 704: 135931.

[124] Rummel C D, Jahnke A, Gorokhova E, et al. Impacts of biofilm formation on the fate and potential effects of microplastic in the aquatic environment. Environmental Science & Technology Letters, 2017, 4 (7): 258-267.

[125] Wei X F, Nilsson F, Yin H, et al. Microplastics originating from polymer blends: An emerging threat? Environmental Science & Technology, 2021, 55 (8): 4190-4193.

[126] Gunaalan K, Fabbri E, Capolupo M. The hidden threat of plastic leachates: A critical review on their impacts on aquatic organisms. Water Research, 2020, 184: 116170.

[127] Hahladakis J N, Velis C A, Weber R, et al. An overview of chemical additives present in plastics: Migration, release, fate and environmental impact during their use, disposal and recycling. Journal of Hazardous Materials, 2018, 344: 179-199.

[128] Ge J, Li H, Liu P, et al. Review of the toxic effect of microplastics on terrestrial and aquatic plants. Science of the Total Environment, 2021, 791: 148333.

[129] Kim S W, Waldman W R, Kim T Y, et al. Effects of different microplastics on nematodes in the soil environment: Tracking the extractable additives using an ecotoxicological approach. Environmental Science & Technology, 2020, 54 (21): 13868-13878.

[130] 刘晓丹, 龚一富, 李军, 等. 增塑剂对小麦种子萌发过程中细胞程序性死亡指标的影响. 麦类作物学报, 2013, 33 (02): 350-356.

[131] Gao M, Liu Y, Dong Y, et al. Effect of polyethylene particles on dibutyl phthalate toxicity in lettuce (*Lactuca sativa* L.). Journal of Hazardous Materials, 2021, 401: 123422.

[132] He L, Gielen G, Bolan N S, et al. Contamination and remediation of phthalic acid esters in agricultural soils in China: A review. Agronomy for Sustainable Development, 2015, 35 (2): 519-534.

[133] Zhang Q Q, Ma Z R, Cai Y Y, et al. Agricultural plastic pollution in China: Generation of plastic debris and emission of phthalic acid esters from agricultural films. Environmental Science & Technology, 2021, 55 (18): 12459-12470.

[134] Wang Y, Wang F, Xiang L, et al. Risk assessment of agricultural plastic films based on release kinetics of phthalate acid esters. Environmental Science & Technology, 2021, 55 (6): 3676-3685.

[135] Kong S, Ji Y, Liu L, et al. Diversities of phthalate esters in suburban agricultural soils and wasteland soil appeared with urbanization in China. Environmental Pollution, 2012, 170: 161-168.

[136] Shi M, Sun Y, Wang Z, et al. Plastic film mulching increased the accumulation and human health risks of phthalate esters in wheat grains. Environmental Pollution, 2019, 250: 1-7.

[137] 陈蕾, 高山雪, 徐一卢. 塑料添加剂向生态环境中的释放与迁移研究进展. 生态学报, 2021, 41 (08): 3315-3324.

[138] Paluselli A, Fauvelle V, Galgani F, et al. Phthalate release from plastic fragments and degradation in seawater. Environmental Science & Technology, 2019, 53 (1): 166-175.

[139] Barrick A, Champeau O, Chatel A, et al. Plastic additives: Challenges in ecotox hazard assessment. PeerJ, 2021, 9: e11300.

[140] Bridson J H, Gaugler E C, Smith D A, et al. Leaching and extraction of additives from plastic pollution to inform environmental risk: A multidisciplinary review of analytical approaches. Journal of Hazardous Materials, 2021, 414: 125571.

第2章

微塑料对土壤理化性质的影响

2.1 微塑料对土壤物理性质的影响

微塑料进入土壤后,在干湿循环[1]、土壤管理措施和作物收获[2-3]、生物扰动的作用下分散到土壤基质中[4],与有机物和微生物分泌物团聚而嵌入土壤的微结构中[5],进而影响土壤结构和理化性质,如增加土壤孔隙度和持水量、降低土壤容重和土壤水分渗透率[6-8]、破坏土壤结构完整性[4,9]、改变土壤结构[10]。

2.1.1 土壤结构

土壤结构与土壤水力性质、化学性质(土壤肥力、离子交换)、热性质、土壤通气性和机械强度密切相关:

① 土壤结构的类型和稳定性决定了土壤孔隙度,进而影响土壤渗透性、土壤通气性和水分有效性;

② 土壤结构影响土壤紧实度,从而影响植物根系的生长发育;

③ 土壤结构是影响土壤物质和能量转化与迁移的关键因素,如有机物质的分解以及养分、盐或污染物的移动。

土壤团聚体是控制土壤结构、土壤孔隙度大小和稳定性的主要因素,并对土壤空气和水分、土壤侵蚀、微生物活动产生深远影响。土壤团聚体之间及其内部的孔隙允许空气和水的交换和保持,从而影响土壤通风、水分保持和可用性。对土壤团聚体组分中塑料颗粒浓度和分布的研究表明,72%的塑料颗粒与土壤团聚体有关,28%的塑料颗粒处于分散状态,这意味着微塑料可能参与土壤团聚体的形成[11]。

微塑料对土壤团聚体有负面影响[12-13]。在聚酯超细纤维污染的土壤中,水稳定性团聚体随着微塑料浓度的增加而显著减少[7],表明微塑料对土壤团聚体的形成有负面影响。Lozano等[14]比较了四种形状的微塑料(纤维、薄膜、泡沫和碎片)对土壤团聚体形成的影响，并发现：a. 所有微塑料都减少了土壤团聚体，这可能是由于微塑料将断裂点引入团聚体并对土壤生物群产生潜在不利影响；b. 随着微塑料浓度的增加，薄膜微塑料减少了土壤团聚体。同样，在另一项研究中，PS碎片、PA珠和聚酯超细纤维显著减少了土壤团聚体[6]。在塑料类型中，纤维微塑料的影响最大，这可能是因为纤维状微塑料在结构、尺寸和柔韧性方面与土壤颗粒最为不同。

然而，也有研究发现微塑料对土壤团聚体有积极或无显著的影响。微塑料本身对土壤团聚体的形成和稳定性没有影响，但在有机质和微生物存在条件下会降低土壤团聚体的稳定性[15-16]。有机质和微生物活性的存在加速了土壤团聚的过程，这导致更多的微纤维结合到新形成的土壤团聚体中。此外，在植物群落水平上聚酯微纤维改善了土壤团聚，这可能是因为它们对土壤容重、通气量和保水性有积极影响[17]。这可能是微纤维的形状类似于植物的根，可能会缠绕土壤颗粒，从而促进土壤团聚。盆栽试验和田间试验的结果可能不同：盆栽试验中0.3%和0.1%（质量分数）聚酯微纤维显著增加了水稳定性大团聚体的含量（>2mm），但在田间试验中并未发现此效应[18]。这一结果可能部分归因于盆栽试验中采用的是细土，而田间试验中采用的是含有许多土块的土壤。微塑料可以影响土壤结构，这种影响取决于微塑料的类型、团聚体尺寸和植物的存在[6]。

总之，尽管微塑料对土壤团聚体形成和稳定性的影响与机制尚不清楚，但可以得出以下几点结论：

① 微塑料可以对土壤团聚体的形成和稳定性产生直接的物理影响；
② 微塑料的形状可能是影响土壤团聚的关键因素；
③ 微塑料对土壤物理结构的影响部分由土壤生物群和有机质调控。

2.1.2 土壤孔隙度

土壤孔隙为某些土壤动物和植物根际微生物提供了栖息地。例如，微足类的群落结构与土壤孔隙大小分布密切相关，土壤团聚体中的孔隙空间可以保护土壤微生物免受原生动物的捕食。土壤孔隙中的布朗扩散与疏水性和电荷依赖性相互作用有关，这导致微塑料容易进入土壤孔隙。一年的田间试验表明，聚酯微纤维（0.1%和0.3%，质量分数；直径<5μm，平均长度2.65mm）增加了>30μm孔隙，但减少了<30μm孔隙[18]。这些变化的影响归因于3点：

① 聚酯微纤维的直径<5μm，容易堵塞<30μm的土壤孔隙；
② 微纤维的疏水性可能导致土壤的强烈拒水性，并减少土壤孔隙中储存的水，导致土壤收缩；
③ 聚酯微纤维的线型结构可以有效地结合土壤颗粒，形成大的土壤团聚体，导致土壤大孔隙增加（>30μm）。

堵塞土壤孔隙的微塑料将不可避免地影响土壤动物的分布和移动。例如，即使在低浓度（8mg/kg）下，PS微塑料也能快速进入生物孔隙，进而抑制跳虫（*Lobella sokamensis*）的运动[19]。

土壤孔隙度在很大程度上决定了土壤通气和水流，从而间接改变了厌氧微生物和好氧微生物的相对丰度，以及植物根系对水和养分的吸收。聚酯微纤维可以改善土壤孔隙度、土壤通气和根系渗透，最终促进植物生长[20]。特别是，泡沫和碎片形状的微塑料可以增加土壤通气和微孔[14]。微纤维引起的土壤孔隙的变化可能会进一步改变土壤呼吸、微生物活性，以及生态系统功能，如凋落物分解[17]。此外，PA微塑料可以增加土壤孔隙率和土霉素在砂土中的分散系数，促进其流动和迁移[21]，这代表了微塑料影响污染物迁移和分散的机制。其他形状的微塑料，如丸粒、珠粒、球体和颗粒，很容易占据土壤孔隙空间，从而减少孔隙率。砂子、淤泥和黏土等土壤颗粒的分布也在很大程度上决定了土壤的孔隙率。

2.1.3 土壤容重

土壤容重通常与土壤质量、孔隙率和植物生根有关，是土壤肥力的重要指标。考虑到微塑料的成分，微塑料的密度通常低于土壤密度，因此土壤中微塑料的累积将不可避免地降低土壤容重。先前的研究表明，微塑料对土壤容重的影响取决于微塑料的类型、形状和浓度[6-7,18]。de Souza Machado等[7]发现，聚酯微纤维、PP微纤维、PE碎片和PA微珠都降低了土壤容重，聚酯微纤维的影响最显著且具有剂量依赖性。在另一项研究中，PE、PET、PP、PS碎片和聚酯微纤维降低了土壤容重，但PA微珠没有此效应[6]。这一发现可能归因于球状微塑料的形状与天然土壤颗粒相似，而线型微塑料更可能影响土壤物理性质。土壤容重降低通常会导致土壤大孔隙和通气量增加，这可能会进一步促进根系穿透，增加好氧微生物的丰度，并加速好氧过程，如土壤中有机物的硝化和矿化。然而，Zhang等[18]的研究发现，盆栽和田间试验中聚酯微纤维对土壤容重均没有影响。这些互相矛盾的研究结果要求对不同形状的微塑料如何影响土壤容重和相关性质进行更多的研究。

2.1.4 土壤水分

土壤水分决定了养分和污染物的可利用性，以及土壤生物和植物的生存和繁殖。微塑料可以通过其疏水表面直接改变土壤持水能力和土壤水分可用性，也可以通过对土壤物理结构、团聚体和孔隙率的影响间接改变土壤持水能力和土壤水分可用性。在为期5周的花园试验中，聚酯微纤维提高了土壤持水能力，但PAA纤维、PA微珠和PE碎片没有明显影响[7]。另外两项研究还发现，聚酯微纤维提高了土壤水分保持率和根系吸水率，最终提高了植物生长和抗旱性[6,20]。这些研究结果表明最高剂量的聚酯微纤维产生了最显著的影响。微纤维的形状与非线型土壤颗粒有很大不同，因此可能具有更大的潜力来改变土壤的生物物理性质。同时，聚酯微纤维比PAA纤维更灵活。聚酯微纤维的类型和形状决定了它们形成土壤团聚体和缠绕土壤颗粒的能力更强。

改变土壤持水量可能进一步影响土壤含水量和蒸散量，并最终改变土壤水分的有效性。在 Wan 等的研究中，土壤中微塑料的存在通过建立水流通道增加了土壤水分的蒸发速率，尺寸较小和浓度较高的微塑料产生的影响更显著[9]。与此类似的研究发现，PA 珠和聚酯微纤维分别显著增加了 35％和 50％的蒸散量，但 PE、PET、PP 和 PS 碎片对蒸散量的影响较小[6,17]。此外，PA 珠和聚酯微纤维引起的蒸散量的增加量小于聚酯微纤维引起的持水量的增加量，这导致微塑料污染土壤中的水可用性提高。

微塑料还可以改变土壤水分的传输。较大的塑料薄膜（粒径为 5mm 和 10mm）导致土壤开裂，深层土壤水分蒸发，从而加剧土壤干旱[9]。因此，土壤裂缝的存在可能会促进微塑料向地下水的迁移，并影响污染物的垂直迁移。此外，LDPE 薄膜和聚丙烯腈（PAN）纤维等微塑料也可以通过改变土壤团聚体组分和孔径分布来阻断垂直水流[22]。在粉壤土和壤质砂土中，水分入渗随着 PE 微塑料含量（1％～7％，质量分数）的增加而增加[23]，这可能是由于 PE 微塑料抑制了土壤团聚，增加了土壤孔隙度以及其强疏水性导致导水率增加。虽然缺乏直接证据，但大型微塑料薄膜和碎片被认为会阻碍土壤中水的水平流动，而小尺寸微塑料颗粒可能会堵塞土壤孔隙，从而改变水的流动。

总之，微塑料可以改变土壤持水量和水分有效性及流动，但其影响是多变的，取决于微塑料类型、形状、大小和剂量。例如，聚酯微纤维可以提高土壤持水力和土壤水分的可用性，促进植物生长并降低干旱胁迫[6,17]，从而提高作物生产力。相反，微塑料也可以通过增加水分蒸发和渗透加剧土壤干旱，在干旱和半干旱地区或干旱时期，由于微塑料污染，土壤水分损失的风险更大[24]。土壤水在生态系统服务尤其是农业生产中起着关键作用。考虑到水在干旱地区的重要性，微塑料对旱地土壤的影响值得更多关注。

微塑料对土壤理化性质的影响见表 2-1。

表 2-1 微塑料对土壤理化性质的影响

土壤理化性质	微塑料类型、粒径、浓度	暴露时间	土壤类型	影响	参考文献
土壤结构	PAA 纤维，长度 3756μm，直径 18μm，0.05％、0.1％、0.2％和 0.4％（质量分数）	5 周	壤质砂土	减少水稳性团聚体	[7]
	PA 微球，直径 15～20μm，0.25％、0.5％、1％和 2％（质量分数）	5 周	壤质砂土	无显著影响	[7]
	PES 纤维，长度 5000μm，直径 8μm，0.05％、0.1％、0.2％和 0.4％（质量分数）	5 周	壤质砂土	水稳性团聚体随着微塑料剂量的增加而减少	[7]
	HDPE 碎片，643μm，0.25％、0.5％、1％和 2％（质量分数）	5 周	壤质砂土	无显著影响	[7]

续表

土壤理化性质	微塑料类型、粒径、浓度	暴露时间	土壤类型	影响	参考文献
土壤结构	PES纤维，长度5000μm，直径8μm，0.2%（质量分数）	3.5月	壤质砂土	减少水稳性团聚体	[6]
	PA微球，直径15~20μm，2%（质量分数）	3.5月	壤质砂土	减少水稳性团聚体	[6]
	PE碎片，643μm，2%（质量分数）	3.5月	壤质砂土	无显著影响	[6]
	PET碎片，222~258μm，2%（质量分数）	3.5月	壤质砂土	无显著影响	[6]
	PP碎片，647~754μm，2%（质量分数）	3.5月	壤质砂土	无显著影响	[6]
	PS碎片，547~555μm，2%（质量分数）	3.5月	壤质砂土	减少水稳性团聚体	[6]
	PES纤维，长度2.65mm，直径<5μm，0.1%和0.3%（质量分数）	72d，1年	壤质砂土	减少土壤大团聚体（>2mm），增加微团聚体（0.05~0.25mm）	[18]
	PES纤维，长度5mm，0.1%（质量分数）	63d	砂质粉土	对团聚体的形成和稳定性没有影响，但在微生物存在条件下降低了团聚体的稳定性	[25]
	PAA纤维，直径0.026mm±0.005mm，0.4%（质量分数）	42d	砂壤土	降低了水稳定团聚体的百分比，但含真菌的土壤除外	[16]
	PES、PA、PP纤维，PE、PET、PP薄膜，PU、PE、PS泡沫，PET、PP、PC碎片；0.1%、0.2%、0.3%和0.4%（质量分数）	6周	砂壤土	减少土壤团聚体	[14]
	PES纤维，长度1.28mm±0.03mm，0.4%（质量分数）	3月	砂壤土	增加土壤团聚体	[17]
	PES纤维，长度5mm、直径0.03mm和0.008mm；PAA纤维，长度5mm、直径0.026mm；0.3%（质量分数）	42d	砂壤土	添加有机质条件下降低了土壤水稳性团聚体	[15]

续表

土壤理化性质	微塑料类型、粒径、浓度	暴露时间	土壤类型	影响	参考文献
土壤孔隙度	PES 纤维,长度 2.65mm、直径<5μm,0.1% 和 0.3%（质量分数）	72d,1 年	壤质砂土	增加了>30μm 的孔隙,减少了<30μm 的孔隙	[18]
	PES 纤维,长度<2mm,0.1%、0.3% 和 1.0%（质量分数）	154d	黏土（黏绨土）	0.3% 和 1.0% 的 PES 纤维增加了<30μm 的孔隙	[26]
	PES、PA、PP 纤维,PE、PET、PP 薄膜,PU、PE、PS 泡沫,PET、PP、PC 碎片；0.1%、0.2%、0.3% 和 0.4%（质量分数）	6 周	砂壤土	泡沫和碎片形状的微塑料增加了土壤通气和大孔隙	[14]
土壤容重	PAA 纤维,长度 3756μm、直径 18μm,0.05%、0.1%、0.2% 和 0.4%（质量分数）	5 周	壤质砂土	降低了土壤容重	[7]
	PA 微珠,直径 15～20μm,0.25%、0.5%、1% 和 2%（质量分数）	5 周	壤质砂土	降低了土壤容重	[7]
	PES 纤维,长度 5000μm、直径 8μm,0.05%、0.1%、0.2% 和 0.4%（质量分数）	5 周	壤质砂土	降低了土壤容重	[7]
	HDPE 碎片,643μm,0.25%、0.5%、1% 和 2%（质量分数）	5 周	壤质砂土	降低了土壤容重	[7]
	PES 纤维,长度 5000μm、直径 8μm,0.2%（质量分数）	3.5 月	壤质砂土	降低了土壤容重	[6]
	PA 微珠,直径 15～20μm,2%（质量分数）	3.5 月	壤质砂土	降低了土壤容重	[6]
	HDPE 碎片,643μm,2%（质量分数）	3.5 月	壤质砂土	降低了土壤容重	[6]
	PET 碎片,222～258μm,2%（质量分数）	3.5 月	壤质砂土	降低了土壤容重	[6]
	PP 碎片,647～754μm,2%（质量分数）	3.5 月	壤质砂土	降低了土壤容重	[6]

续表

土壤理化性质	微塑料类型、粒径、浓度	暴露时间	土壤类型	影响	参考文献
土壤容重	PS 碎片，547～555μm，2%（质量分数）	3.5月	壤质砂土	降低了土壤容重	[6]
	PES 纤维，长度 2.65mm、直径＜5μm，0.1%和 0.3%（质量分数）	7d，1年	壤质砂土	无显著影响	[18]
土壤水分	PAA 纤维，长度 3756μm、直径 18μm，0.05%、0.1%、0.2%和 0.4%（质量分数）	5周	壤质砂土	无显著影响	[7]
	PA 微珠，直径 15～20μm，0.25%、0.5%、1%和 2%（质量分数）	5周	壤质砂土	无显著影响	[7]
	PES 纤维，长度 5000μm、直径 8μm，0.05%、0.1%、0.2%和 0.4%（质量分数）	5周	壤质砂土	增加了土壤持水量，但没有改变土壤导水率	[7]
	HDPE 碎片，643μm，0.25%、0.5%、1%和 2%（质量分数）	5周	壤质砂土	无显著影响	[7]
	PES 纤维，长度 5000μm、直径 8μm，0.2%（质量分数）	3.5月	壤质砂土	增加土壤水分蒸发和持水量	[6]
	PA 微珠，直径 15～20μm，2%（质量分数）	3.5月	壤质砂土	增加土壤水分蒸发和持水量	[6]
	HDPE 碎片，643μm，2%（质量分数）	3.5月	壤质砂土	未改变土壤水分蒸发，但增加了土壤持水量	[6]
	PET 碎片，222～258μm，2%（质量分数）	3.5月	壤质砂土	未改变土壤水分蒸发，但增加了土壤持水量	[6]
	PP 碎片，647～754μm，2%（质量分数）	3.5月	壤质砂土	未改变土壤水分蒸发，但增加了土壤持水量	[6]
	PS 碎片，547～555μm，2%（质量分数）	3.5月	壤质砂土	未改变土壤水分蒸发，但增加了土壤持水量	[6]
	PES 纤维，长度 2.65mm、直径＜5μm，0.1%和 0.3%（质量分数）	72d，1年	壤质砂土	对饱和导水率无影响	[18]

续表

土壤理化性质	微塑料类型、粒径、浓度	暴露时间	土壤类型	影响	参考文献
土壤水分	PE 薄膜，边长 2mm、5mm、10mm，厚度 0.12mm，0.5% 和 1%（质量分数）	48h	黏土	增加土壤水分蒸发	[9]
	LDPE、PAN 薄膜、纤维，厚度 13.66μm±2.32μm，薄膜面积 1.5mm²±0.8mm²，纤维长度 2.4mm±0.6mm；0.1%（质量分数）	60d	砂土	中断垂直水流，改变相邻土层的含水量	[22]
土壤 pH 值	PE 颗粒，100～150μm，1%（质量分数）	5 周	干润雏形土	无显著影响	[27]
	PES 纤维，长 1.28mm±0.03mm、直径 0.03mm±0.0008mm，0.4%（质量分数）	2 月	砂壤土	提高土壤 pH 值	[17]
	PE 颗粒，0.03mm，0.2%（质量分数）	2 月	红壤	降低了未施肥土壤的 pH 值，但对施用有机肥、无机复合肥和无机肥的土壤无显著影响	[28]
		2 月	水稻土	提高了未施肥及施用有机和无机复合肥的土壤的 pH 值，但对施用无机肥的土壤无显著影响	[28]
		2 月	潮土	无显著影响	[28]
	PS、PTFE 颗粒，0.1～1μm，10～100μm，0.25% 和 0.5%（质量分数）	水稻成熟后	—	降低土壤 pH 值	[29]
	PE、PLA 颗粒，100～154μm，0.1%、1% 和 10%（质量分数）	1 月	砂壤土	PE 微塑料降低土壤 pH 值，而 PLA 微塑料提高土壤 pH 值	[30]
	LDPE、生物可降解地膜、薄膜，4～10mm、50μm～1mm，1%（质量分数）	61d, 139d	砂土	提高土壤 pH 值	[31]

续表

土壤理化性质	微塑料类型、粒径、浓度	暴露时间	土壤类型	影响	参考文献
土壤pH值	PLA、HDPE 颗粒，丙烯酸和尼龙微纤维；HDPE 102.6μm，PLA 65.6μm；0.1%（PLA、HDPE，质量分数）、0.001%（丙烯酸和尼龙，质量分数）	30d	砂质黏壤土	HDPE 微塑料降低了土壤pH值，PLA 微塑料、丙烯酸和尼龙微纤维无显著影响	[32]
	PA、PC、PE、PES、PET、PP、PS、PU 纤维、薄膜、泡沫、碎片；纤维（1.26±0.03）mm，薄膜（1.55±0.03）mm×（2.26±0.04）mm，泡沫（1.28±0.04）mm×（1.76±0.06）mm，碎片（1.28±0.05）mm×（1.72±0.07）mm；0.4%（质量分数）	31d	砂土	泡沫和碎片提高了土壤pH值，薄膜稍微提高了土壤的pH值	[33]
	HDPE、PLA 颗粒，100～154μm，0.1%、1% 和 10%（质量分数）	1月	砂壤土	提高土壤pH值	[34]
	PE、PS、PA、PLA、PBS、PHB 颗粒，39～80μm，0.2% 和 2%（质量分数）	120d	砂壤土	0.2%微塑料对土壤pH值无影响，2%PE 和 PS 微塑料降低 pH 值，而 2%PLA 和 PHB 微塑料提高了 pH 值	[35]
	PE 颗粒，<180μm，28%（质量分数）	150d	潮土	降低了3种土壤团聚体组分中 pH 值	[36]
土壤有机质	PP 颗粒，<180μm，7% 和 28%（质量分数）	30d	耕作黄土	28%微塑料促进了 DOM 的累积	[37]
	PE 颗粒，0.03mm，0.2%（质量分数）	2月	红壤、水稻土、潮土	对 DOC 浓度无显著影响	[28]
	PE 颗粒，<13μm 和 <150μm，5%（质量分数）	30d	黏土	对 DOC 浓度无显著影响	[38]
	PE 颗粒，<180μm，28%（质量分数）	150d	潮土	降低了三种土壤团聚体组分中 DOC 含量	[36]
	PLA 颗粒，20～50μm，2%（质量分数）	70d	荒废稻田土壤	在水稻秸秆存在条件下降低了土壤 DOC 浓度	[39]

续表

土壤理化性质	微塑料类型、粒径、浓度	暴露时间	土壤类型	影响	参考文献
土壤有机质	塑料残膜，0.5cm×0.5cm×0.008mm，0.2%和0.6%（质量分数）	4月	砖红壤	降低土壤有机质和SOC含量	[40]
	PS颗粒，0.1~1μm，PTFE颗粒，0.1~1μm，0.25%和0.5%（质量分数）	水稻成熟后	—	降低SOC含量	[29]
	PES纤维，长2.65mm±0.28mm，0.1%和0.3%（质量分数）	75d	黏绨土（nitisol）	对TOC无显著影响	[41]
	PE、PS、PA、PLA、PBS、PHB颗粒，39~80μm，0.2%和2%（质量分数）	120d	砂壤土	0.2%和2%的PLA微塑料以及0.2%的PE、PS、PA和PBS微塑料增加了DOC含量	[35]
	PE、PS、PLA和PBS颗粒，150~180μm，1%（质量分数）	60d	黑黏土、黄壤土	PLA和PBS颗粒提高了DOC含量，而PE和PS无此效果	[42]
土壤营养物质	PVC薄膜，<0.9mm，0.1%和1%（质量分数）	35d	红壤、水稻土	1%PVC微塑料降低了水稻土中NO_3^--N含量，且微塑料均改变了有效磷含量	[43]
	PP颗粒，<180μm，7%和28%（质量分数）	30d	耕作黄土	28%微塑料提高了DOM中NO_3^--N、NH_4^+-N和PO_4^{3-}含量	[37]
	PE颗粒，0.03mm，0.2%（质量分数）	2月	红壤、水稻土、潮土	对NH_4^+-N和有效磷浓度无显著影响	[28]
	PLA颗粒，20~50μm，2%（质量分数）	70d	荒废稻田土壤	对无机磷无显著影响，降低了NH_4^+-N含量，提高了NO_2^--N和NO_3^--N含量	[39]
	PES纤维，长1.28mm±0.03mm，直径0.03mm±0.0008mm，0.4%（质量分数）	2月	砂壤土	减少了土壤营养流失，增加约70%的营养保留	[17]
	PS颗粒，0.1~1μm，PTFE颗粒，0.1~1μm，0.25%和0.5%（质量分数）	水稻成熟后	—	降低了有效氮和磷的含量，但增加了As污染土壤中有效氮含量	[29]

续表

土壤理化性质	微塑料类型、粒径、浓度	暴露时间	土壤类型	影响	参考文献
土壤营养物质	PE、PS、PA、PLA、PBS、PHB 颗粒，39～80μm，0.2%和 2%（质量分数）	120d	砂壤土	所有 0.2% 微塑料处理以及 2%PE、PS 和 PA 微塑料处理均降低了 NO_3^- 含量；除 2% PE 和 PS 微塑料处理及 0.2% PHB 处理外，其余处理均降低了有效磷含量	[35]
	塑料残膜、薄膜	—	农田土壤	减少了无机氮含量	[44]
	PE 颗粒，<180μm，28%（质量分数）	150d	潮土	降低了三种土壤团聚体组分中有机氮和速效磷含量	[36]
	PE 塑料薄膜，1cm×1cm×0.008mm，0.04%、0.08%、0.4% 和 0.6%（质量分数）	3月	砖红壤	在不同水稻生育阶段，土壤 C 和 N 随着塑料残膜的浓度的增加而不断降低，高浓度（0.4% 和 0.6%）在分蘖期 TOC 和 TN 显著降低 36.00% 和 38.83%，灌浆期显著降低 56.36% 和 40.82%，完全成熟期显著下降 76.61% 和 70.26%；TP 在完全成熟阶段的变化与 C、N 一致，而在灌浆期则相反	[45]

注：1. PC—聚碳酸酯；PAN—聚丙烯腈；PTFE—聚四氟乙烯；PLA—聚乳酸；PHB—聚羟基丁酸酯；PBS—聚丁二酸丁二醇酯。

2. DOM—溶解性有机质；DOC—溶解性有机碳；SOC—土壤有机碳；TOC—总有机碳；TN—总氮；TP—总磷。

2.2 微塑料对土壤化学性质的影响

2.2.1 土壤 pH 值

土壤 pH 值是决定土壤性质的主要非生物因素之一，如矿物和有机碳的结合能力、养分和污染物的"生物利用度"和吸附以及微生物群落组成和活性。有研究表明微塑料可以提高土壤 pH 值。例如，1% 和 10%（质量分数）PLA 和 HDPE 微塑料颗粒的存在提高了土壤 pH 值[34]；LDPE 微塑料和生物可降解塑料地膜残留物均提高了土壤 pH 值[31]；Lozano 等[17]也发现，0.4%（质量分数）的聚酯微纤维提高了土壤 pH 值。然而,并非所有微塑料都提高了土壤的 pH 值。也有研究发现,微塑料降低了土壤 pH 值,或没有引起土壤 pH 值的显著变化。例如,Boots 等[32]比较了暴露于服装纤维、PLA 和 HDPE 微塑料 30d 后土壤 pH 值的变化,发现 HDPE 微塑料显著降低了土壤 pH 值,但 PLA 和服装纤维微塑料没有产生显著影响。2%~10%PP 微塑料降低了土壤 pH 值[46]。这些研究结果表明具有不同聚合物成分的微塑料可能会对土壤 pH 值产生不同甚至相反的影响。土壤 pH 值的这些不确定变化可能会进一步影响土壤养分有效性、植物生长以及作物生产力。

此外,同类型的微塑料,但剂量和粒径不同,对土壤 pH 值也会产生不同的影响[28,32,34]。Dong 等[29]发现,土壤 pH 值随着 PS 和 PTFE 微塑料浓度的增加而降低,这表明土壤 pH 值和微塑料之间存在剂量依赖性;同时,小粒径微塑料比大粒径微塑料的影响更大。土壤 pH 值也受微塑料形状和暴露时间的影响。Zhao 等[33]发现,与暴露于薄膜和纤维状微塑料下的土壤相比,暴露于泡沫和碎片状微塑料下的土壤 pH 值增加更明显;同时在暴露过程中,PS 泡沫和 PET 碎片逐渐增加了土壤 pH 值。此外,与老化微塑料相比,未老化 PE 微塑料显著降低了土壤的 pH 值(5.6%~7.9%),增加了土壤电导率(EC)(6.0%~12.1%)[47]。

微塑料对土壤 pH 值的影响也受到土壤因素和农业实践的影响。微塑料的存在增加了土壤 pH 值,这与土壤湿度有关,且土壤 pH 值随着干旱和微塑料剂量的增加而增加[17]。农田土壤中微塑料最主要的来源是塑料薄膜残留。农田中 PE 微塑料的累积改变了土壤 pH 值,但变化并不一致,并随特定土壤类型和施肥历史而变化:0.2%(质量分数)PE 微塑料降低了未施肥红壤的 pH 值,增加了未施肥或施用复合肥的稻田土壤的 pH 值,但没有显著改变潮土、施肥的红壤或施用无机肥水稻田中的 pH 值[28]。然而,施肥如何调节微塑料对土壤 pH 值的影响仍然未知。微塑料对土壤性质的影响与植物品种有关,如研究发现在玉米作物 ZNT 488 种植土壤中聚合物包膜肥料微塑料显著增加了土壤 pH 值和 EC,对土壤含水量(SWC)和溶解性有机碳(DOC)无显著影响;而在玉米作物 ZTN 182 种植土壤中微塑料则显著降低了 SWC、pH 值、EC 和 DOC[48]。

一些研究解释了微塑料对土壤 pH 值的影响机理。在微塑料的分解和降解过程中,微塑料中所含的化合物可能会释放到土壤中,从而影响土壤 pH 值。Bandow 等[49]发现,在光氧化处理后,HDPE 微塑料洗脱液的 pH 值降低。深层土壤中微塑料的光氧化程度比表层微塑料的低,可能导致深层土壤的 pH 值受到不同的影响。Boots 等[32]提出了另一种可能性:微塑料由于其表面积大,可以改变土壤阳离子交换量,并允许土壤水中质子的自由交换,这可能会影响土壤 pH 值。此外,土壤微生物活性和群落结构对土壤 pH 值的响应很大[50],微塑料可能通过改变土壤微生物群落结构间接影响土壤 pH 值。还有一种情况是,LDPE 微塑料可以改变氨氧化细菌的丰度和硝化过程,这可能会随着硝化过程释放 H^+ 而改变土壤 pH 值[51]。PLA 等生物可降解微塑料的矿化可能会产生降低土壤 pH 值的乳酸,然而,也有研究发现 PLA 微塑料可能会导致土壤 pH 值增加[35]。

2.2.2 土壤有机质

土壤有机质（SOM）与土壤肥力、植物营养和微生物活性密切相关。土壤微塑料对 SOM 积累的影响，结果从抑制[29,40]到促进[37,39]或无显著影响[28]。这些相互矛盾的研究结果表明，有许多因素影响微塑料的效应。例如，一项研究发现微塑料在碱性条件下比在酸性条件下对土壤有机碳（SOC）的影响更大，并且 SOC 的含量随着微塑料浓度的增加而降低[40]。通常，土壤 pH 值会极大地影响微塑料的变化和效应。在酸性条件下，土壤中的微塑料老化更快，其内部化学平衡可能会受到酸化的影响，从而加速有机化合物的释放[52]。与碱性环境相比，酸性土壤条件下有机化合物的释放补充了部分 SOC 的消耗，减缓了微塑料造成的 SOC 损耗。此外，SOM 的变化与土壤微生物群落密切相关[40]。微塑料可能促进特定微生物的新陈代谢，加速 SOM 的积累。一个例子是微塑料降低了 SOM 含量，绿弯菌门的相对丰度也发生了类似的变化，这可能影响了土壤 CO_2 的固定，从而影响 SOM 的含量[29]。此外，微塑料本身也是有机碳，可以对土壤碳库作出贡献[53]。如 0～20cm 土层中微塑料碳含量为 25.33kg/hm² （1.60～192.57kg/hm²），对 SOC 库的贡献为 1.59‰（0.05‰～14.24‰），因此估计农田覆膜产生的微塑料 C （0～20cm）为 88.66 Gg[54]。

SOM 的保护机制主要包括物理保护机制、矿物-有机质结合化学保护机制和物理化学保护机制[55]。土壤团聚体在 SOM 的固定过程中发挥物理保护作用，主要通过在有机质底物及微生物之间形成隔离，使其免受微生物的分解利用。而已证明土壤团聚体会受到微塑料尤其是微塑料纤维的影响[6,56]。土壤矿物可以通过吸附或者与土壤有机碳结合形成较难被微生物分解利用的有机-无机复合体来稳定 SOM，即化学保护机制，在有机碳稳定化过程中也发挥了重要作用。物理化学保护机制，即"微生物碳泵"，强调了土壤微生物同化合成产物是土壤稳定有机碳库的重要贡献者，主要表现在两个方面：一方面微生物作为分解者调控非微生物来源碳的周转；另一方面作为贡献者调控微生物来源碳的形成[57]。特定微生物可以在微塑料表面定植，形成区别于周边环境的"微塑料圈（microplastisphere）"[58-59]，从而改变 SOC 的生物化学稳定机制。低浓度微塑料存在条件下，不稳定 C 输入可以影响微生物碳泵的"激发效应（priming effect）"[60]；微塑料还可以释放少量（0.11‰～0.48‰）生物不稳定的溶解有机碳来影响微生物碳泵的"激发效应"[61]。根据有机-有机持久性假设[53]，由于土壤有效碳（即 DOC）在塑料表面上的稀释和吸附，微塑料也可能导致"续埋效应（entombing effect）"。SOM 的稳定性是多种保护机制相互作用的最终结果，在不同的外界条件下，SOM 的稳定性受到不同保护机制的影响，不同保护机制发挥不同的作用。当外界条件发生变化时，如微塑料的输入，SOM 的固定过程和保护机制就会受到影响。

目前关于微塑料对 SOM 影响的研究主要集中在土壤溶解性有机质（DOM）[42,62-63]，DOM 在 SOM 循环、氮和磷转化以及污染物在土壤中的迁移中发挥关键作用。微塑料对土壤中 DOM 产生的动态影响取决于 DOM 产生和原位矿化之间的不平衡。Liu 等[37]

发现，7%（质量分数）微塑料处理的土壤中DOM的分解率在7~30d之间降低，并且28%（质量分数）微塑料处理的土壤溶液中，总溶解性氮（TDN）、溶解性有机氮（DON）、总溶解性磷（TDP）和溶解性有机磷（DOP）显著高于0%和7%（质量分数）微塑料处理的土壤。这些结果表明，微塑料的存在激活了土壤有机碳、氮和磷库，促进了土壤养分向土壤溶液中的释放和土壤有机碳、氮和磷的积累。此外，与传统微塑料（PE和PS）相比，生物可降解微塑料（PLA和PBS）可能更容易发生生物或水解降解，形成水溶性低分子量低聚物，并有助于土壤DOC的产生[42]。微塑料可以改变DOM的化学多样性，如聚己二酸对苯二甲酸丁二醇酯（PBAT）微塑料增加了土壤中的DOC分子，包括缩合芳香类物质和碳水化合物，而降低了具有高生物利用度和低芳香性的TDN分子[64]。由于生物可降解微塑料的潜在激发效应刺激微生物产生低分子量化合物，从而显著提高了蛋白质类组分的相对含量，降低了腐殖酸类和富里酸类组分的相对含量；生物可降解微塑料增加脂质类、蛋白质/氨基酸类、碳水化合物类易分解DOM的相对含量；此外，生物可降解微塑料（PLA和PBS）提高了土壤DOM的不稳定性，而传统微塑料（PS）表现出相反的趋势[42]，PE塑料残膜可促进土壤难生物降解的DOM转化为可生物降解的DOM[45]。

微塑料的表面具有疏水性，可吸附环境中DOC，从而降低环境中DOC的含量[65]，如添加PE微塑料降低了土壤DOC的含量[66]。微塑料本身或其中间体可以充当有机碳[53]，促进微塑料表面微生物生物膜的形成[65]，释放DOC[67]。土壤微生物可以将微塑料（尤其是生物可降解塑料）转化为土壤可溶性碳，如微塑料浓度越高，土壤DOC浓度越高[68]。例如，添加2%（质量分数）PLA微塑料显著增加了土壤DOC的浓度[35,39]。然而也有一些研究出现相反的结果。PE微塑料存在条件下，土壤DOC在9种不同土壤中没有显著差异，包括3种不同的土壤类型（红壤、水稻土和潮土）和3种施肥历史（不施肥、施无机肥和施有机-无机复合肥）[28]。同样，5%（质量分数）PE微塑料不会显著影响土壤DOC浓度，但会改变DOC的组成，并促进芳香族官能团的形成[38]。在另一项研究中，秸秆残渣存在下PLA微塑料显著抑制了腐殖酸和富里酸的形成[39]。不同土壤团聚体组分中，微塑料对土壤肥力的影响不同，如Zhang等[41]发现聚酯微纤维改变了大团聚体组分（>2mm）和小团聚体组分（0.25~2mm）中总有机碳（TOC）的浓度，但没有改变微团聚体组分（0.05~0.25mm）中TOC的浓度。微塑料对DOC的影响与土壤条件和共存污染物有关。HDPE微塑料和Cd的联合污染对潮土中DOC含量的增加有叠加作用，而在黑土中，联合污染对SOC和DOC有拮抗作用[69]。考虑到SOM在土壤质量和植物生长中的关键作用，微塑料污染下SOM与植物性能之间的相互作用值得进一步研究。

2.2.3 土壤营养物质

土壤养分主要来源于自然土壤中的矿物质和有机质的分解，以及农业土壤中人工施用的肥料。研究表明，土壤中的微塑料对土壤养分有负面、正面或无影响[17,36,43]。例如,在被1%(质量分数)PVC 微塑料污染的稻田土壤中,土壤速效氮含量降低了10%~13%,速效磷含量降低了约30%[43];添加 PE 微塑料会降低土壤有效磷[36],而 PS 和 PTFE 微塑料降低了土壤有效氮和磷含量[29]。然而,在另一项研究中,0.2%(质量分数)PE 微塑料没有改变土壤养分[28]。Lozano 等[17]发现,PES 微塑料减少了约70%的 NO_3^--N 流失,这可归因于微塑料对土壤团聚体的积极影响,从而提高了土壤保持养分的能力。类似地,Chen 等[39]发现,在低碳条件下,PLA 微塑料显著增加了土壤 NO_3^--N 和 NO_2^--N 含量,但降低了 NH_4^+-N 含量,这意味着 PLA 微塑料可能促进 NH_4^+-N 的硝化。在0.1%和1%(质量分数)邻苯二甲酸二(2-乙基己基)酯(DEHP)塑化的 PVC 微塑料作用下,土壤有效磷含量增加了,但在1%未增塑 PVC 微塑料作用下土壤有效磷含量减少了[43],表明增塑剂可以在无机磷溶解/或有机磷矿化中发挥作用。

有几种机制可以解释微塑料对土壤养分的不同影响。

① 部分微塑料含有 P 基的抗氧化添加剂、N(例如 PAN 和 PA)和 Cl(例如 PVC),并在矿化后这些元素最终释放到土壤中[6]。

② 由于其具有吸附能力,微塑料可能直接吸附营养物质,从而改变其可用性。特别是,经过长时间的风化和氧化后,微塑料逐渐变得多孔和表面带电荷,具有更高的吸附容量[70]。一种情况是微塑料还可以通过静电相互作用吸附二价金属,如 Cu^{2+}[71]。简而言之,具有不同带电表面的微塑料可能会吸附带负电或带正电的营养物质。

③ 土壤养分循环由微生物驱动的多种生化过程控制,微塑料可以通过影响微生物群落和活性来影响土壤养分。众所周知,土壤有效磷的变化与微生物介导的无机磷溶解和有机磷矿化有关[72]。微塑料的存在促进或抑制了这些微生物驱动的生化过程。植物共生丛枝菌根真菌(AMF)通常会增加土壤磷的有效性,并改善植物的磷营养[73]。微塑料可以改变 AMF 的群落结构和多样性[30,34]以及 AMF 的定植能力[6,74],从而间接改变土壤磷状况。此外,微塑料还通过介导微生物活性调节养分的可用性,如参与养分循环的某些土壤酶(如脲酶和磷酸酶)[75-76]。微塑料可以通过下调参与 C 和 N 循环的微生物基因,并通过抑制相关酶活性,降低 SOM 和无机氮含量[44],如与碳、氮和磷循环相关的基因会在微塑料表面富集[77]。

④ 微塑料可以通过改变土壤物理化学性质(如团聚体和通气)间接影响土壤养分。微塑料改善的土壤团聚有助于保持土壤养分[17]。微塑料引起的土壤孔隙度和通气的变化可能会增强土壤中的氧气扩散,促进好氧微生物进行的一些生化过程(如氨氧化)。

总之,微塑料通过多种机制对土壤养分产生直接和间接影响,机制随聚合物类型、形状、剂量和大小而变化,这些影响也可能是相互关联和动态的。此外,目前的证据基于有限的研究,关于微塑料如何影响土壤微量营养元素(如铁、锰、锌和铜)尚不清楚,应开展更多研究,包括更多微塑料、土壤和时间尺度,以及微塑料导致的土壤养分变化对植物的影响。

2.3 微塑料对土壤不同团聚体组分物化性质的影响

土壤异质性非常强,不同土壤颗粒的空间分布、大小和组成不同,可能会导致土壤不同物理组分对土壤有机质的保护机制存在差异。土壤有机质的保护机制主要包括物理保护、化学保护和物理化学保护[78-80],这些不同的保护机制对外部环境干扰的响应不同。由此可见,土壤不同物理组分对微塑料的响应机制存在一定差异。本节从土壤异质性的角度出发,以典型的聚乙烯(PE)微塑料为研究对象,通过土壤物理分组和微塑料-土壤培养试验,研究微塑料对土壤不同团聚体组分中pH值、阳离子交换量和营养物质的影响。

2.3.1 试验设计

2.3.1.1 试验材料

选取北京市顺义区赵全营镇(40°11′26″N,116°35′36″E)为研究区域,土地利用类型为玉米-小麦轮作,土壤类型以潮土、褐土、棕壤等为主。2018年10月在研究区域采集表层土壤(0~20cm),采样区域无塑料污染或无已知的塑料污染,土壤样品去除植物的根茎、大的有机碎屑和石子等杂物。

土壤的基本性质见表2-2。

表2-2 微塑料-土壤培养试验的土壤性质

土壤化学指标	参数值
总氮(TN)/(g/kg)	1.42±0.08
总磷(TP)/(g/kg)	0.53±0.02
全钾(K)/(g/kg)	22.34±2.04
总有机碳(TOC)/(g/kg)	17.27±0.89
溶解性有机碳(DOC)/(g/kg)	1.78±0.11
有机氮(ON)/(g/kg)	1.24±0.06
速效磷(OP)/(g/kg)	0.12±0.01
阳离子交换量(CEC)/(cmol/kg)	24.5±2.82
pH值	7.81±0.17
过氧化氢酶(CAT)/[mL(20mmol/L KMnO$_4$)/(h·g)]	23.9±2.1
酚氧化酶(PO)/[μmol/(min·g)]	2.37±0.35
脲酶(URE)/[μmol/(min·g)]	0.63±0.06
锰过氧化物酶(MnP)/[μmol/(min·g)]	4.89±0.52

续表

土壤化学指标	参数值
漆酶（LAC）/[μmol/(min·g)]	2.40±0.36
β-葡萄糖苷酶（GLU）/[μmol/(min·g)]	0.020±0.004
Zn/(mg/kg)	71.12±3.86
Cu/(mg/kg)	18.59±2.01
Ni/(mg/kg)	21.82±1.76
Cd/(mg/kg)	0.121±0.008
Cr/(mg/kg)	82.51±6.25
As/(mg/kg)	17.91±0.78
Pb/(mg/kg)	14.75±1.13

一部分土壤样品装入花盆（长40cm，宽25cm，高20cm）中，在温度25℃、土壤田间持水量60%条件下预培养7d，作为后期试验的环境土壤。另一部分土壤样品在室温下自然风干，风干后采用干筛法将土壤按照不同粒径分级。每次称取100g风干的土壤样品，放入最大孔径2mm套筛内，下面依次放置孔径0.25mm和0.053mm的筛子，然后将套筛固定到土壤干筛仪上，通过筛分得到4个粒级的团聚体：>2000μm、250~2000μm、53~250μm和<53μm。<53μm的组分包括细粉粒和黏粒等组分，本书中统称为小团聚体组分。选取250~2000μm（大团聚体组分，PF）、53~250μm（微团聚体组分，MOF）和<53μm（小团聚体组分，NASCF）三种粒径的团聚体组分进行试验。多次重复操作，收集能够满足培养试验需要的土壤样品量。

试验采用聚乙烯微塑料颗粒作为研究对象（购自上海冠步机电科技有限公司），颗粒为无规则球状结构，粒径为100μm，密度0.95g/cm³，熔体流动速率3.6g/min。

2.3.1.2 土壤培养试验

2018年11月~2019年3月在恒温条件下进行微塑料-土壤培养试验。本书共设置6种处理（图2-1，书后另见彩图），每个处理设置3个重复：

① PF-CK，大团聚体组分，不添加微塑料（CK表示对照组）；
② PF-MP，大团聚体组分，添加微塑料；
③ MOF-CK，微团聚体组分，不添加微塑料；
④ MOF-MP，微团聚体组分，添加微塑料；
⑤ NASCF-CK，小团聚体组分，不添加微塑料；
⑥ NASCF-MP，小团聚体组分，添加微塑料。

在添加微塑料的处理中，将微塑料以28%的质量比均匀地添加到三种土壤团聚体组分中，而对照处理不包含微塑料。选择28%的微塑料添加浓度目的是在土壤培养时间尺度上观察到显著的微塑料影响效果[4,37,81]。

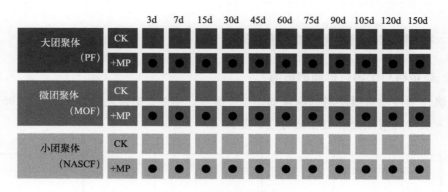

图 2-1 土壤培养试验方案

将微塑料和土壤团聚体组分按照 28:72 的质量比例充分混合。为了使土壤与微塑料充分混合，在玻璃容器中用不锈钢勺手动搅拌微塑料和土壤团聚体组分 10min 以上。不添加微塑料的对照组，进行同样的搅拌。随后，将土壤-微塑料混合物或土壤装入滤袋（尼龙材质，孔径 40μm）中，每个滤袋装入 100g 样品。采用滤袋主要是为了保证土壤培养试验过程中营养物质在接近自然条件下正常循环，同时便于采集土壤样品进行分析测试。最后，将滤袋埋入装有 4kg 未筛分土壤的塑料花盆中，该土壤已预先培养 7d。每个花盆中埋入 6 个滤袋，分别为 PF-CK、PF-MP、MOF-CK、MOF-MP、NASCF-CK 和 NASCF-MP 6 种处理。将花盆在恒定温度（25℃）和湿度（80%）的条件下进行培养，采用光照模拟日光照射，先 16h 的光照，然后 8h 的黑暗。在培养的第 3 天、第 7 天、第 15 天、第 30 天、第 45 天、第 60 天、第 75 天、第 90 天、第 105 天、第 120 天和第 150 天进行采样，每次采样随机取出 3 个花盆，取出里面的滤袋。因此，总共有 33 个花盆（3 个重复样本×11 个采样）和 198 个滤袋（33 个容器×6 个处理）。每次采集的滤袋里面的土壤样品分为两部分：一部分保存在 4℃冰箱里，用于土壤基本性质和重金属化学形态的测定；另一部分保存在 -20℃条件下，用于土壤酶活性和微生物的测定。

2.3.1.3 土壤性质测定

土壤 pH 值将土壤样品按 2.5:1 的水土比配成溶液后使用便携式 pH 计测量。土壤阳离子交换量（CEC）通过 Rhoades 提出的方法测定[82]。总磷（TP）浓度采用 NaOH 熔融-钼锑抗比色法测定：用 0.5mol/L $NaHCO_3$ 浸提土壤速效磷，然后通过钼锑抗比色法测定[83]。使用元素分析仪（Vario EL cube）测定土壤总有机碳（TOC）、总氮（TN）和全钾（K）的浓度。使用 0.01mol/L $CaCl_2$（土壤:溶液=1:10，2h）对土壤进行提取后，用 TOC 分析仪（Shimadzu 5000）测定 DOC 含量。通过 Sparks[84] 所述的方法分析有机氮（ON）的浓度。土壤在 160℃条件下采用王水消解后，通过电感耦合等离子体光谱仪（ICP-MS, Agilent Technologies, U.S.A）测定 Zn、Cu、Ni、Cd、Cr、As 和 Pb 的含量。

2.3.2 微塑料对土壤营养成分的影响

2.3.2.1 微塑料对土壤有机质的影响

土壤化学性质对微塑料的响应如图 2-2 所示。图 2-2 中误差线是平均值的 95% 置信区间；* 表示与对照处理组相比有显著差异（$P<0.05$）。

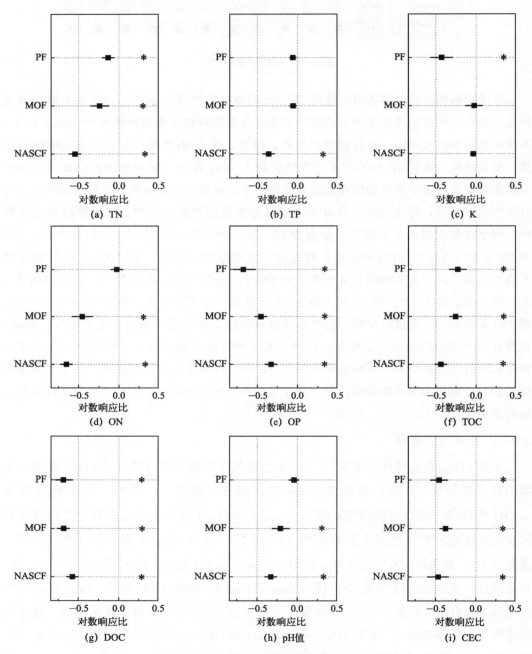

图 2-2 土壤化学性质对微塑料的响应

由图 2-2 可以看出，微塑料的存在显著降低了土壤中 TOC 和 DOC 含量，3 种土壤团聚体组分中均呈降低趋势。TOC 含量在三种团聚体组分中分别降低了 21.1%、23.7% 和 35.2%，DOC 含量分别降低了 50.3%、49.2% 和 43.5%。研究结果与 Qian 等[44]和 Zhang 等[8]的研究结论基本一致，他们发现土壤中的残留塑料薄膜可以降低土壤有机质含量。这是由于土壤团聚体组分的物理化学保护被认为是土壤有机碳固存的重要因素[85]，当微塑料进入土壤时，破坏了土壤结构和对土壤有机碳的物理化学保护，降低了土壤有机碳含量。但与 Liu 等[37]的研究结论存在差异，他们研究发现经过 30d 培养周期，聚丙烯微塑料（28%，质量分数）显著增加了土壤中 DOC 含量。这可能是由试验周期不同造成的，本书试验周期比以往研究试验周期长，从长期影响上看，添加微塑料对土壤 DOC 含量有负面影响。此外，微塑料对不同土壤团聚体有机质的影响不同。Zhang 等[41]发现聚酯微纤维降低了大型（>2mm）团聚体中 TOC 含量，增加了小型（0.25～2mm）团聚体中 TOC 的含量，但没有改变微团聚体（0.05～0.25mm）中的 TOC 含量。本书中，TOC 和 DOC 的含量在三种土壤团聚体组分中均有明显降低，这可能是由培养方法和培养时间不同导致的。在本书中，先将土壤物理分组为 3 种粒径的团聚体组分，然后再培养相对较长的时间。微塑料降低了土壤中 TOC 和 DOC 含量，这可能是由于微塑料改变了土壤中 C 循环功能基因 $cbbL$、chi-A 和 $β$-glu 的相对丰度[44]，进而影响了土壤中 TOC 和 DOC 含量。此外，TOC 和 DOC 含量的降低程度不同，DOC 含量的降低幅度比 TOC 要大，这可能是由于微塑料对 TOC 有一定贡献[86-87]。

本书把整个试验周期分为 3 个阶段：0～45d 为培养初期；46～105d 为培养中期；106～150d 为培养后期。在不同的培养阶段，TOC 和 DOC 对微塑料的响应程度存在差异，培养初期的响应程度低于培养中期和后期 [图 2-3（f）和（g）]。图 2-3 中，T 是整个培养周期土壤化学指标的变化率，TD 是不同培养阶段土壤化学指标的变化率。均值后不同的小写字母表示在 $P<0.05$ 时具有显著差异。此外，在不同的培养阶段，不同土壤团聚体组分中 TOC 和 DOC 对微塑料的响应也表现出差异性。在培养初期，微团聚体和小团聚体组分中 TOC 对微塑料的响应程度大于大团聚体；在培养中期，三种团聚体组分中 TOC 对微塑料的响应程度基本相同；在培养后期，小团聚体组分中 TOC 对微塑料的响应程度显著大于大团聚体和微团聚体组分。在培养初期，就 DOC 对微塑料的响应程度从高到低顺序为微团聚体组分＞大团聚体组分＞小团聚体组分；在培养中期，就 DOC 对微塑料的响应程度而言，大团聚体组分显著高于小团聚体和微团聚体组分；而在培养后期，就 DOC 对微塑料的响应程度而言，小团聚体组分显著高于大团聚体和微团聚体组分。不同土壤团聚体组分中 TOC 和 DOC 对微塑料的异质性响应可能是由于微塑料进入土壤后，在不同土壤团聚体组分中的分配比例不同[11,79]，以及不同团聚体组分对土壤有机质的保护机制不同[79]。大团聚体组分对有机物的保护主要是物理包裹，作用力较弱；而小团聚体组分通过与矿物颗粒结合而具有化学保护作用，相对较强，因此土壤小团聚体比大团聚体更能抵抗外部环境的干扰[88]。但是，一旦小团聚

体组分开始对外部环境做出反应,反应程度就会逐渐提高[89]。因此,培养初期大团聚体组分中 TOC 和 DOC 对微塑料的响应程度要比小团聚体强烈,而后期则呈现相反的趋势。

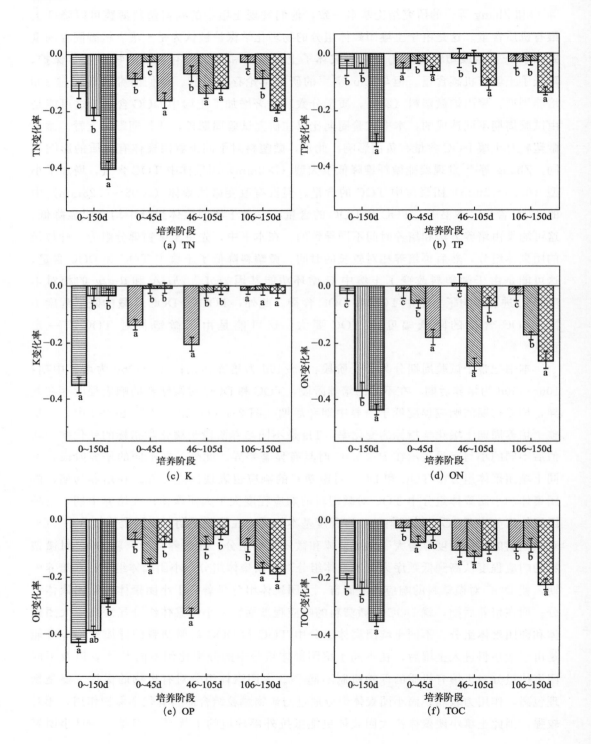

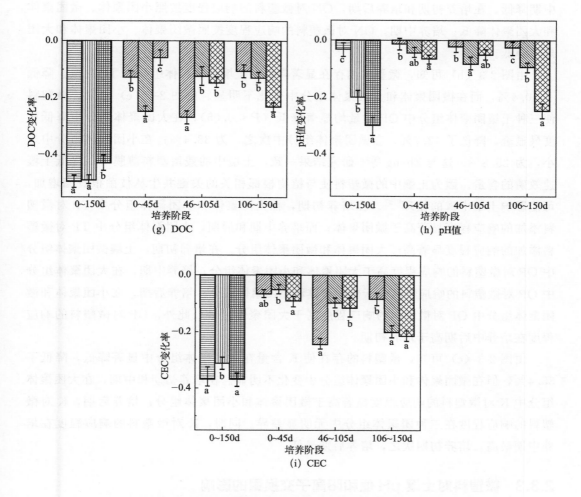

图 2-3 不同土壤团聚体组分中微塑料对土壤化学指标的影响
PF/T　PF/TD　MOF/T　MOF/TD　NASCF/T　NASCF/TD

2.3.2.2 土壤氮、磷、钾营养元素的变化

由图 2-3（a）和（d）可以看出，与空白处理组相比，微塑料处理组 TN 和 ON 含量在三种土壤团聚体组分中均降低，且变化趋势较为一致，在小团聚体组分中降低幅度最大，分别降低了 40.8% 和 43.8%；在微团聚体组分中降低了 21.1% 和 36.8%；而在大团聚体组分中降低程度最小，降低了 12.7% 和 2.7%。这与 Qian 等[44]的研究结果一致，他们发现土壤中残留的塑料薄膜显著降低了土壤中总氮的含量，降低了 42.1%。这可能是微塑料下调了与土壤氮循环相关的微生物基因并降低相关的酶活性，进而影响土壤团聚体组分中的厌氧反硝化过程[44,90]，导致土壤中 TN 和 ON 含量发生变化。土壤大团聚体组分中 TN 对微塑料的响应程度在培养初期和中期较大，而在培养后期响应程度较小；而小团聚体组分中 TN 对微塑料的响应程度按照培养后期、培养初期和培养

中期降低。在培养初期和培养后期，ON 对微塑料的响应程度按照小团聚体、微团聚体和大团聚体降低；培养中期，ON 对微塑料的响应程度按照微团聚体、小团聚体和大团聚体降低。

由图 2-3（b）可知，微塑料的存在显著降低了土壤小团聚体组分中 TP 含量，降低了 30.4%，而在微团聚体和大团聚体组分中变化不明显。由图 2-3（e）可知，微塑料使三种土壤团聚体组分中 OP 含量均显著降低（$P<0.05$），在大团聚体组分中降低程度最显著，降低了 42.7%；在微团聚体组分中次之，为 38.4%；在小团聚体组分中最小，为 28.8%。这与 Zhang 等[8]研究结果一致，土壤中的残留塑料薄膜可以降低土壤速效磷的含量。因为土壤中的微塑料使与植物根部相关的关键共生丛枝菌根真菌增加，可能影响土壤中磷的循环[13]。在培养初期，在大团聚体和小团聚体组分中 TP 对微塑料添加的响应程度显著高于微团聚体；而培养中期和后期，小团聚体组分中 TP 对微塑料添加的响应程度显著高于大团聚体和微团聚体组分。在培养初期，土壤微团聚体组分中 OP 对微塑料的响应程度高于大团聚体和小团聚体组分；培养中期，在大团聚体组分中 OP 对微塑料的响应程度高于微团聚体和小团聚体组分；培养后期，在小团聚体和微团聚体组分中 OP 对微塑料的响应程度高于大团聚体组分。此外，OP 对微塑料的响应程度在培养中后期高于培养初期。

由图 2-3（c）可知，微塑料的存在使 K 含量在大团聚体组分中显著降低，降低了 35.4%，但在微团聚体和小团聚体组分中变化不明显。在培养初期和中期，在大团聚体组分中 K 对微塑料的响应程度显著高于微团聚体和小团聚体组分；培养后期，K 对微塑料的响应程度在三种团聚体组分中无明显差异。同时，K 对微塑料的响应程度在培养中期最高，培养初期次之，培养后期最低。

2.3.3 微塑料对土壤 pH 值和阳离子交换量的影响

由图 2-3（h）可知，添加微塑料显著降低了土壤小团聚体组分中的 pH 值（$P<0.05$），与空白处理组相比，土壤 pH 值降低了 2.02 个单位，土壤由中性变为弱酸性；微团聚体组分中 pH 值降低了 1.47 个单位；大团聚体组分中 pH 值降低了 0.74 个单位。这与 Wang 等[91]研究结果一致，土壤中残留塑料膜可以降低土壤 pH 值，可能是由于土壤中硝态氮的增加。Boots 等[32]也发现暴露于高密度聚乙烯（0.1%，质量分数）的土壤 pH 值降低了 0.62 个单位。培养初期和后期，pH 值对微塑料的响应程度在小团聚体组分中较为显著；培养中期，在微团聚体组分中较为显著。且 pH 值对微塑料的响应程度在培养后期要大于培养初期和中期。

由图 2-3（i）可知，微塑料的存在显著降低了三种土壤团聚体组分中 CEC 水平，大团聚体、微团聚体和小团聚体组分中分别降低了 36.2%、31.2% 和 37.1%。这可能是微塑料进入土壤后，破坏了土壤结构[9]，导致土壤胶体表面吸附阳离子的能力减弱，进而导致土壤 CEC 水平降低。此外，微塑料在风化、破碎、降解过程中会使其表面带有电荷[92]，进而影响土壤 CEC 水平。在不同培养阶段，CEC 对微塑料的响应程度在三种土壤团聚体组分中存在差异。培养初期,小团聚体组分中 CEC 对微塑料的响应程度相对较大;培养中期,大团聚体组分中 CEC 对微塑料的响应程度显著高于微团聚体和小团聚体;培养后期,小团聚体和微团聚体组分中 CEC 对微塑料的响应程度显著高于大团聚体组分。同时土壤 CEC 对微塑料的响应程度在培养中后期大于培养初期。

综上,三种土壤团聚体组分中,微塑料使土壤 TOC 和 DOC 含量分别降低了 21.1%～35.2% 和 43.5%～50.3%；TN 和 ON 含量分别降低了 12.7%～40.8% 和 2.7%～43.8%；OP 含量降低了 28.8%～42.7%；K 含量在大团聚体组分中降低了 35.4%,而在微团聚体和小团聚体组分中降低不明显;TP 含量在小团聚体组分中降低了 30.4%,而在大团聚体和微团聚体组分中降低不明显。微塑料的存在引起土壤肥力降低,且在不同团聚体组分中呈现不同降低程度,TP、TOC、TN 和 ON 在小团聚体组分中降低最显著,DOC、OP、K 在大团聚体组分中降低最显著,CEC 在大团聚体和小团聚体组分中最显著。微塑料使土壤 pH 值降低了 0.74～2.02 个单位,阳离子交换量降低了 31.2%～37.1%,表明微塑料可能引起土壤酸化和改变土壤胶体表面电荷量。

2.4 不同微塑料对土壤溶解性有机质的影响

溶解性有机质(DOM)作为土壤有机质(SOM)的重要组成部分,对土壤质量的变化很敏感[37]。它是土壤中最活跃的成分之一,直接涉及土壤的许多特性,在调节土壤健康、污染物行为和生物地球化学循环方面发挥着重要作用[93-94]。

① DOM 在碳储存和循环中发挥关键作用,提供植物可利用的营养物质,并作为微生物的能源[95];

② DOM 通过提供电子和减少产甲烷和反硝化所需的土壤 O_2 含量来调节温室气体(即 CO_2、CH_4 和 N_2O)的产生[96];

③ DOM 有助于指示控制 SOM 积累和稳定的过程[93]。

因此,鉴于 DOM 在土壤中的重要作用,本书研究了微塑料对土壤 DOM 的影响。选取了 3 种常见的微塑料(PE、PS、PVC)进行了 310d 土壤培养试验,分析不同浓度和不同类型微塑料对土壤 DOM 的影响。利用紫外-可见光谱、三维荧光光谱和超高分辨率电喷雾电离傅里叶变换离子回旋共振质谱(FT-ICR MS)对比分析了不同微塑料对土壤 DOM 化学多样性的影响,包括土壤 DOM 的化学性质、荧光成分和分子组成。此外,还评估了微塑料对 DOM 分子化学多样性的主要土壤驱动因素的影响。

2.4.1 试验设计

2.4.1.1 试验材料

研究所采用的土壤同 2.3.1 部分相关内容。

本书选用 PE、PS、PVC 微塑料作为研究对象，这三种塑料生产和应用最广泛，在 2019 年的产量约占全球塑料生产总量的 46%[97]，也是土壤中发现频率较高的三种微塑料，最高为 PE 微塑料 (78.8%)，其次为 PS 微塑料 (45.5%)、PVC 微塑料 (36.4%)[98]。PE、PS、PVC 微塑料颗粒购自上海冠步机电科技有限公司，密度分别为 $0.962g/cm^3$、$1.05g/cm^3$、$1.38g/cm^3$，颗粒为无规则球状结构，粒径为 $100\mu m$。这些微塑料颗粒用辛烷和戊烷清洗，40℃ 干燥，然后在紫外线洁净台消毒 1h，以减少微生物污染，最后 4℃ 保存备用。

2.4.1.2 土壤培养试验

2018 年 11 月～2019 年 10 月在恒温条件下进行微塑料-土壤培养试验。本书共设置 7 种处理，每个处理设置 3 个重复：

① CK（对照组），不添加微塑料；
② PE1（添加 7% 的聚乙烯微塑料）；
③ PE2（添加 14% 的聚乙烯微塑料）；
④ PS1（添加 7% 的聚苯乙烯微塑料）；
⑤ PS2（添加 14% 的聚苯乙烯微塑料）；
⑥ PVC1（添加 7% 的聚氯乙烯微塑料）；
⑦ PVC2（添加 14% 的聚氯乙烯微塑料）。

选择 14% 微塑料添加浓度的目的是在土壤培养时间尺度上观察到显著的微塑料影响效果[37]。此外，考虑到土壤环境中微塑料的最大丰度，选择 7% 的微塑料用于未来土壤中微塑料的风险评估[99]。

为了达到每个处理的土壤-微塑料混合物的目标剂量，将 300g 风干土壤与目标量的微塑料（MP）（22.5g、45g）放入玻璃容器中用不锈钢勺手动搅拌 10min 以上。不添加微塑料的对照组也要进行同样的搅拌。随后，将土壤-微塑料混合物或土壤装入滤袋（尼龙材质，孔径 $40\mu m$）中，每个滤袋装入 100g 样品。采用滤袋的目的主要是保证土壤培养试验过程中营养物质在接近自然条件下正常循环，同时便于采集土壤样品进行分析测试。最后，将滤袋埋入装有 4kg 已预先培育 15d 土壤的塑料花盆中。每个花盆中埋入 7 个滤袋，分别为 CK、PE1、PE2、PS1、PS2、PVC1、PVC2 7 种处理。将花盆在恒定温度（25℃）和湿度（80%）的条件下进行培养，采用光照模拟日光照射，先 16h 的光照，然后 8h 的黑暗。培养周期为 310d，分别在培养了 7d、15d、30d、180d、310d 时取样，每次采样随机取出 3 个花盆，取出里面的滤袋。因此，总共有 15 个花盆（3 个重复样本×5 个采样）和 105 个滤袋（15 个花盆×7 个处理）。每次采集的滤袋里面的土壤样品分为两部分：一部分用于土壤理化性质、酶活性和土壤 DOM 的测试，保存在 -20℃ 条件下；另一部分用于土壤微生物群落测定，保存在 -80℃ 条件下。

2.4.1.3 土壤 DOM 提取和特征分析

(1) 土壤 DOM 提取

根据 Wu 等[100]提出的方法从土壤中提取 DOM。简而言之，将土壤样品与超纯水以 1/5（质量体积比）的固液比混合，混合物在 25℃下培养育，并以 200r/min 的转速振摇 24h。摇匀后，提取液以 10000r/min 转速离心 10min，上清液通过 0.45μm 醋酸纤维素膜滤器（Schleicher and Schuell）过滤。

(2) 紫外-可见（UV-vis）光谱分析

用紫外-可见分光光度计（UV-2600，Shimadzu，Kyoto，Japan）测定 DOM 的吸收光谱（去离子水做空白），扫描范围 190～700nm，间隔 1nm。为了确定土壤 DOM 的化学性质，引入光谱特征参数，见表 2-3。

表 2-3 紫外-可见光光谱和荧光光谱特征参数描述

特征参数	计算方法	环境意义
吸收系数 ($SUVA_{254}$)	$SUVA_{254} = a(254)/DOC$，$a(254)$ 为 254nm 波长处的吸收系数	表征 DOM 的芳香性，并与 DOM 的芳香性呈正相关关系[102]
吸收系数 ($SUVA_{260}$)	$SUVA_{260} = a(260)/DOC$，$a(260)$ 为 260nm 波长处的吸收系数	表征含有芳香碳基团的疏水 DOM 含量，并与 DOM 疏水组分呈正相关关系[102]
吸光度比 (E_2/E_3)	$E_2/E_3 = A(250)/A(365)$	表征 DOM 腐殖化程度，与腐殖质组分的分子量大小成反比[102]
吸光度比 (E_3/E_4)	$E_3/E_4 = A(300)/A(400)$	表征 DOM 的来源，$E_3/E_4 > 3.5$，表明 DOM 主要为富里酸；$E_3/E_4 < 3.5$ 则为腐殖酸（又称胡敏酸）[102]
荧光指数 (FI)	Ex=370nm，Em 为 470nm 和 520nm 处的荧光发射强度比值（$f_{470/520}$）	表征 DOM 来源，FI>1.9 表示 DOM 主要源于微生物活动，以内源输入为主；FI<1.4 则以陆源输入为主[45]
自生源指数 (BIX)	Ex=310nm，Em 为 380nm 与 430nm 处荧光强度比值（$f_{380/430}$）	表征 DOM 自生源的相对贡献率，BIX 大于 1.0 时，主要为新产生的自生源有机质，BIX 为 0.6～0.7 时，有机质的自生源成分较少[45]
腐殖化指数 (HIX)	Ex=254nm，Em 为在 435～480nm 区域积分值（∫435～480）与在 300～345nm 区域积分值（∫300～345）的比值	表征 DOM 的腐殖化程度，HIX 越大（HIX>10）表明 DOM 腐殖化程度较高，越小（HIX<4）表明腐殖化程度越低[45]

(3) 三维荧光激发-发射（EEM）光谱分析

三维荧光激发-发射（excitation-emission matrix，EEM）光谱采用荧光分光光度计（F-7000，日本日立）测定。DOM 样品用超纯水稀释，调节 DOC 浓度至 10mg/L，同时以去离子水为空白。荧光光谱方法：激发波长（Ex）范围为 200～450nm，增量 5nm，发射波长（Em）范围为 280～550nm，扫描信号积分时间为 3s，光源为 150W 无臭氧氙弧灯，波长扫描速度 1200nm/min。然后使用 MATLAB 2018b（MathWorks，Natick，MA，USA）、DOM Fluor 工具箱和平行因子（parallel factors，PARAFAC）模型分析 EEM 光谱数据[101]。为了验证 PARAFAC 解析的荧光成分，将荧光成分的 Ex 和 Em 上传到 OpenFluor 在线数据库进行定量比较和确认。

（4）傅里叶变换离子回旋共振质谱（FT-ICR MS）分析

使用固相萃取（SPE）小柱（Bond Elut-PPL，500mg/6mL，30/PK，美国安捷伦）制备 DOM 溶液，用于 FT-ICR MS 分析[103]。使用 He 等[104]描述的标准方法，在 Apex-Ultra FT-ICR MS（Bruker，美国）上分析 SPE 提取物。主要检测参数为：连续进样，进样速度 120μL/h，毛细管入口电压 3.8kV，离子累积时间 0.06s，m/z 范围 200~800，采样点数 4 M 32-bit 数据，时域信号叠加 300 次，提高信噪比。元素组合仅限于包含 $^{12}C_{1\sim100}$、$^{1}H_{1\sim200}$、$^{14}N_{0\sim3}$、$^{16}O_{0\sim50}$ 和 $^{32}S_{0\sim1}$，实测质量与计算质量误差 $<1\times10^{-6}$，质谱峰信噪比不小于 3。由于在 SPE 过程中使用了 HCl，并且 P 可能会受到 FT-ICR MS 的 Cl 元素干扰，因此公式分配不包括 P 元素。此外，元素分子式应符合以下条件：

① H 原子数必须至少为 C 原子数的 1/3，且不能超过 2C＋N＋2；
② H 和 N 原子之和必须是偶数（氮法则）；
③ N 或 O 原子数不能超过 C 原子数。

根据修正芳香指数（AI_{mod}）、H/C 和 O/C 比值以及构建范氏图（Van Krevelen 图）的参数，将有机分子分为七类化合物，包括脂质（O/C 值＝0~0.3，H/C 值＝1.5~2.0）、蛋白质或氨基酸（O/C 值＝0.3~0.67，H/C 值＝1.5~2.2，N/C 值≥0.05）、木质素（O/C 值＝0.1~0.67，H/C 值＝0.7~1.5，AI_{mod}＜0.67）、碳水化合物（O/C 值＝0.67~1.2，H/C 值＝1.5~2.0）、单宁（O/C 值＝0.67~1.2，H/C 值＝0.5~1.5，AI_{mod}＜0.67）、稠合芳烃（O/C 值＝0~0.67，H/C 值＝0.2~0.7，AI_{mod}≥0.67）和不饱和烃（O/C 值＝0~0.1，H/C 值＝0.7~1.5）[105-108]。此外，根据元素组成分为四个元素组（CHO、CHON、CHOS 和 CHONS）。

为了进一步表征 DOM 的分子性质，本书还研究了 DOM 分子的双键当量（DBE）、碳的标称氧化态（NOSC）和平均分子量（M_W）[94,108]。

$$AI_{mod}=\frac{1+C-0.5O-S-0.5H}{C-0.5O-S-N}$$

$$DBE=1+\frac{1}{2}(2C-H+N)$$

$$NOSC=4-\frac{4C+H-3N-2O-2S}{C}$$

$$M_W=\frac{\sum I_i M_i}{\sum I_i}$$

式中　C、H、N、O 和 S——每个分子式中的碳、氢、氮、氧和硫原子的数量；
　　　M_i——每个分子式的分子量；

I_i——每个分子式的强度。

此外，通过强度加权平均法计算了 DOM 分子的强度加权平均双键当量 [$(DBE)_W$]、强度加权平均碳的标称氧化态 [$(NOSC)_W$]、强度加权平均修正芳香指数 [$(AI_{mod})_W$]。通过计算分子不稳定边界（MLB_L，H/C 值≥1.5）以上化合物的比例来估计不稳定有机物的含量[109]。根据 DBE 与 C、H、O 元素的比值（DBE/C 值范围为 0.30~0.68，DBE/H 值范围为 0.20~0.95，DBE/O 值范围为 0.77~1.75）确定富羧基脂环分子（CRAM），它是一类广泛分布在 DOM 中的惰性分子[110]。

2.4.2 微塑料对土壤 DOC 的影响

与空白处理对比，微塑料显著降低了 DOC 含量（表 2-4），研究结果与之前的研究结论基本一致[44,8,66]，他们发现微塑料可以降低土壤 DOC 含量。这是由于土壤团聚体组分的物理化学保护机制被认为是土壤有机碳固存的重要因素[85]，当微塑料进入土壤时，破坏了土壤结构和对土壤有机碳的物理化学保护，降低了土壤有机碳含量。此外，微塑料可以影响微生物群落和参与 C 和 N 循环的微生物基因[111]，这也会对土壤 DOC 产生影响。

表 2-4 微塑料引起的土壤性质的变化

土壤性质	CK	PE1	PE2	PS1	PS2	PVC1	PVC2
pH 值	8.02±0.12 c	8.54±0.18 a	8.28±0.14 b	8.45±0.13 ab	8.32±0.10 ab	8.32±0.08 ab	8.41±0.20 ab
EC/(mS/m)	10.3±0.9 a	13.2±2.1 a	10.2±1.4 a	14.2±1.7 a	15.3±1.3 a	13.0±2.3 a	23.3±4.1 b
TN/(g/kg)	0.12±0.02 a	0.10±0.01 ab	0.09±0.01 b	0.11±0.02 ab	0.09±0.01 b	0.11±0.02 ab	0.12±0.01 a
SOM/(g/kg)	1.8±0.16 d	3.8±0.32 c	7.6±0.62 a	6.0±0.42 b	6.2±0.22 b	1.8±0.12 d	1.8±0.13 d
DOC/(mg/kg)	159.1±11.5 a	129.4±10.3 c	128.4±6.3 c	111.8±8.2 cd	96.7±7.8 d	141.6±6.7 b	110.9±9.6 cd
CAT/[μmol H_2O_2/(g·24h)]	66.5±4.3 c	84.4±6.0 b	84.4±5.7 b	80.7±5.6 c	83.8±6.7 b	71.6±5.3 d	92.1±7.1 a
URE/[mg NH_3-N/(g·24h)]	108.6±10.4 d	116.9±8.5 cd	117.4±9.5 cd	190.5±13.5 a	114.3±7.6 cd	181.8±14.4 b	123.0±11.3 c
ALP/[mmol 苯酚/(g·24h)]	6.46±0.53 e	7.59±0.62 bc	8.36±0.54 a	6.66±0.47 d	7.44±0.55 c	7.88±0.62 b	6.84±0.48 d

续表

土壤性质		CK	PE1	PE2	PS1	PS2	PVC1	PVC2
真菌	Simpson 指数	0.0032± 0.0001 a	0.0033± 0.0002 a	0.0038± 0.0003 a	0.0040± 0.0003 a	0.0033± 0.0002 a	0.0046± 0.0003 a	0.0636± 0.0003 b
	Shannon 指数	7.07± 0.25 a	6.87± 0.12 ab	6.91± 0.20 a	7.01± 0.27 a	7.09± 0.22 a	6.47± 0.02 b	4.76± 0.13 c
	Chao 指数	3896± 281 a	3800± 266 a	3734± 197 a	3916± 218 a	3950± 226 a	3558± 282 a	2396± 161 b
	Ace 指数	3958± 283 a	3756± 212 a	3894± 223 a	3955± 256 a	4142± 303 a	3477± 251 a	2856± 221 b
细菌	Simpson 指数	0.0795± 0.005 a	0.0651± 0.004 a	0.1335± 0.009 b	0.0571± 0.003 a	0.0618± 0.004 a	0.2082± 0.014 c	0.365± 0.028 d
	Shannon 指数	4.04± 0.28 a	3.89± 0.23 ab	3.48± 0.19 b	4.21± 0.29 a	4.07± 0.29 a	2.41± 0.17 c	1.89± 0.11 d
	Chao 指数	643± 38 a	600± 35 a	627± 41 a	642± 45 a	623± 46 a	392± 28 b	364± 24 b
	Ace 指数	657± 49 a	598± 34 a	635± 46 a	638± 47 a	610± 39 a	385± 24 b	368± 27 b

注：1. EC—电导率；TN—总氮；SOM—土壤有机质；DOC—溶解性有机碳；CAT—过氧化氢酶；URE—脲酶；ALP—碱性磷酸酶。
2. 数值为平均值±标准差（SD）（$n=3$）。
3. 不同的小写字母表示处理之间在 $P<0.05$ 水平上存在显著差异。

2.4.3 微塑料对土壤 DOM 紫外-可见光谱特征的影响

土壤 DOM 的紫外-可见光光谱指数对微塑料的响应如图 2-4 所示（书后另见彩图）。

由图 2-4（a）可知，微塑料显著降低了土壤 $SUVA_{254}$ 值，且不同种类和不同浓度的微塑料对 $SUVA_{254}$ 值的影响显著不同。PE1、PE2、PS1、PS2、PVC1、PVC2 处理的 $SUVA_{254}$ 值分别比 CK 处理降低了 21.3%、44.8%、23.7%、21.6%、57.2%、38.1%。PVC 微塑料对 $SUVA_{254}$ 值的影响最大，且低浓度的影响大于高浓度；而 PE 微塑料在高浓度的影响大于低浓度；PS 微塑料在高浓度和低浓度之间无显著性差异。由图 2-4（b）可知，$SUVA_{260}$ 与 $SUVA_{254}$ 的变化趋势基本相同，PE1、PE2、PS1、PS2、PVC1、PVC2 处理的 $SUVA_{260}$ 值分别比 CK 处理降低了 20.9%、44.8%、23.8%、21.8%、57.2%、38.2%。结果表明微塑料降低了 DOM 的芳香性和疏水性组分。这可能是 DOM 的芳香族成分和疏水成分优先被微塑料吸附[112-113]，导致 DOM 的芳香性和疏水性组分降低。由图 2-4（c）可知，E_2/E_3 在空白处理与微塑料处理间无显著差异，说明微塑料对 DOM 的腐殖化程度无显著影响。各处理的 E_3/E_4 均大于 3.5，说明土壤 DOM 主要为类富里酸 [图 2-4（d）]。图中所有值均描述为平均值±标

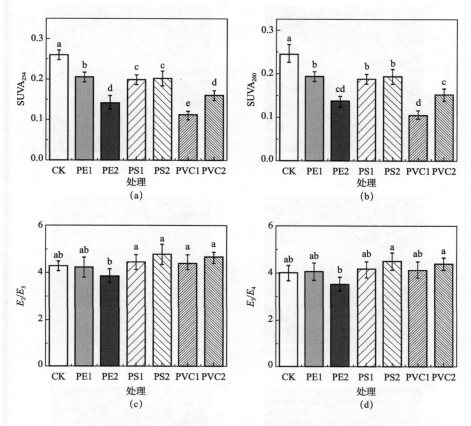

图 2-4　土壤 DOM 的紫外-可见光光谱指数对微塑料的响应

准差（SD）（$n=3$），列上方的字母表示不同处理之间的显著性差异（$P<0.05$）。

DOM 是土壤有机质的重要组成部分，对土壤质量的变化十分敏感。在本书中，微塑料的平均粒径为 100μm，土壤暴露于 7% 和 14% 的微塑料 310d，其 $SUVA_{254}$ 和 $SUVA_{260}$ 值显著下降。这与以往的研究结果不一致[64,37,38]，以往有发现微塑料提高了土壤 DOM 的 $SUVA_{254}$、$SUVA_{260}$ 值，也有研究发现微塑料降低了土壤 DOM 的 $SUVA_{254}$、$SUVA_{260}$ 值[114]。这可能是由于微塑料的类型、粒径、浓度以及培养时间不同。

2.4.4　微塑料对土壤 DOM 荧光光谱特征的影响

土壤 DOM 的三维荧光特征如图 2-5 所示（书后另见彩图）。

从图 2-5 可以看出，与空白处理一样，微塑料处理的土壤 DOM 的荧光峰位置基本一致，主要处于Ⅲ区和Ⅴ区，即说明土壤 DOM 主要为类富里酸和类胡敏酸有机质。不同浓度和不同类型微塑料处理的土壤 DOM 的主要荧光峰的大小和荧光强度显著不同，PE1、PE2、PS1、PS2、PVC1、PVC2 处理的类富里酸物质（区域Ⅲ）分别比 CK 处理降低了 22.9%、19.1%、10.9%、14.4%、46.4%、42.9%，类胡敏酸物质（区域Ⅴ）分别降低了 27.0%、24.3%、13.2%、17.2%、51.8%、50.2%［图 2-5（h）］。

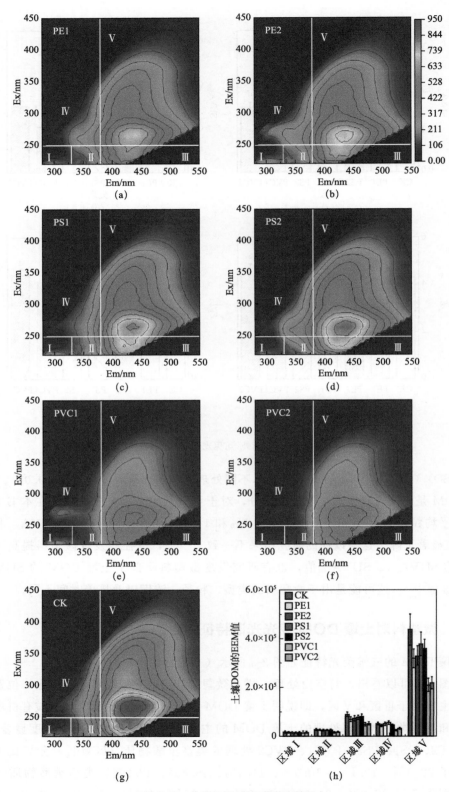

图 2-5 土壤 DOM 的三维荧光特征

微塑料降低了DOM中的类富里酸和类胡敏酸物质,并且PVC的影响最大,PE次之,PS的影响最小,但微塑料的浓度效应不明显。

为进一步分析土壤DOM荧光光谱的差异,引入荧光光谱的特征参数。由图2-6(a)和(b)可知,FI指数的范围在2.0~2.3,均大于1.9,说明土壤DOM主要源于微生物活动,内源特征比较明显;BIX指数的范围在0.6~0.7,说明土壤DOM生产力较低,自生源成分较少。这是因为PE、PS、PVC微塑料是惰性碳源,很难被微生物降解,且微塑料降低了微生物活性[7,115]。由图2-6(c)可知,从腐殖化程度来看,所有处理中土壤DOM的腐殖化指数(HIX)均小于10,说明DOM的腐殖化程度不高。图2-6中,所有值均描述为平均值±SD($n=3$);列上方的字母表示不同处理之间的显著性差异($P<0.05$)。微塑料处理土壤DOM的HIX指数要显著小于空白处理,说明微塑料降低了土壤腐殖化程度。微塑料浓度为7%时对土壤DOM的腐殖化程度的影响程度按照PE、PS、PVC增大,而14%浓度时3种微塑料的影响无显著差异。14%浓度的微塑料的影响高于7%浓度的微塑料,这说明微塑料不利于土壤DOM腐殖化,且高浓度的微塑料比低浓度更能抑制土壤DOM的腐殖化程度。

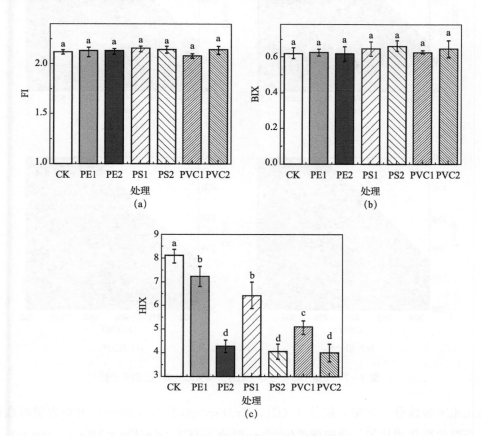

图2-6　土壤DOM三维荧光光谱特征参数

如图2-7所示(书后另见彩图),利用PARAFAC模型从土壤DOM的三维荧光光

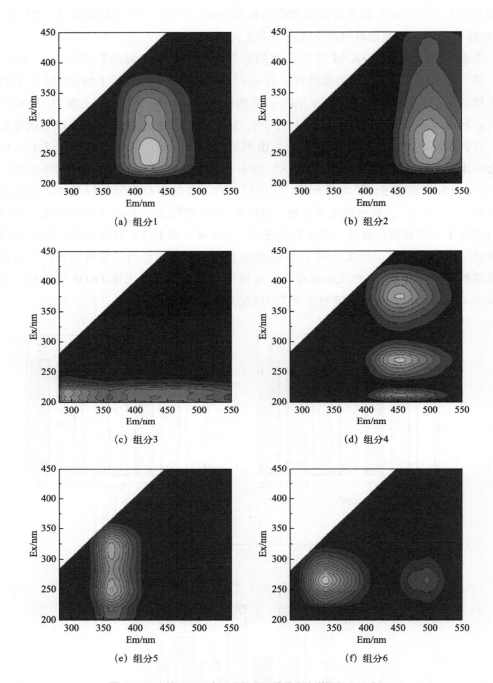

图 2-7 土壤 DOM 中 6 个组分三维荧光光谱平行因子分析

谱鉴定出 6 种成分。其中,组分 1(C1,Ex/Em=255nm/420nm)主要为脂肪族化合物,与微生物作用相关,由内源产生[116];组分 2(C2,Ex/Em=280nm/500nm)主要为类胡敏酸物质;组分 3(C3,Ex/Em=215nm/295nm)主要为类酪氨酸;组分 4(C4,Ex/Em=270nm/455nm、Ex/Em=370nm/455nm 和 Ex/Em=210nm/455nm)

为类腐殖质物质[117]；组分5（C5，Ex/Em=250nm/365nm）为类蛋白质；组分6（C6，Ex/Em=265nm/335nm、Ex/Em=265nm/495nm）主要为类色氨酸。C1、C2、C4组分均为类腐殖质物质。整体上看，组分C1+C2+C4（59.1%~69.0%）的相对丰度占主导，其次为组分C3（10.7%~24.4%）、组分C5（6.3%~10.4%）和组分C6（5.2%~13.8%）。由图2-8可知，微塑料处理组的C1、C2、C4组分的低于空白处理，说明微塑料降低了土壤类腐殖质。这些类腐殖质具有高度芳香性、富氧性并且具有相对较高的分子量[118]，表明微塑料降低了DOM的芳香性和氧化性。

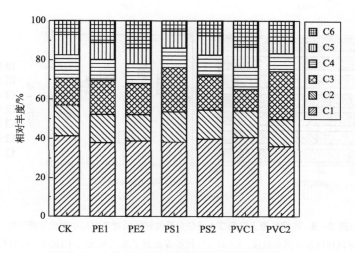

图2-8 土壤DOM中不同荧光组分的相对丰度占比

该试验结果表明，土壤DOM的生产力较低，有机质的主要来源是微生物活动，同时自生源成分少。此外，微塑料抑制了土壤DOM的腐殖化程度，降低了类腐殖质组分含量。这与Liu等研究结果类似，他们发现PE塑料碎片减少了DOM的类腐殖质物质[45]。微塑料降低了土壤类腐殖质，这可能是由于微塑料通过与土壤中的类腐殖质相互作用形成π-络合物[29]。

2.4.5 微塑料对土壤DOM分子特征的影响

为了评估土壤样品中DOM的组成多样性，基于FT-ICR MS结果中的元素组成对各处理样品的单个分子式进行了统计分析（图2-9）。

如图2-9（a）所示，CHO（范围56.0%~63.8%）和CHON（范围14.2%~27.2%）分子占主导地位，其次是CHOS（范围11.6%~21.8%）和CHONS（范围1.7%~4.8%）。与空白处理相比，微塑料增加了CHO分子组的百分比，降低了CHON分子组的百分比。这与Chen等研究结果一致[64]，他们发现微塑料降低了具有高生物利用度和低芳香性的总溶解性氮（TDN）分子。这可能是微塑料激活了对天然富氮分子的选择性消耗微生物，从而导致含氮分子的降低。此外，含氮化合物是最容易被微生物降解的化合物之一[108]，说明微塑料降低了DOM的生物利用度。同时，不同

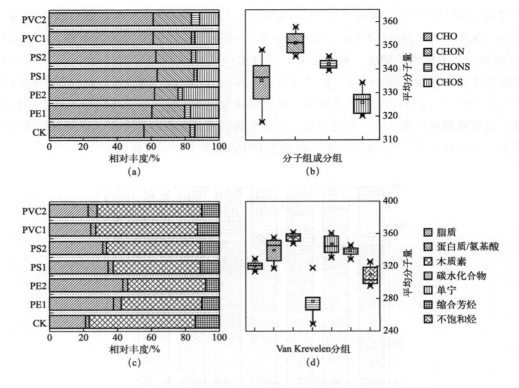

图 2-9 不同处理土壤 DOM 组分分类类别的相对丰度和平均分子量比较

(a) 和 (b) 中的四组来自元素组成：CHO（任何不含杂原子的化学式）、CHON（任何仅含 N 的化学式）、CHOS（任何仅含 S 的化学式）和 CHONS（任何带有 N 和 S 的化学式）；(c) 和 (d) 中的七组是使用 Van Krevelen 图得出的：脂质、蛋白质/氨基酸、木质素、碳水化合物、单宁、缩合芳烃和不饱和烃

微塑料对 DOM 组成的影响不同，如 PS 对 CHO 分子组的影响最大，PE 对 CHON 分子组的影响最大。CHOS 主要分布在 H/C 值＞1 的区域，CHONS 主要分布在 H/C 值＞2 的区域。

  Van Krevelen 的分析表明，各处理 DOM 中木质素（45.1%～62.2%）和脂质（20.1%～42.8%）占主导地位，其次是缩合芳烃（8.45%～11.4%）和蛋白质/氨基酸（1.06%～7.28%）[图 2-9 (c)]。微塑料处理的土壤脂质成分含量高于空白处理，且 PE 微塑料的影响程度最大，PVC 微塑料的影响程度最小。这可能是微塑料影响了微生物的脂质代谢[119]，导致土壤脂质代谢被抑制。此外，除 PVC 微塑料处理外，PE 和 PS 微塑料处理的土壤木质素成分的含量低于空白处理。这是因为与土壤微生物群落相关性非常显著的 DOM 主要为木质素[120]，微塑料能丰富参与自身降解的微生物群落[121]，而这些微生物对木质素的降解有利；但 PVC 显著降低了微生物多样性和丰度（表 2-4），从而导致这种效应不明显。微塑料处理的土壤高芳香性缩合芳烃成分含量低于空白处理，说明微塑料降低了土壤 DOM 的芳香性，微塑料处理的 $(DBE)_w$ 和 $(AI_{mod})_w$（表 2-5）和 $SUVA_{254}$ 低于空白处理也证实了这一点。同时，微塑料处理的土壤蛋白质/氨基酸成分含量也低于空白处理，这可能是微塑料可以为微生物提供少量碳源，影响微

表2-5 不同处理DOM的特征参数

处理	平均分子式	M_W	$(DBE)_W$	$(O/C)_W$	$(H/C)_W$	$(DBE/C)_W$	$(DBE/O)_W$	$(DBE-O)_W$	$(AI_{mod})_W$	$(NOSC)_W$	$MLB_L/\%$
CK	$C_{17.43}H_{20.49}N_{0.46}O_{6.47}S_{0.17}$	344.87	8.41	0.38	1.24	0.48	1.30	1.94	0.36	-0.32	27.5
PE1	$C_{17.80}H_{25.16}N_{0.33}O_{5.58}S_{0.21}$	339.26	6.38	0.32	1.48	0.36	1.14	0.80	0.25	-0.70	41.9
PE2	$C_{17.75}H_{27.20}N_{0.24}O_{5.66}S_{0.24}$	341.84	5.27	0.33	1.60	0.30	0.93	-0.39	0.19	-0.82	46.0
PS1	$C_{17.47}H_{24.07}N_{0.35}O_{5.16}S_{0.15}$	325.95	6.61	0.30	1.44	0.38	1.28	1.45	0.27	-0.70	37.3
PS2	$C_{17.45}H_{23.29}N_{0.35}O_{5.50}S_{0.16}$	330.77	6.98	0.32	1.40	0.40	1.27	1.48	0.29	-0.61	33.0
PVC1	$C_{17.46}H_{22.74}N_{0.41}O_{6.09}S_{0.16}$	340.50	7.29	0.36	1.37	0.42	1.20	1.20	0.30	-0.50	27.3
PVC2	$C_{17.43}H_{22.34}N_{0.39}O_{5.93}S_{0.16}$	337.12	7.46	0.35	1.35	0.43	1.26	1.53	0.31	-0.50	28.2

注：M_W—平均分子量（Da）；$(DBE)_W$—强度加权平均双键当量；$(O/C)_W$—强度加权平均O/C值；$(H/C)_W$—强度加权平均H/C值；$(DBE/C)_W$—强度加权平均DBE/C值，$(DBE/O)_W$—强度加权平均DBE/O值；$(DBE-O)_W$—减去氧原子数的强度加权平均DBE；$(AI_{mod})_W$—强度加权平均修正芳香指数；$(NOSC)_W$—强度加权平均碳的标称氧化态；MLB_L—不稳定边界以上不稳定化合物的百分比。

生物碳泵的"激发效应"[61]，从而导致土壤 DOM 中生物可利用的蛋白质/氨基酸被矿化分解。此外，除 PVC 处理外，PE 和 PS 处理的土壤 MLB_L 显著高于空白处理，表明微塑料显著提高了 DOM 的不稳定性，且 PE 比 PS 造成 DOM 更大的不稳定性。富羧基脂环分子（CRAM）化合物的占比为 30.2%～46.1%，PE1、PE2、PS1、PS2、PVC1、PVC2 处理土壤的 CRAM 化合物分别比 CK 处理降低了 31.3%、34.4%、23.3%、16.2%、6.3%、2.2%。木质素区域包含的 CRAM 分子变化趋势与木质素一致，说明微塑料促进了 DOM 中惰性结构化合物的分解，也验证了微塑料提高了 DOM 的不稳定性。此外，塑料浸出的 DOM 具有更高的 H/C 值、更低的 O/C 值和高不稳定指数[122]，导致微塑料处理的 $(H/C)_W$ 和 MLB_L 高于空白处理，而 $(O/C)_W$ 则相反，这表明微塑料提高了 DOM 的饱和度和不稳定性，降低了 DOM 的氧化程度。

在 Van Krevelen 图中，碳水化合物的 M_W 最小。相比之下，木质素的分子量最大，而 CHOS 分子的分子量最小，而 CHON 分子在元素组成分组中的分子量最高。此外，微塑料处理土壤的 M_W 低于空白处理，因为微塑料降低了高分子量的木质素组分，增加了低分子量的脂质组分。此外，也可能是 DOM 中的饱和、高分子量和更具疏水性的部分优先吸附到微塑料表面[113]，导致 DOM 的分子量降低。

2.4.6 微塑料诱导的土壤性质变化对 DOM 化学多样性的影响

为了阐明微塑料诱导的土壤环境因素变化对 DOM 分子多样性的影响，使用冗余分析（RDA）评估了 DOM 分子强度与土壤环境因素和土壤 DOM 分子特征之间的关系（图 2-10，书后另见彩图）。结果表明，DOM 化学多样性受到土壤 pH 值、EC、DOC、SOM、细菌 Shannon 指数和真菌 Chao 指数的显著影响 [图 2-10（a）]，所有这些都受到 MP 的影响（表 2-4）。约 42.1% 的 DOM 分子与细菌 Shannon 指数和 SOM 聚类反应处于同一象限，使土壤 SOM 和细菌 Shannon 指数成为土壤 DOM 多样性的主要驱动因

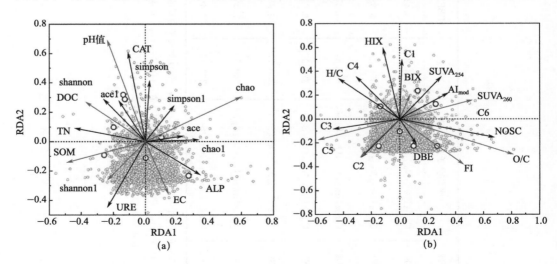

图 2-10 DOM 分子强度和土壤因素（a）和土壤 DOM 特性（b）的多变量分析

素。DOM 特征参数 C2、C5、FI、BIX、SUVA$_{260}$ 和 O/C 显著影响 DOM 化学多样性，约 43.9% 的 DOM 分子位于 C2 和 C5 的同一象限，40.2% 的 DOM 分子与 FI 和 O/C 位于同一象限。图 2-10 中灰色阴影圆圈表示 DOM 分子，而黑色圆圈表示各处理组。带有橙色线条的变量表示显著性的 $P<0.05$，蓝色线条表示 $P>0.05$。shannon1、simpson1、ace1 和 chao1 分别代表细菌 Shannon、Simpson、Ace 和 Chao 指数；shannon、simpson、ace 和 chao 分别代表真菌 Shannon、Simpson、Ace 和 Chao 指数。

基于上述 RDA 结果，本书分析了土壤因素对 DOM 化学多样性的影响。对于 2221 个核心分子（图 2-11，书后另见彩图），使用 Spearman 相关系数（即多元分析）阐明了归一化分子强度与土壤因素之间的关系（图 2-12，书后另见彩图）。DOM 是 SOM 的重要组成部分，SOM 的变化直接影响 DOM 的多样性。约 93.1% 的 DOM 分子与 SOM 呈负相关，主要分布在 O/C 值（0.35~0.8）和 H/C 值（0.4~1.5）区域，为木质素、单宁和缩合芳烃 [图 2-12（a）]。此外，微生物是影响 DOM 化学多样性的重要因素之一[123]，微塑料影响微生物多样性和丰度，进而影响土壤 DOM 化学多样。大多数木质素分子与细菌 Shannon 指数和真菌 Chao 指数呈负相关 [图 2-12（c）和（f）]，这可能是因为微塑料丰富了难降解有机物中的微生物群落[121]，并且也证实了微塑料的存在降低了木质素组分。与细菌 Shannon 指数和真菌 Chao 指数呈正相关的分子主要是脂质，表明它们可能是在原位生成的[124]。约 87.0% 的 DOM 分子与 EC 呈正相关 [图 2-12（b）]，主要分布在 O/C 值（0.1~0.7）和 H/C 值（0.7~1.5）区域。

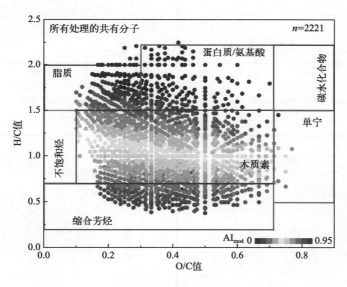

图 2-11　所有处理中共有的核心化合物的 Van Krevelen 图

DOM 特征参数 C2、C5、FI、BIX、SUVA$_{260}$ 以及 O/C 值显著影响 DOM 化学多样性 [图 2-12（g）~（k）]。43.9% 的分子与 C2 和 C5 处于同一象限，40.2% 的分子与 FI 和 O/C 值处于同一象限。C2 主要与 H/C 值<1 的木质素和稠环芳烃类呈正相关，

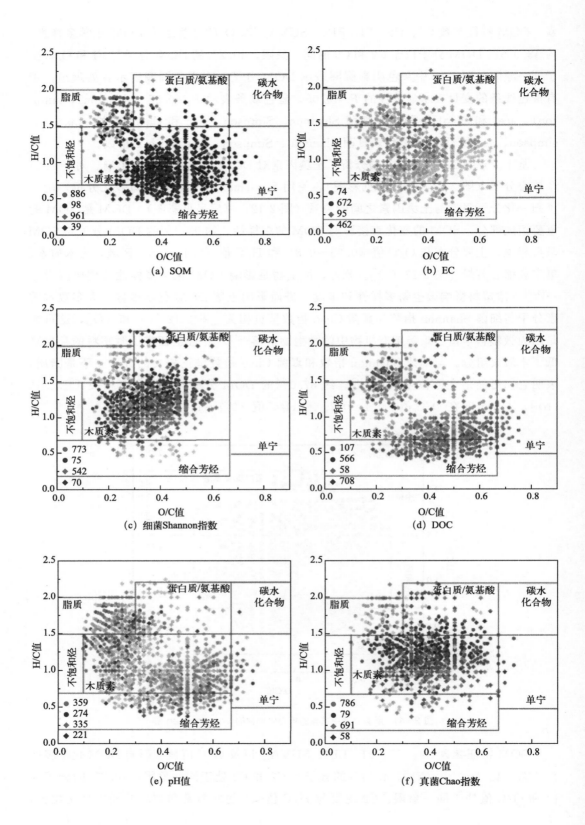

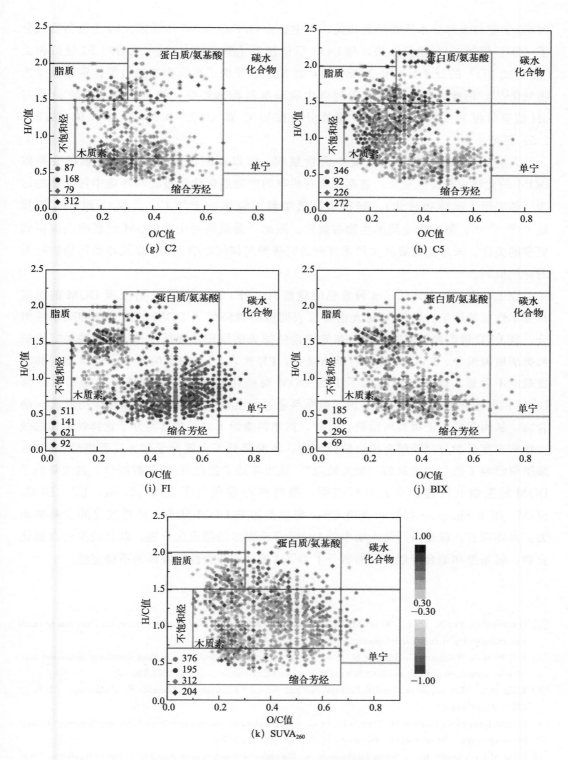

图 2-12 DOM 分子与各 DOM 特征参数之间的相关性

颜色条表示相关性的方向和强度（红色，正；蓝色，负），圆圈表示不含杂原子的化合物（CHO），菱形表示含杂原子的化合物（CHONS）

而 C5 主要与大部分木质素呈负相关，但主要为 O/C 值<0.3 木质素。FI 主要与富氧分子（O/C 值>0.4）呈负相关，与 DOC 呈正相关［图 2-12（d）］，或者与 FI 呈负相关［图 2-12（i）］的分子具有高 NOSC 值，而 NOSC 反映了有机物的热力学稳定性抗微生物氧化[94]，因此这些分子可能受到微生物降解过程的影响。约 58% 的 DOM 分子与 pH 值呈负相关［图 2-12（e）］，主要分布在 O/C 值（0.2~0.8）和 H/C 值（0.5~1.5）区域。

人类活动导致微塑料在土壤中大量累积，可以预期，微塑料的大量累积会导致 DOM 的化学成分发生变化，进而影响有机物的生物地球化学过程和环境中污染物的行为（如吸附、运输和转化）。据报道，微塑料可以影响土壤 CO_2、N_2O 和 CH_4 的排放[38, 63, 125-126]，影响重金属的生物有效性。因此，微塑料对土壤 DOM 的影响应该得到更多的关注。未来还需要从大尺度方向研究微塑料如何影响 DOM 以及环境污染物行为的详细机制。

综上，本书初步评估了 3 种常见的微塑料（PE、PS、PVC）对土壤 DOM 的组成和化学性质的影响。紫外-可见光谱特征表明微塑料降低了 DOM 的芳香性和疏水性组分，且 PVC 微塑料的影响最大。荧光光谱特征表明微塑料降低了 DOM 中的类富里酸和类胡敏酸组分，PVC 微塑料的影响最大，PE 次之，PS 的影响最小，但微塑料的浓度效应不明显。微塑料还降低了土壤 DOM 腐殖化程度，且浓度越高越能抑制土壤 DOM 的腐殖化程度。这可能是由于微塑料通过与土壤中的类腐殖质相互作用形成 π-络合物，从而降低了土壤类腐殖质。此外，微塑料激活了对天然富氮分子选择性消耗的微生物和丰富了参与难降解有机物的微生物，从而降低了含氮分子和木质素组分。同时，微塑料影响了微生物碳泵的"激发效应"，从而降低了蛋白质/氨基酸组分，进而降低了 DOM 的生物利用度。多元分析表明，微塑料存在条件下土壤 pH 值、EC、DOC、SOM、细菌 Shannon 指数和真菌 Chao 指数是影响 DOM 分子多样性变化的主要驱动力。具体而言，微塑料污染土壤中的 DOM 具有更多的脂质化合物，以及较少的含氮化合物、氨基酸和缩合芳烃，从而赋予了 DOM 较低的芳香性和较高的不稳定性。

参考文献

[1] O'Connor D, Pan S, Shen Z, et al. Microplastics undergo accelerated vertical migration in sand soil due to small size and wet-dry cycles. Environmental Pollution, 2019, 249: 527-534.

[2] Steinmetz Z, Wollmann C, Schaefer M, et al. Plastic mulching in agriculture. Trading shortterm agronomic benefits for long-term soil degradation? Science of the Total Environment, 2016, 550: 690-705.

[3] Rillig M C. Microplastic in terrestrial ecosystems and the soil? Environmental Science & Technology, 2012, 46(12): 6453-6454.

[4] Huerta Lwanga E, Gertsen H, Gooren H, et al. Incorporation of microplastics from litter into burrows of *Lumbricus terrestris*. Environmental Pollution, 2017, 220 (Pt A): 523-531.

[5] Rillig M C, Ingraffia R, de Souza Machado A A. Microplastic incorporation into soil in agroecosystems. Frontiers in Plant Science, 2017, 8: 1805.

[6] de Souza Machado A A, Lau C W, Kloas W, et al. Microplastics can change soil properties and affect plant performance. Environmental Science & Technology, 2019, 53 (10): 6044-6052.

[7] de Souza Machado A A, Lau C W, Till J, et al. Impacts of microplastics on the soil biophysical environment. Environmental Science & Technology, 2018, 52 (17): 9656-9665.

[8] Zhang D, Ng E L, Hu W, et al. Plastic pollution in croplands threatens long-term food security. Global Change Biology Bioenergy, 2020, 26 (6): 3356-3367.

[9] Wan Y, Wu C, Xue Q, et al. Effects of plastic contamination on water evaporation and desiccation cracking in soil. Science of the Total Environment, 2019, 654: 576-582.

[10] Zhao Z Y, Wang P Y, Wang Y B, et al. Fate of plastic film residues in agro-ecosystem and its effects on aggregate-associated soil carbon and nitrogen stocks. Journal of Hazardous Materials, 2021, 416: 125954.

[11] Zhang G S, Liu Y F. The distribution of microplastics in soil aggregate fractions in southwestern China. Science of the Total Environment, 2018, 642: 12-20.

[12] Lehmann A, Leifheit E F, Gerdawischke M, et al. Microplastics have shape-and polymer-dependent effects on soil aggregation and organic matter loss—An experimental and meta-analytical approach. Microplastics Nanoplastics, 2021, 1 (1): 1-14.

[13] Rillig M C, Lehmann A. Microplastic in terrestrial ecosystems. Science Advances, 2020, 368 (6498): 1430-1431.

[14] Lozano Y M, Lehnert T, Linck L T, et al. Microplastic shape, concentration and polymer type affect soil properties and plant biomass. Frontiers in Plant Science, 2021, 27: 223768.

[15] Liang Y, Lehmann A, Yang G, et al. Effects of microplastic fibers on soil aggregation and enzyme activities are organic matter dependent. Frontiers in Environmental Science, 2021, 9: 650155.

[16] Liang Y, Lehmann A, Ballhausen M B, et al. Increasing temperature and microplastic fibers jointly influence soil aggregation by saprobic fungi. Frontiers in Microbiology, 2019, 10: 02018.

[17] Lozano Y M, Aguilar-Trigueros C A, Onandia G, et al. Effects of microplastics and drought on soil ecosystem functions and multifunctionality. Journal of Applied Ecology, 2021, 58 (5): 988-996.

[18] Zhang G S, Zhang F X, Li X T. Effects of polyester microfibers on soil physical properties: Perception from a field and a pot experiment. Science of the Total Environment, 2019, 670: 1-7.

[19] Kim S W, An Y J. Soil microplastics inhibit the movement of springtail species. Environment International, 2019, 126: 699-706.

[20] Lozano Y, Rillig M. Effects of microplastic fibers and drought on plant communities. Environmental Science & Technology, 2020, 54: 6166-6173.

[21] Li J, Guo K, Cao Y, et al. Enhance in mobility of oxytetracycline in a sandy loamy soil caused by the presence of microplastics. Environmental Pollution, 2021, 269: 116151.

[22] Kim S W, Liang Y, Zhao T, et al. Indirect effects of microplastic-contaminated soils on adjacent soil layers: Vertical changes in soil physical structure and water flow. Frontiers in Environmental Science, 2021, 9: 681924.

[23] Xing X, Yu M, Xia T, et al. Interactions between water flow and microplastics in silt loam and loamy sand. Soil Science Society of America Journal, 2021, 85 (6): 1956-1962.

[24] Fojt J, Denková P, Brtnický M, et al. Influence of poly-3-hydroxybutyrate micro-bioplastics and polyethylene terephthalate microplastics on the soil organic matter structure and soil water properties. Environmental Science & Technology, 2022, 56 (15): 10732-10742.

[25] Lehmann A, Fitschen K, Rillig M C. Abiotic and biotic factors influencing the effect of microplastic on soil aggregation. Soil Systems, 2019, 3: 21.

[26] Guo Q Q, Xiao M R, Zhang G S. The persistent impacts of polyester microfibers on soil bio-physical properties following thermal treatment. Journal of Hazardous Materials, 2021, 420: 126671.

[27] Wang J, Liu X, Dai Y, et al. Effects of co-loading of polyethylene microplastics and ciprofloxacin on the antibiotic degradation efficiency and microbial community structure in soil. Science of the Total Environment, 2020, 741: 140463.

[28] Li H Z, Zhu D, Lindhardt J H, et al. Long-term fertilization history alters effects of microplastics on soil properties, microbial communities, and functions in diverse farmland ecosystem. Environmental Science & Technology, 2021, 55 (8): 4658-4668.

[29] Dong Y, Gao M, Qiu W, et al. Effect of microplastics and arsenic on nutrients and microorganisms in rice rhizosphere soil. Ecotoxicology and Environmental Safety, 2021, 211: 111899.

[30] Wang F, Zhang X, Zhang S, et al. Interactions of microplastics and cadmium on plant growth and arbuscular mycorrhizal fungal communities in an agricultural soil. Chemosphere, 2020, 254: 126791.

[31] Qi Y, Ossowicki A, Yang X, et al. Effects of plastic mulch film residues on wheat rhizosphere and soil properties. Journal of Hazardous Materials, 2020, 387: 121711.

[32] Boots B, Russell C W, Green D S. Effects of microplastics in soil ecosystems: Above and below ground. Environmental Science & Technology, 2019, 53 (19): 11496-11506.

[33] Zhao T, Lozano Y M, Rillig M C. Microplastics increase soil pH and decrease microbial activities as a function of microplastic shape, polymer type, and exposure time. Frontiers in Environmental Science, 2021, 9 (23): 675803.

[34] Yang W, Cheng P, Adams C A, et al. Effects of microplastics on plant growth and arbuscular mycorrhizal fungal communities in a soil spiked with ZnO nanoparticles. Soil Biology and Biochemistry, 2021, 155: 108179.

[35] Feng X, Wang Q, Sun Y, et al. Microplastics change soil properties, heavy metal availability and bacterial community in a Pb-Zn-contaminated soil. Journal of Hazardous Materials, 2022, 424: 126374.

[36] Yu H, Fan P, Hou J, et al. Inhibitory effect of microplastics on soil extracellular enzymatic activities by changing soil properties and direct adsorption: An investigation at the aggregate-fraction level. Environmental Pollution, 2020, 267: 115544.

[37] Liu H, Yang X, Liu G, et al. Response of soil dissolved organic matter to microplastic addition in Chinese loess soil. Chemosphere, 2017, 185: 907-917.

[38] Ren X, Tang J, Liu X, et al. Effects of microplastics on greenhouse gas emissions and the microbial community in fertilized soil. Environmental Pollution, 2020, 256: 113347.

[39] Chen H, Wang Y, Sun X, et al. Mixing effect of polylactic acid microplastic and straw residue on soil property and ecological function. Chemosphere, 2020, 243: 125271.

[40] Liu Y, Huang Q, Hu W, et al. Effects of plastic mulch film residues on soil-microbe-plant systems under different soil pH conditions. Chemosphere, 2021, 267: 128901.

[41] Zhang G S, Zhang F X. Variations in aggregate-associated organic carbon and polyester microfibers resulting from polyester microfibers addition in a clayey soil. Environmental Pollution, 2020, 258: 113716.

[42] Sun Y, Li X, Li X, et al. Deciphering the fingerprint of dissolved organic matter in the soil amended with biodegradable and conventional microplastics based on optical and molecular signatures. Environmental Science & Technology, 2022, 56 (22): 15746-15759.

[43] Yan Y, Chen Z, Zhu F, et al. Effect of polyvinyl chloride microplastics on bacterial community and nutrient status in two agricultural soils. Bulletin of Environmental Contamination and Toxicology, 2021, 107 (4): 602-609.

[44] Qian H, Zhang M, Liu G, et al. Effects of soil residual plastic film on soil microbial community structure and fertility. Water, Air & Soil Pollution, 2018, 229 (8): 261.

[45] Liu Y, Hu W, Huang Q, et al. Plastic mulch debris in rhizosphere: Interactions with soil-microbe-plant systems. Science of the Total Environment, 2022, 807 (Pt 2): 151435.

[46] Cao Y, Ma X, Chen N, et al. Polypropylene microplastics affect the distribution and bioavailability of cadmium by changing soil components during soil aging. Journal of Hazardous Materials, 2023, 443: 130079.

[47] Shi L, Hou Y, Chen Z, et al. Impact of polyethylene on soil physicochemical properties and characteristics of sweet potato growth and polyethylene absorption. Chemosphere, 2022, 302: 134734.

[48] Lian J, Liu W, Meng L, et al. Effects of microplastics derived from polymer-coated fertilizer on maize growth, rhizosphere, and soil properties. Journal of Cleaner Production, 2021, 318: 128571.

[49] Bandow N, Will V, Wachtendorf V, et al. Contaminant release from aged microplastic. Environmental Chemistry, 2017, 14 (6): 394-405.

[50] Zhou J, Wen Y, Marshall M R, et al. Microplastics as an emerging threat to plant and soil health in agroecosystems. Science of the Total Environment 2021, 787: 147444.

[51] Rong L, Zhao L, Zhao L, et al. LDPE microplastics affect soil microbial communities and nitrogen cycling. Sci-

ence of the Total Environment, 2021, 773: 145640.

[52] Piccardo M, Provenza F, Grazioli E, et al. PET microplastics toxicity on marine key species is influenced by pH, particle size and food variations. Science of the Total Environment 2020, 715: 136947.

[53] Rillig M C, Leifheit E, Lehmann J. Microplastic effects on carbon cycling processes in soils. PLoS Biology, 2021, 19 (3): e3001130.

[54] Yu Y, Zhang Z, Zhang Y, et al. Abundances of agricultural microplastics and their contribution to the soil organic carbon pool in plastic film mulching fields of Xinjiang, China. Chemosphere, 2023: 137837.

[55] Stewart C E, Paustian K, Conant R T, et al. Soil carbon saturation: Implications for measurable carbon pool dynamics in long-term incubations. Soil Biology and Biochemistry, 2009, 41 (2): 357-366.

[56] Zhang Z, Cui Q, Chen L, et al. A critical review of microplastics in the soil-plant system: Distribution, uptake, phytotoxicity and prevention. Journal of Hazardous Materials, 2022, 424: 127750.

[57] Liang C, Schimel J P, Jastrow J D. The importance of anabolism in microbial control over soil carbon storage. Nature Microbiology, 2017, 2 (8): 17105.

[58] Yu H, Zhang Y, Tan W. The "neighbor avoidance effect" of microplastics on bacterial and fungal diversity and communities in different soil horizons. Environmental Science and Ecotechnology, 2021, 8: 100121.

[59] Li H Q, Shen Y J, Wang W L, et al. Soil pH has a stronger effect than arsenic content on shaping plastisphere bacterial communities in soil. Environmental Pollution, 2021, 287: 117339.

[60] Xiao M, Shahbaz M, Liang Y, et al. Effect of microplastics on organic matter decomposition in paddy soil amended with crop residues and labile C: A three-source-partitioning study. Journal of Hazardous Materials, 2021, 416: 126221.

[61] Romera-Castillo C, Pinto M, Langer T M, et al. Dissolved organic carbon leaching from plastics stimulates microbial activity in the ocean. Nature Communications, 2018, 9 (1): 1430.

[62] Meng F, Yang X, Riksen M, et al. Effect of different polymers of microplastics on soil organic carbon and nitrogen—A mesocosm experiment. Environmental Research, 2022, 204 (Pt A): 111938.

[63] Yu H, Zhang Z, Zhang Y, et al. Effects of microplastics on soil organic carbon and greenhouse gas emissions in the context of straw incorporation: A comparison with different types of soil. Environmental Pollution, 2021, 288: 117733.

[64] Chen M, Zhao X, Wu D, et al. Addition of biodegradable microplastics alters the quantity and chemodiversity of dissolved organic matter in latosol. Science of the Total Environment, 2022, 816: 151960.

[65] Sooriyakumar P, Bolan N, Kumar M, et al. Biofilm formation and its implications on the properties and fate of microplastics in aquatic environments: A review. Journal of Hazardous Materials Advances, 2022, 6: 100077.

[66] Yu H, Hou J, Dang Q, et al. Decrease in bioavailability of soil heavy metals caused by the presence of microplastics varies across aggregate levels. Journal of Hazardous Materials, 2020, 395: 122690.

[67] Lee Y K, Murphy K R, Hur J. Fluorescence signatures of dissolved organic matter leached from microplastics: Polymers and additives. Environmental Science & Technology, 2020, 54 (19): 11905-11914.

[68] Wang J, Peng C, Li H, et al. The impact of microplastic-microbe interactions on animal health and biogeochemical cycles: A mini-review. Science of the Total Environment, 2021, 773: 145697.

[69] Meng Q, Diao T, Yan L, et al. Effects of single and combined contamination of microplastics and cadmium on soil organic carbon and microbial community structural: A comparison with different types of soil. Applied Soil Ecology, 2023, 183: 104763.

[70] Mao R, Lang M, Yu X, et al. Aging mechanism of microplastics with UV irradiation and its effects on the adsorption of heavy metals. Journal of Hazardous Materials 2020, 393: 122515.

[71] Zou J, Liu X, Zhang D, et al. Adsorption of three bivalent metals by four chemical distinct microplastics. Chemosphere, 2020, 248: 126064.

[72] Satyaprakash M, Sadhana E U B, Vani S. Phosphorous and phosphate solubilising bacteria and their role in plant nutrition. International Journal of Current Microbiology and Applied Sciences, 2017, 6: 2133-2144.

[73] Wang F. Occurrence of arbuscular mycorrhizal fungi in mining-impacted sites and their contribution to ecological restoration: Mechanisms and applications. Critical Reviews in Environmental Science & Technology, 2017, 47

(20): 1901-1957.

[74] Lehmann A, Leifheit E F, Feng L, et al. Microplastic fiber and drought effects on plants and soil are only slightly modified by arbuscular mycorrhizal fungi. Soil Ecology Letters, 2022, 4 (1): 32-44.

[75] Huang Y, Zhao Y, Wang J, et al. LDPE microplastic films alter microbial community composition and enzymatic activities in soil. Environmental Pollution, 2019, 254: 112983.

[76] Fei Y, Huang S, Zhang H, et al. Response of soil enzyme activities and bacterial communities to the accumulation of microplastics in an acid cropped soil. Science of the Total Environment, 2020, 707: 135634.

[77] Luo G, Jin T, Zhang H, et al. Deciphering the diversity and functions of plastisphere bacterial communities in plastic-mulching croplands of subtropical China. Journal of Hazardous Materials, 2022, 422: 126865.

[78] Conant R T, Ryan M G, Ågren G I, et al. Temperature and soil organic matter decomposition rates-synthesis of current knowledge and a way forward. Global Change Biology Bioenergy, 2011, 17 (11): 3392-3404.

[79] Six J, Paustian K. Aggregate-associated soil organic matter as an ecosystem property and a measurement tool. Soil Biology and Biochemistry, 2014, 68: A4-A9.

[80] Poeplau C, Katterer T, Leblans N I, et al. Sensitivity of soil carbon fractions and their specific stabilization mechanisms to extreme soil warming in a subarctic grassland. Global Change Biology Bioenergy, 2017, 23 (3): 1316-1327.

[81] Yang X, Bento C P M, Chen H, et al. Influence of microplastic addition on glyphosate decay and soil microbial activities in Chinese loess soil. Environmental Pollution, 2018, 242 (Pt A): 338-347.

[82] Rhoades J. Salinity: Electrical conductivity and total dissolved solids. Chemical Methods 1996, 142 (8): 31-33.

[83] Olsen S R, Cole C V, Watanable F S. Estimation of available phosphorus in soil by extraction with sodium bicarbonate. USDA Circular 1954, 939: 1-19.

[84] Sparks D L, Page A L, Helmke P A, et al. Nitrogen-organic forms. Methods of Soil Analysis. Madison: American Society of Agronomy, Inc, 1996: 1185-1200.

[85] Marschner B, Brodowski S, Dreves A, et al. How relevant is recalcitrance for the stabilization of organic matter in soils? Journal of Plant Nutrition and Soil Science, 2008, 171 (1): 91-110.

[86] Rillig M C. Microplastic disguising as soil carbon storage. Environmental Science & Technology, 2018, 52 (11): 6079-6080.

[87] Hu D, Shen M, Zhang Y, et al. Micro (nano) plastics: An un-ignorable carbon source? Science of the Total Environment, 2019, 657: 108-110.

[88] Six J, Conant R T, Paul E A, et al. Stabilization mechanisms of soil organic matter: Implications for C-saturation of soils. Plant and Soil, 2002, 241 (2): 155-176.

[89] Kögel-Knabner I, Guggenberger G, Kleber M, et al. Organo-mineral associations in temperate soils: Integrating biology, mineralogy, and organic matter chemistry. Journal of Plant Nutrition and Soil Science, 2008, 171 (1): 61-82.

[90] Zhang Z, Chen Y. Effects of microplastics on wastewater and sewage sludge treatment and their removal: A review. Chemical Engineering Journal, 2020, 382: 122955.

[91] Wang L, Li X G, Lv J, et al. Continuous plastic-film mulching increases soil aggregation but decreases soil pH in semiarid areas of China. Soil and Tillage Research, 2017, 167: 46-53.

[92] Bhagat K, Barrios A C, Rajwade K, et al. Aging of microplastics increases their adsorption affinity towards organic contaminants. Chemosphere, 2022, 298: 134238.

[93] Liu H, Xu H, Wu Y, et al. Effects of natural vegetation restoration on dissolved organic matter (DOM) biodegradability and its temperature sensitivity. Water Research, 2021, 191: 116792.

[94] Ding Y, Shi Z, Ye Q, et al. Chemodiversity of soil dissolved organic matter. Environmental Science & Technology, 2020, 54 (10): 6174-6184.

[95] Tye A M, Lapworth D J. Characterising changes in fluorescence properties of dissolved organic matter and links to N cycling in agricultural floodplains. Agriculture, Ecosystems & Environment, 2016, 221: 245-257.

[96] Ding H, Hu Q, Cai M, et al. Effect of dissolved organic matter (DOM) on greenhouse gas emissions in rice varieties. Agriculture, Ecosystems & Environment, 2022, 330: 107870.

[97] Jacques O, Prosser R S. A probabilistic risk assessment of microplastics in soil ecosystems. Science of the Total Environment, 2021, 757: 143987.

[98] Zhang S, Wang J, Yan P, et al. Non-biodegradable microplastics in soils: A brief review and challenge. Journal of Hazardous Materials, 2021, 409: 124525.

[99] Fuller S, Gautam A. A procedure for measuring microplastics using pressurized fluid extraction. Environmental Science & Technology, 2016, 50 (11): 5774-5780.

[100] Wu D, Ren C, Wu C, et al. Mechanisms by which different polar fractions of dissolved organic matter affect sorption of the herbicide MCPA in ferralsol. Journal of Hazardous Materials, 2021, 416: 125774.

[101] Yan C, Liu H, Sheng Y, et al. Fluorescence characterization of fractionated dissolved organic matter in the five tributaries of Poyang Lake, China. Science of the Total Environment, 2018, 637-638: 1311-1320.

[102] Wu D, Ren C, Jiang L, et al. Characteristic of dissolved organic matter polar fractions with variable sources by spectrum technologies: Chemical properties and interaction with phenoxy herbicide. Science of the Total Environment, 2020, 724: 138262.

[103] Wang Y, Spencer R G M, Podgorski D C, et al. Spatiotemporal transformation of dissolved organic matter along an alpine stream flow path on the Qinghai-Tibet Plateau: Importance of source and permafrost degradation. Biogeosciences, 2018, 15 (21): 6637-6648.

[104] He C, Zhang Y, Li Y, et al. In-house standard method for molecular characterization of dissolved organic matter by FT-ICR mass spectrometry. ACS Omega, 2020, 5 (20): 11730-11736.

[105] Kellerman A M, Dittmar T, Kothawala D N, et al. Chemodiversity of dissolved organic matter in lakes driven by climate and hydrology. Nature Communications, 2014, 5 (1): 4804.

[106] Li X M, Sun G X, Chen S C, et al. Molecular chemodiversity of dissolved organic matter in paddy soils. Environmental Science & Technology, 2018, 52 (3): 963-971.

[107] Feng L, Xu J, Kang S, et al. Chemical composition of microbe-derived dissolved organic matter in cryoconite in Tibetan Plateau glaciers: Insights from fourier transform ion cyclotron resonance mass spectrometry analysis. Environmental Science & Technology, 2016, 50 (24): 13215-13223.

[108] Luo H, Du P, Wang P, et al. Chemodiversity of dissolved organic matter in cadmium-contaminated paddy soil amended with different materials. Science of the Total Environment, 2022, 825: 153985.

[109] D'Andrilli J, Cooper W T, Foreman C M, et al. An ultrahigh-resolution mass spectrometry index to estimate natural organic matter lability. Rapid Commun Mass Spectrom, 2015, 29 (24): 2385-2401.

[110] Hertkorn N, Benner R, Frommberger M, et al. Characterization of a major refractory component of marine dissolved organic matter. Geochimica et Cosmochimica Acta, 2006, 70 (12): 2990-3010.

[111] Wang F, Wang Q, Adams C A, et al. Effects of microplastics on soil properties: Current knowledge and future perspectives. Journal of Hazardous Materials, 2022, 424: 127531.

[112] Ding L, Luo Y, Yu X, et al. Insight into interactions of polystyrene microplastics with different types and compositions of dissolved organic matter. Science of the Total Environment, 2022, 824: 153883.

[113] Rummel C D, Lechtenfeld O J, Kallies R, et al. Conditioning film and early biofilm succession on plastic surfaces. Environmental Science & Technology, 2021, 55 (16): 11006-11018.

[114] Shi J, Wang J, Lv J, et al. Microplastic additions alter soil organic matter stability and bacterial community under varying temperature in two contrasting soils. Science of the Total Environment, 2022, 838 (Pt 3): 156471.

[115] Awet T T, Kohl Y, Meier F, et al. Effects of polystyrene nanoparticles on the microbiota and functional diversity of enzymes in soil. Environmental Sciences Europe, 2018, 30 (1): 11.

[116] Stephanie K L, Treavor H B. Behavior of reoccurring PARAFAC components in fluorescent dissolved organic matter in natural and engineered systems: A critical review. Environmental Science & Technology, 2012, 46 (4): 2006-2017.

[117] Zhu L J, Zhao Y, Chen Y N, et al. Characterization of atrazine binding to dissolved organic matter of soil under different types of land use. Ecotoxicology and Environmental Safety, 2018, 147: 1065-1072.

[118] Wang Y H, Zhang P, He C, et al. Molecular signatures of soil-derived dissolved organic matter constrained by mineral weathering. Fundamental Research, 2023, 3 (3): 377-383.

[119] Sun Y, Duan C, Cao N, et al. Biodegradable and conventional microplastics exhibit distinct microbiome, functionality, and metabolome changes in soil. Journal of Hazardous Materials, 2022, 424 (Pt A): 127282.
[120] Hu H, Umbreen S, Zhang Y, et al. Significant association between soil dissolved organic matter and soil microbial communities following vegetation restoration in the Loess Plateau. Ecological Engineering, 2021, 169: 106305.
[121] Hou J, Xu X, Yu H, et al. Comparing the long-term responses of soil microbial structures and diversities to polyethylene microplastics in different aggregate fractions. Environment International, 2021, 149: 106398.
[122] Sheridan E A, Fonvielle J A, Cottingham S, et al. Plastic pollution fosters more microbial growth in lakes than natural organic matter. Nature Communications, 2022, 13 (1): 4175.
[123] Li H Y, Wang H, Wang H T, et al. The chemodiversity of paddy soil dissolved organic matter correlates with microbial community at continental scales. Microbiome, 2018, 6 (1): 187.
[124] Hu A, Choi M, Tanentzap A J, et al. Ecological networks of dissolved organic matter and microorganisms under global change. Nature Communications, 2022, 13 (1): 3600.
[125] Sun Y, Ren X, Pan J, et al. Effect of microplastics on greenhouse gas and ammonia emissions during aerobic composting. Science of the Total Environment, 2020, 737: 139856.
[126] Gao B, Yao H, Li Y, et al. Microplastic addition alters the microbial community structure and stimulates soil carbon dioxide emissions in vegetable-growing soil. Environmental Toxicology and Chemistry, 2021, 40: 352-365.

第3章

微塑料对土壤酶活性的影响

3.1 微塑料对土壤酶活性的影响研究进展

土壤酶与多种土壤生物生化过程密切相关,在调节土壤养分(如 C、N 和 P)循环中起重要作用[1],可用于评估土壤肥力状况[2],也可用来对土壤生态系统的变化进行预警。因此,目前很多研究报道了微塑料对土壤酶活性的影响。现有文献中关于微塑料对土壤酶活性的影响差异比较大,微塑料抑制或激活酶活性,也或对酶活性无显著影响。

决定微塑料对土壤酶活性影响的关键因素之一是聚合物类型。一项研究发现,PA、HDPE 和 PES 微塑料提高了荧光素二乙酸酯水解酶(FDAse)活性,但 PET、PP 或 PS 微塑料没有此效果[3]。另一项研究发现,三种不同的微塑料(PE 薄膜、PP 纤维、PP 微球)对脲酶、脱氢酶和碱性磷酸酶的影响不同,其中 PP 微纤维的影响最为显著[4]。此外,在 30d 的培养试验中,PP 微塑料(<250μm)刺激了 β-葡萄糖苷酶和磷酸酶的活性,但没有显著影响脲酶[5]。150d 的土壤培养试验发现添加了 PE 微塑料(100μm,28%,质量分数)抑制了过氧化氢酶、酚氧化酶、脲酶、锰过氧化物酶、漆酶和 β-葡萄糖苷酶的活性[6],这归因于微塑料的吸附能力和土壤微环境的改变,如 DOC 和有效磷的减少。在播种小麦的土壤中,PVC 微塑料(125μm,1%~20%,质量分数)抑制了 β-葡萄糖苷酶和木糖苷酶的活性,但不影响纤维生物水解酶或亮氨酸氨基肽酶的活性;然而,相同粒径和浓度的 PE 微塑料对酶活性无明显影响[7]。Liu 等[8]研究发现高浓度聚丙烯微塑料(28%,质量分数)对 FDAse 和酚氧化酶活性有激活作用,低浓度(7%,质量分数)无显著影响。PE 微塑料(6.7%,质量分数)对脲酶和过氧化氢酶活性具有激活作用,但对蔗糖酶的活性无显著影响[9]。酸性土壤中 PVC 和 PE 微塑料(1% 和 5%,质量分数)均对 FDAse 活性具有抑制作用,但对脲酶和酸性磷酸酶活性具有激活作用[10]。微塑料可以对酶活性产生激活或抑制作用,这取决于微塑料属性和暴露条件。

不同暴露时间下微塑料对土壤酶活性的影响不同，Chen 等[11]研究发现，在 70d 培养周期内聚乳酸微塑料（2%，质量分数）对脲酶、过氧化氢酶和 β-葡萄糖苷酶活性无显著影响；但培养前 20d 微塑料显著降低了土壤酶活性，且在与秸秆共同培养下抑制了土壤酶活性。由此可见，微塑料对土壤酶活性的影响程度取决于微塑料的种类、浓度、粒径和形状以及土壤环境等多种因素，影响机理较为复杂。

除了微塑料本身对微生物活性的直接影响外，微塑料还可以引起土壤环境的变化。一个重要因素是有机质，一些研究发现，有机物的掺入改变了微塑料对酶活性的影响[12-13]。例如，在一项研究中，聚酯微纤维暴露增加了土壤纤维素酶和漆酶活性；然而，添加有机物减轻了微纤维对两种酶的影响[12]。因为聚酯微纤维的化学结构与漆酶底物相似，同时聚酯微纤维改变了微生物群落故刺激了两种酶的活性。然而，这里使用的有机物是落叶黑杨，它含有大量的简单碳水化合物，不含纤维素或木质素。添加这些简单碳水化合物可能会减缓聚酯微纤维暴露下添加有机物导致的酶活性增加。在另一项研究中，微纤维在不添加有机物的情况下不会改变土壤中的酶活性，但微纤维在加入车前草和麦秸后确实会降低土壤酶活性[13]。相比之下，Chen 等[11]发现，尽管单独添加 PLA 微塑料对土壤酶活性没有显著影响，但在秸秆残渣改良的土壤中，PLA 微塑料暴露显著降低了 β-葡萄糖苷酶、脲酶和过氧化氢酶活性。有机物的添加刺激了土壤团聚体的形成，导致土壤团聚体中存在大量微塑料，降低了团聚体的稳定性，从而对酶活性产生了负面影响[13]。

此外，水分条件的变化会导致微塑料对土壤酶活性的不同影响。在水分充足的条件下，微纤维使土壤磷酸酶和 β-葡萄糖苷酶活性分别降低 27% 和 17%；而在干旱条件下，微纤维使相应的酶活性分别增加 75% 和 40%[14]。微纤维和土壤水分的变化介导了土壤中的氧气流动，导致土壤微生物群落的变化，如厌氧微生物和需氧微生物的相对分布发生变化，这可能是土壤酶活性变化的原因之一。

3.2 微塑料及土壤化学因子对不同土壤团聚体酶活性的影响

3.2.1 试验设计

土壤培养试验同 2.3.1 节试验设计。

基于以往的研究[8, 11]，本书选择过氧化氢酶、酚氧化酶、脲酶、锰过氧化物酶、碱性磷酸酶、漆酶和 β-葡萄糖苷酶研究微塑料对土壤酶活性的影响。

(1) 过氧化氢酶活性

土壤过氧化氢酶（CAT；EC 1.11.1.6）活性用 Zhou 等[15]的方法测定。简言之，将 5g 土壤样品和 25mL H_2O_2（3%）在 3℃下均化 30min，随后加入 25mL 的 H_2SO_4（1mol/L）终止反应，然后将反应物过滤。过滤后，将 4mL 的 H_2SO_4（0.5mol/L）添加到 1mL 的滤液中，用 20mmol/L $KMnO_4$ 测量吸收的 O_2。

(2) 漆酶和锰过氧化物酶活性

对于漆酶（LAC；EC 1.10.3.2）和锰过氧化物酶（MnP；EC 1.11.1.13）活性测定，按照 Fujii 等[16]的方法将反应液在 30℃下进行反应 5min，然后煮沸 15min 的提取物作为 LAC 活性的对照，没有锰的反应溶液作为 MnP 活性的对照。

使用 Criquet 等[17]的方法测量 LAC 活性。反应液包含 2.5mL 磷酸盐-柠檬酸盐缓冲液（0.1mol/L）、0.5mL 酶提取物和 0.1mL 作为底物的丁香醛连氮（5mmol/L）。在 525nm 处测定丁香醛连氮对醌的氧化速率。

根据 Arora 等[18]的方法测量 MnP 活性。反应液包含 2.0mL 琥珀酸钠缓冲液（50mmol/L）、0.8mL 硫酸锰（0.1mmol/L）、2.0mL 乳酸钠（50mmol/L）、2.0mL 白蛋白（0.1%）、1.0mL 酶提取物、1.4mL 作为底物的酚红（0.1mmol/L）和 0.8mL 作为氧化剂的过氧化氢（50μmol/L）。在 610nm 处测定酚红的氧化速率。

(3) 脲酶和 β-葡萄糖苷酶活性

使用 Yang 等[5]的方法测量脲酶（URE；EC 3.5.1.5）和 β-葡萄糖苷酶（GLU；EC 3.2.1.21）的活性。

GLU 活性测定过程如下：将 1g 土壤样品和 125mL 的乙酸钠缓冲液（50mmol/L；pH 6.0）均化 2min。随后，在微板上将 50μL 土壤浆液与 50μL 荧光底物溶液混合，在 37℃下培育 1h 后，用 10μL NaOH（1.0mol/L）终止反应。然后，使用 SpectraMax 微孔板荧光计通过 365nm 激发滤光片和 450nm 发射滤光片对荧光量进行定量测量。

URE 活性测定过程如下：将 3g 土壤样品与 1mL 的甲苯混合 15min 后，加入 10mL 的 10% 尿素溶液。然后将样品在 37℃的恒温箱中培养 24h，用蒸馏水稀释至 50mL。过滤后，将 1.5mL 的 0.9% 次氯酸钠溶液和 2mL 的苯酚钠溶液（100mL 的 6.6mol/L 苯酚溶液和 100mL 的 6.8mol/L NaOH）加入 0.5mL 的滤液中，使用分光光度计在 578nm 处比色定量测量释放的氨。

(4) 酚氧化酶活性

使用改进的 Saiya-Cork 等[19]的方法测量酚氧化酶（PO；EC 1.11.1.7）活性。简言之，将 1g 土壤样品和 100mL 乙酸钠缓冲液（50mmol/L；pH 5.5）样品均化 2min。然后，在微板上将 200μL 土壤浆液与 50μL 5mmol/L L-3,4-二羟基苯丙氨酸（DOPA；底物）混合。阴性对照含有 50μL DOPA 和 200μL 醋酸盐缓冲液，而空白样品含有 200μL 样品悬浮液和 50μL 醋酸盐缓冲液。在黑暗中于 25℃ 孵育 18h 后，使用荧光光谱仪测量 450nm 的吸光度来确定活性。

(5) 碱性磷酸酶活性

使用 Tabatabai[20]的方法测定土壤碱性磷酸酶（ALP；EC 3.1.3.1）活性，以对硝基苯基磷酸二钠作为反应底物。将 1g 新鲜土壤样品置于三角烧瓶中，然后在瓶中加入 0.2mL 甲苯、4mL 缓冲溶液和 1mL 对硝基苯基磷酸二钠并充分混合。盖上瓶子后，在 37℃下培养 24h。培养后，加入 1mL 0.5mol/L $CaCl_2$ 和 4mL 0.5mol/L NaOH 溶液，通过定量滤纸过滤混合物，并使用分光光度计在 405nm 处测定吸光度。碱性磷酸酶的活性由 24h 后每克土壤产生的苯酚量表示。对于上述酶活性测试，用水进行无基质对照。

3.2.2 微塑料对不同土壤团聚体组分中酶活性的影响

微塑料的存在使三种土壤团聚体组分中过氧化氢酶、酚氧化酶、脲酶、锰过氧化物酶、漆酶和 β-葡萄糖苷酶活性均明显降低（图 3-1 和图 3-2）。

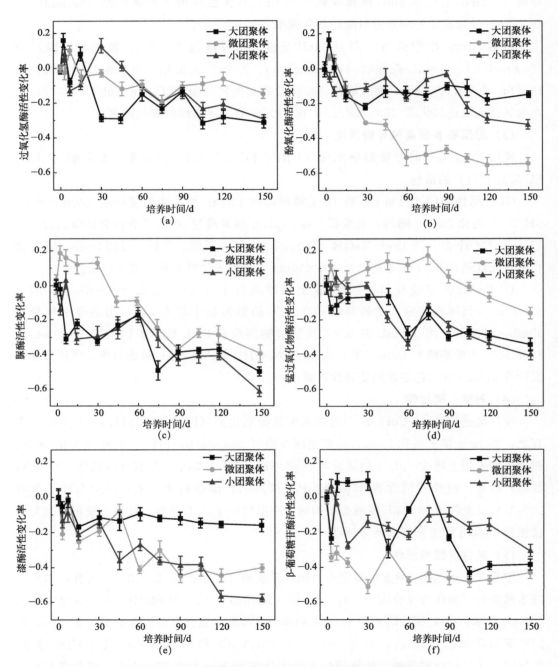

图 3-1 不同土壤团聚体组分中微塑料添加引起的土壤酶活性变化

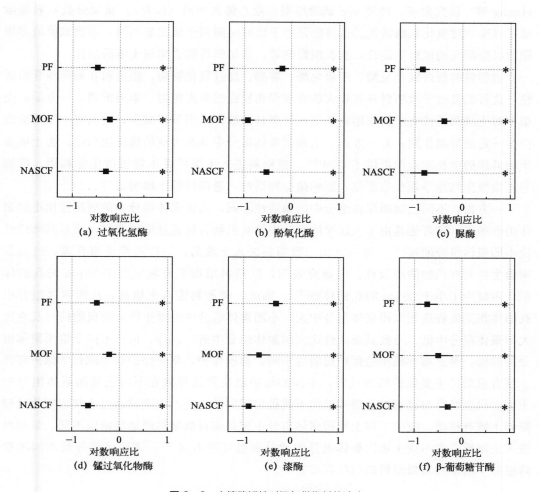

图3-2 土壤酶活性对添加微塑料的响应

图3-2中误差线是平均值的95%置信区间；*表示与对照处理组相比有显著差异（$P<0.05$）。大团聚体组分（PF）、微团聚体组分（MOF）和小团聚体组分（NASCF）中过氧化氢酶活性分别降低了31.0%、14.6%和29.0%，酚氧化酶活性分别降低了15.4%、54.8%和32.0%，脲酶活性分别降低了50.2%、39.5%和61.0%，锰过氧化物酶活性分别降低了32.6%、26.0%和49.1%，漆酶活性分别降低了16.5%、40.5%和58.0%，β-葡萄糖苷酶活性分别降低了38.7%、42.7%和30.6%。这与前人研究结果一致[21-23]，随着土壤中残留塑料薄膜的增加，塑料膜残留物明显抑制了土壤酶的活性，荧光素二乙酸酯水解酶和脱氢酶的活性分别降低了1.6%～30.7%和14.9%～59.0%[22]；土壤中微塑料显著降低了脲酶和β-葡萄糖苷酶的活性[23]，且脱氢酶活性和参与N循环（亮氨酸氨基肽酶）、P循环（碱性磷酸酶）和C循环（β-葡萄糖苷酶和纤维二糖水解酶）的酶活性均显著降低[21]。但Liu等[8]研究发现，经过30d试验周期，聚丙烯微塑料（28%，质量分数）激活了荧光素二乙酸酯水解酶和酚氧化酶的活性；

Huang 等[9]研究发现，经过 90d 试验周期，聚乙烯微塑料（6.7%，质量分数）显著激活了脲酶和过氧化氢酶活性。这可能是由于培养时间和土壤类型不同，本次试验培养周期比以前研究的试验周期长，从长期影响看，微塑料可能会抑制土壤酶活性。

微塑料抑制过氧化氢酶、酚氧化酶、脲酶、锰过氧化物酶、漆酶和 β-葡萄糖苷酶活性，这可能是由于微塑料具有较大的表面积和较强的吸附能力。本书推测，一方面，土壤中对土壤酶活性有重要作用的基质在微塑料的吸附作用下将减少，进而对土壤酶活性产生一定的抑制作用；另一方面，土壤团聚体组分中具有大量的理化生态位，为土壤微生物群落的生长和运动提供了空间[24]，微塑料进入土壤后并不能被微生物利用，可能与土壤微生物竞争理化生态位，影响微生物活性，进而降低土壤酶活性。

一方面，不同土壤团聚体组分中的酶活性不同，大团聚体组分中的酶活性比小团聚体组分的高，这可能是由于大团聚体组分中的有机物含量高且周转率高，所以其酶活性比小团聚体组分的高[25]。另一方面，微塑料进入土壤后，可以改变土壤孔隙，进而影响微生物对有机物的可及性。有研究表明，微塑料增加了土壤中大于 30 μm 的孔的体积，而减少了小于 30 μm 的孔的体积[26]。因此，微塑料进入土壤后，小团聚体组分中孔的体积降低程度比大团聚体组分中大，小团聚体组分中的微生物对有机物的可及性比大团聚体组分中低，导致其酶活性比大团聚体组分中低。此外，由于不同土壤团聚体组分的差别，对土壤有机质的保护机制也不同。物理保护、化学保护和物理化学保护等是土壤有机质的主要保护机制[27-29]，不同的保护机制可能导致在不同土壤团聚体组分中土壤有机质的降解过程对外部环境的干扰做出不同的响应。土壤酶通过水解或氧化过程降解土壤有机质，故而不同土壤团聚体组分中胞外酶对微塑料添加的响应不同。微塑料进入土壤后，在不同土壤团聚体组分中的分布也可能不同[30]，进而可能导致不同团聚体组分中酶活性对微塑料的响应存在差异。

3.2.3 土壤化学因子对酶活性的影响

本书对土壤化学因子和酶活性进行了相关性分析，由分析结果可知（图 3-3，书后另见彩图），过氧化氢酶活性与 DOC 和 OP 显著正相关（$P<0.05$）。图 3-3 中正方形表示正相关，圆形表示负相关；* 表示在 $P<0.05$ 水平显著相关。

不同土壤团聚体组分中土壤化学因子和酶活性的相关性均有所不同，如过氧化氢酶活性在大团聚体和小团聚体组分中与 CEC 显著正相关（$P<0.05$），但在微团聚体组分中与 CEC 相关性不显著。酚氧化酶活性在三种土壤团聚体组分中与 TN 均显著正相关，在微团聚体和小团聚体组分中与 TOC、DOC、ON 和 OP 显著正相关（$P<0.05$），但在大团聚体组分中相关性不显著。脲酶活性在三种土壤团聚体组分中与 TN、DOC、ON 和 OP 显著正相关（$P<0.05$）。锰过氧化物酶活性在三种土壤团聚体组分中与 TN、DOC 和 OP 显著正相关，在大团聚体和小团聚体组分中还与 CEC 显著正相关。漆酶活性在三种土壤团聚体组分中与 TN 和 ON 显著正相关，在微团聚体和小团聚体组分中还与 DOC 和 OP 显著正相关。β-葡萄糖苷酶活性在三种土壤团聚体组分中与 DOC

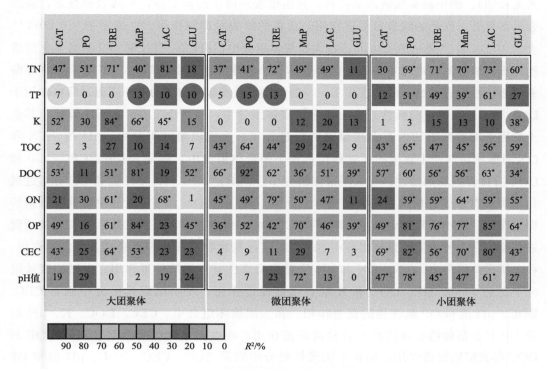

图 3-3 酶活性与土壤化学因子的相关性

和 OP 显著正相关,在小团聚体组分中还与 TN、K、DOC、ON 和 CEC 显著相关。三种土壤团聚体组分中,TN、DOC 和 OP 与 6 种酶活性均显著正相关（$P<0.05$）。此外,小团聚体组分中土壤化学因子与酶活性的相关性显著高于大团聚体组分,说明小团聚体组分对微塑料污染更敏感；除 K 外,小团聚体组分中其他化学因子均有显著降低。

3.2.4 土壤化学因子对酶活性的影响途径

通过相关性分析了解了对土壤酶活性有影响的土壤化学因子,为了进一步研究土壤化学因子对酶活性的影响,针对这些因子建立了结构方程模型。根据结构方程模型的评价参数,本书构建的结构方程模型拟合较好[PF：$\chi^2=1.83$（均值,下同）,df=4,$p=0.77$, GFI=0.94, NFI=0.95, RMSEA=0.00；MOF：$\chi^2=4.69$, df=9, $p=0.85$, GFI=0.89, NFI=0.85, RMSEA=0.00；NASCF：$\chi^2=6.69$, df=8, $p=0.47$, GFI=0.86, NFI=0.90, RMSEA=0.07]。其中 df 为自由度,p 为路径系数,GFI 为适配度系数,NFI 为规准适配指数,RMSEA 为近似误差均方根。平均而言,本书构建的模型解释了 65%过氧化氢酶、73%酚氧化酶、87%脲酶、83%锰过氧化物酶、79%漆酶和 65% β-葡萄糖苷酶活性的变化。

在建立的结构方程模型中,DOC 和 OP 对过氧化氢酶活性有直接的促进作用,而 ON 和 TN 则是通过作用于 DOC 和 OP 来影响过氧化氢酶活性（图 3-4～图 3-6,书后另见彩图）。图中箭头代表因果关系，其粗细表示因子的重要性；实线表示显著，虚线表示不显著；红色的线表示促进作用，蓝色的线表示抑制作用；*** 表示 $P<0.001$，** 表示 $P<0.01$，* 表示 $P<0.05$。在大团聚体组分中，pH 值、TN 和 ON 对酚氧化酶活性有直接显著的促进作用；而在微团聚体和小团聚体组分中，TOC、DOC 和 OP 对酚氧化酶活性有直接显著的促进作用，与酚氧化酶活性显著相关的 TN 则通过间接作用于 DOC 等因子来促进酶活性。在土壤大团聚体组分中，除 TOC、TP 和 pH 值外，其余土壤因子均对脲酶活性有直接显著的促进作用；在微团聚体组分中，pH 值、TN 和 ON 对脲酶活性产生直接的促进作用；在小团聚体组分中，则是 pH 值、CEC、OP 和 DOC 直接促进脲酶活性。在大团聚体组分中，CEC、DOC、K、pH 值和 OP 对锰过氧化物酶有直接促进作用；在微团聚体组分中，pH 值、ON 和 TN 对脲酶活性有直接的促进作用；在小团聚体组分中，则是 CEC、DOC、pH 值和 OP 对脲酶活性有直接的促进作用。在三种土壤团聚体组分中 pH 值对锰过氧化物酶活性有直接显著的促进作用。在大团聚体组分中，TN、ON 和 pH 值对漆酶活性有直接的促进作用；在微团聚体组分中则是 TOC、OP、DOC 和 K 起直接的促进作用；在小团聚体组分中则是 CEC、DOC、pH 值和 OP 起直接的促进作用。在大团聚体组分中，CEC、DOC、K、pH 值和 OP 对 β-葡萄糖苷酶活性有直接的促进作用；在微团聚体组分中 K、TOC、OP 和 DOC 起直接的促进作用；而在小团聚体组分中则是 TOC、CEC、DOC、pH 值和 OP 起直接的促进作用。

  土壤养分的可用性和质量是影响酶活性的关键要素，低养分水平抑制土壤酶的产生[31]。在本书中，在三种土壤团聚体组分中 DOC 和 OP 与过氧化氢酶、酚氧化酶、脲酶、锰过氧化物酶、漆酶和 β-葡萄糖苷酶活性正相关，且对这 6 种酶活性有直接的促进作用；而在三种团聚体组分中微塑料的存在显著降低了 DOC 和 OP 的含量，进而导致土壤酶活性的降低。土壤 DOC 含有足够的底物刺激酶的活性[32]，添加微塑料降低了土壤中 DOC 含量，进而降低了过氧化氢酶、酚氧化酶、脲酶、锰过氧化物酶、漆酶和 β-葡萄糖苷酶活性。土壤 pH 值是酶活性的另一关键因子，pH 值降低可以导致酶活性降低[33]。本书试验结果表明，微塑料使小团聚体组分中 pH 值明显降低了，小团聚体组分中 pH 值与 6 种酶活性显著正相关，且 pH 值对 6 种酶活性均有直接显著的促进作用（图 3-6）。因此，微塑料诱导土壤 pH 值降低导致土壤酶活性降低。

  综上，微塑料的存在对土壤过氧化氢酶、酚氧化酶、脲酶、锰过氧化物酶、漆酶和 β-葡萄糖苷酶活性有显著的抑制作用，使 6 种土壤酶活性分别降低了 14.6%～31.0%、15.4%～54.8%、39.5%～61.0%、26.0%～49.1%、16.5%～58.0% 和 30.6%～42.7%。这可能是微塑料通过吸附作用减少对酶活性有重要影响的底物，或者与土壤微生物竞争了理化生态位降低微生物活性，进而降低土壤酶活性。此外，通过相关性和结构方程分析可知，DOC 和 OP 是影响酶活性的主要因子，微塑料显著降低 DOC 和 OP 含量，进而抑制土壤酶活性。不同土壤团聚体组分对土壤有机质的保护作用不同以及微

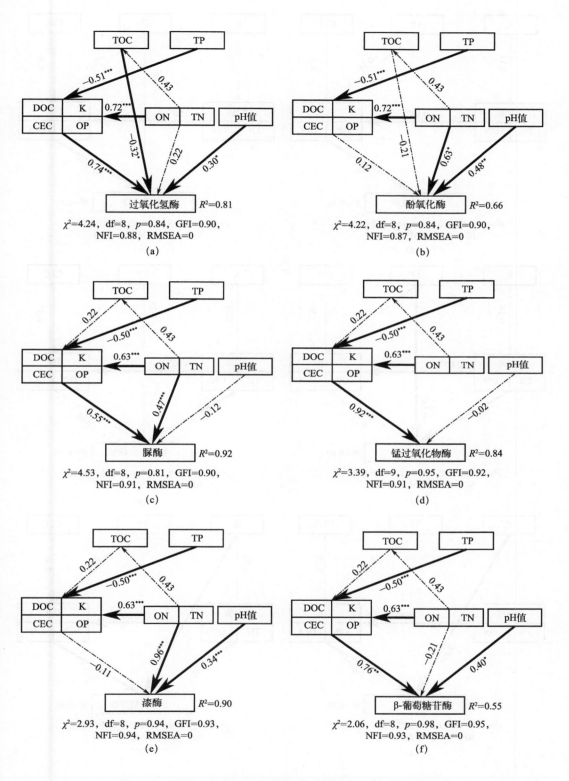

图 3-4 大团聚体组分中土壤化学因子和酶活性构建的结构方程模型

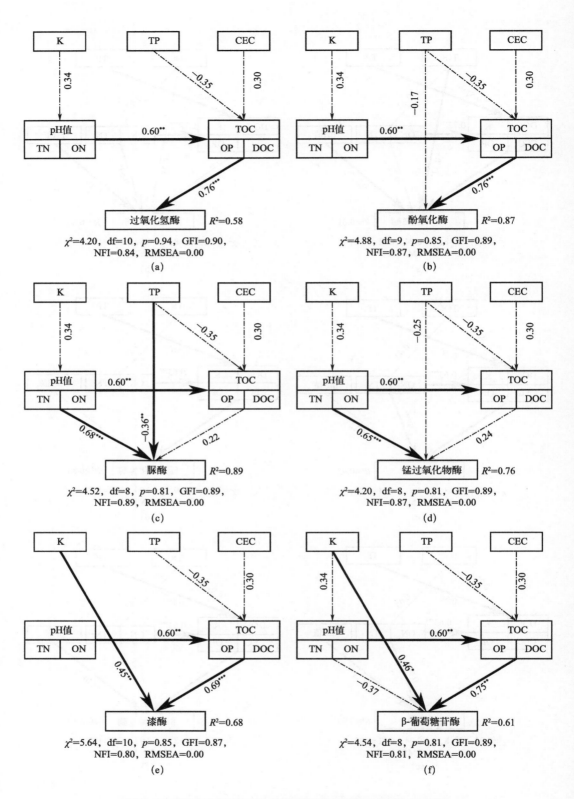

图3-5 微团聚体组分中土壤化学因子和酶活性构建的结构方程模型

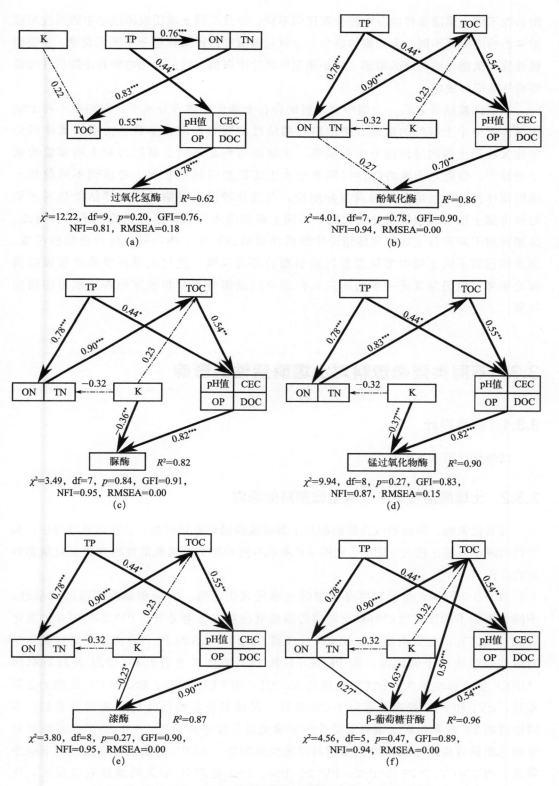

图 3-6　小团聚体组分中土壤化学因子和酶活性构建的结构方程模型

塑料在不同土壤团聚体组分中的分配比例不同，导致不同土壤团聚体组分中酶活性对微塑料的响应程度不同。大团聚体组分中过氧化氢酶和微团聚体组分中酚氧化酶、β-葡萄糖苷酶对微塑料的响应最敏感，而小团聚体组分中脲酶、锰过氧化物酶和漆酶活性对微塑料的响应最敏感。

　　本书试验结果表明，土壤中微塑料的存在会降低土壤养分水平，并抑制不同土壤团聚体组分中土壤酶的活性。微塑料对酶活性的抑制作用在小粒径土壤团聚体组分中比大粒径土壤团聚体组分中更显著。土壤酶活性是评估土壤肥力和土壤质量的重要指标[2]，故此，土壤酶活性可用于指示土壤微塑料污染状况。考虑到不同粒径土壤团聚体组分的组成和结构高度异质性，在选择特定土壤酶活性以评估微塑料污染时应考虑土壤中团聚体组分的比例，不同土壤类型中团聚体组分的比例不同。因此，微塑料对不同粒径土壤团聚体组分中酶活性影响的研究工作，可为评价微塑料污染、预测和预防不同土壤类型微塑料污染引起的环境风险、优化土壤环境质量管理提供理论参考，但仍需要进一步的研究来探索不同微塑料类型和浓度是否显示出相同的机理。

3.3　不同类型微塑料对土壤酶活性的影响

3.3.1　试验设计

　　试验设计同 2.4.1 节。

3.3.2　土壤酶活性对不同类型微塑料的响应

　　过氧化氢酶、脲酶和碱性磷酸酶与土壤碳氮磷循环密切相关，且在培养过程中，酶活性的波动范围比较大。图 3-7 和图 3-8 表示不同处理中土壤酶活性的变化及对微塑料的响应图。

　　由图 3-7 可知，微塑料可显著激活土壤过氧化氢酶、脲酶和碱性磷酸酶的活性，不同类型和不同浓度微塑料对土壤酶的激活效应存在显著差异。PVC2 处理对过氧化氢酶（CAT）活性影响最大，比 CK 处理高 38.0%；PS 和 PVC 在高浓度对过氧化氢酶活性的影响大于低浓度；而 PE 在 7% 和 14% 浓度无显著差异。PS1 处理对脲酶（URE）活性影响最大，比 CK 处理高 63.2%；而 PE1、PE2、PS2 与 CK 处理无显著差异，PV1 和 PV2 处理显著高于 CK 处理。同过氧化氢酶活性的影响结果类似，不同浓度的 PE 微塑料对土壤脲酶活性的影响无显著性差异，而 PS 和 PVC 在高浓度对脲酶的激活效应小于低浓度。微塑料对碱性磷酸酶（ALP）的激活效应按照以下顺序降低：PE2＞PV1＞PE1＞PS2＞PVC2＞PS1。PE2 处理对 ALP 的激活效应最大，比 CK 处理高 20.8%。PE 和 PS 在高浓度对碱性磷酸酶活性的影响要显著高于低浓度，而

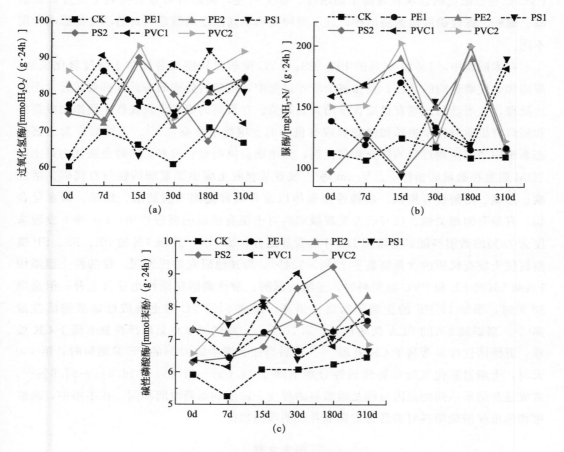

图 3-7 不同处理中土壤酶活性的变化

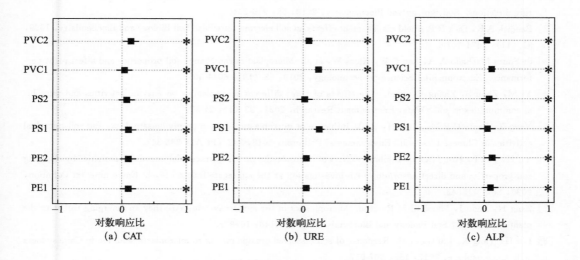

图 3-8 不同处理中土壤酶活性对微塑料的响应

PVC 则是低浓度的影响显著高于高浓度。综上所述，微塑料可显著提高土壤过氧化氢酶、脲酶、碱性磷酸酶的酶活性，且不同种类和不同浓度的微塑料对酶活性的影响程度不同。

在本试验中，7%和14%的 PE、PS、PVC 微塑料均能显著提高土壤过氧化氢酶、脲酶和碱性磷酸酶的活性，且在整个培养过程中，微塑料处理的酶活性都要显著大于空白处理，这可能与土壤有机质含量的升高有关。在最新的研究中发现往土壤添加微塑料和新鲜有机质时比单独添加微塑料或有机质的土壤酶活性要高[12]。土壤酶作为土壤生态系统中完成生物过程的媒介和催化剂，为植物提供能量和营养，同时也被认为是土壤 SOM 质量和数量的指标[1]。Veum 等[34]发现某农业土壤中脱氢酶活性与有机碳、活性碳、总氮、溶解性有机碳、水稳性团聚体以及含碳官能团（脂肪酸、烷基、碳水化合物）有显著的相关性。已有研究发现微塑料对土壤有机质的促进作用，Liu 等[8]发现浓度为 28%的微塑料能显著增加 DOM 的营养组分；Yu 等[35]发现 1%的 PE、PS、PP 微塑料使土壤有机质的含量提高了 72%~324%。与其他研究对比发现，往酸性土壤添加 1%和 5%的 PE 和 PVC 微塑料时，土壤的脲酶、酸性磷酸酶活性也显著上升；但是第 50 天时，添加 1%PE 的土壤脲酶活性最高，添加 5%PVC 的土壤酸性磷酸酶活性最高[10]。当添加 2%的 PLA 微塑料后，第 70 天，土壤的过氧化氢酶活性显著低于 CK 处理，脲酶活性却显著高于 CK 处理[11]。然后当往土壤添加 28%的 PE 微塑料时，第 150 天时，土壤过氧化氢酶和脲酶活性分别下降了 14.6%~31.0%和 16.5%~57.6%[6]。造成这些结果不同的原因可能是微塑料的种类、浓度和培养时间不同。在本书中，高浓度和低浓度的微塑料对酶活性的影响并无明显的规律。

参考文献

[1] Burns R G, DeForest J L, Marxsen J, et al. Soil enzymes in a changing environment: Current knowledge and future directions. Soil Biology and Biochemistry, 2013, 58: 216-234.

[2] Bandick A K, Dick R P. Field management effects on soil enzyme activities. Soil Biology and Biochemistry, 1999, 31 (11): 1471-1479.

[3] de Souza Machado A A, Lau C W, Kloas W, et al. Microplastics can change soil properties and affect plant performance. Environmental Science & Technology, 2019, 53 (10): 6044-6052.

[4] Yi M, Zhou S, Zhang L, et al. The effects of three different microplastics on enzyme activities and microbial communities in soil. Water Environment Research, 2021, 93 (1): 24-32.

[5] Yang X, Bento C P M, Chen H, et al. Influence of microplastic addition on glyphosate decay and soil microbial activities in Chinese loess soil. Environmental Pollution, 2018, 242 (Pt A): 338-347.

[6] Yu H, Fan P, Hou J, et al. Inhibitory effect of microplastics on soil extracellular enzymatic activities by changing soil properties and direct adsorption: An investigation at the aggregate-fraction level. Environmental Pollution, 2020, 267: 115544.

[7] Zang H, Zhou J, Marshall M R, et al. Microplastics in the agroecosystem: Are they an emerging threat to the plant-soil system? Soil Biology and Biochemistry, 2020, 148: 107926.

[8] Liu H, Yang X, Liu G, et al. Response of soil dissolved organic matter to microplastic addition in Chinese loess soil. Chemosphere, 2017, 185: 907-917.

[9] Huang Y, Zhao Y, Wang J, et al. LDPE microplastic films alter microbial community composition and enzymatic activities in soil. Environmental Pollution, 2019, 254: 112983.

[10] Fei Y, Huang S, Zhang H, et al. Response of soil enzyme activities and bacterial communities to the accumulation of microplastics in an acid cropped soil. Science of the Total Environment, 2020, 707: 135634.
[11] Chen H, Wang Y, Sun X, et al. Mixing effect of polylactic acid microplastic and straw residue on soil property and ecological function. Chemosphere, 2020, 243: 125271.
[12] Guo Q Q, Xiao M R, Ma Y, et al. Polyester microfiber and natural organic matter impact microbial communities, carbon-degraded enzymes, and carbon accumulation in a clayey soil. Journal of Hazardous Materials, 2021, 405: 124701.
[13] Liang Y, Lehmann A, Yang G, et al. Effects of microplastic fibers on soil aggregation and enzyme activities are organic matter dependent. Frontiers in Environmental Science, 2021, 9: 650155.
[14] Lozano Y M, Aguilar-Trigueros C A, Onandia G, et al. Effects of microplastics and drought on soil ecosystem functions and multifunctionality. Journal of Applied Ecology, 2021, 58 (5): 988-996.
[15] Zhou Q H, Wu Z B, Cheng S P, et al. Enzymatic activities in constructed wetlands and di-n-butyl phthalate (DBP) biodegradation. Soil Biology and Biochemistry, 2005, 37 (8): 1454-1459.
[16] Fujii K, Uemura M, Hayakawa C, et al. Environmental control of lignin peroxidase, manganese peroxidase, and laccase activities in forest floor layers in humid Asia. Soil Biology and Biochemistry, 2013, 57: 109-115.
[17] Criquet S, Tagger S, Vogt G, et al. Laccase activity of forest litter. Soil Biology and Biochemistry, 1999, 31 (9): 1239-1244.
[18] Arora D S, Chander M, Gill P K. Involvement of lignin peroxidase, manganese peroxidase and laccase in degradation and selective ligninolysis of wheat straw. International Biodeterioration & Biodegradation, 2002, 50 (2): 115-120.
[19] Saiya-Cork K R, Sinsabaugh R L, Zak D R. The effects of long term nitrogen deposition on extracellular enzyme activity in an *Acer saccharum* forest soil. Soil Biology and Biochemistry, 2002, 34 (9): 1309-1315.
[20] Tabatabai M A. Soil enzymes. Methods of Soil Analysis, Part 2: Microbiological and Biochemical Properties. Madison: American Society of Agronomy, Inc, 1994.
[21] Awet T T, Kohl Y, Meier F, et al. Effects of polystyrene nanoparticles on the microbiota and functional diversity of enzymes in soil. Environmental Sciences Europe, 2018, 30 (1): 11.
[22] Wang J, Lv S, Zhang M, et al. Effects of plastic film residues on occurrence of phthalates and microbial activity in soils. Chemosphere, 2016, 151: 171-177.
[23] Qian H, Zhang M, Liu G, et al. Effects of soil residual plastic film on soil microbial community structure and fertility. Water, Air & Soil Pollution, 2018, 229 (8): 261.
[24] Totsche K U, Amelung W, Gerzabek M H, et al. Microaggregates in soils. Journal of Plant Nutrition and Soil Science, 2018, 181 (1): 104-136.
[25] Mendes I C, Bandick A K, Dick R P, et al. Microbial biomass and activities in soil aggregates affected by winter cover crops. Soil Science Society of America Journal, 1999, 63 (4): 873-881.
[26] Zhang G S, Zhang F X, Li X T. Effects of polyester microfibers on soil physical properties: Perception from a field and a pot experiment. Science of the Total Environment, 2019, 670: 1-7.
[27] Rhoades J. Salinity: Electrical conductivity and total dissolved solids. Methods Soil Anal, 1996, 3: 417-435.
[28] Six J, Conant R T, Paul E A, et al. Stabilization mechanisms of soil organic matter: Implications for C-saturation of soils. Plant and Soil, 2002, 241 (2): 155-176.
[29] Rillig M C. Microplastic in terrestrial ecosystems and the soil? Environmental Science & Technology, 2012, 46 (12): 6453-6454.
[30] Zhang G S, Liu Y F. The distribution of microplastics in soil aggregate fractions in southwestern China. Science of the Total Environment, 2018, 642: 12-20.
[31] Xu C, Pu L, Li J, et al. Effect of reclamation on C, N, and P stoichiometry in soil and soil aggregates of a coastal wetland in eastern China. Journal of Soils and Sediments, 2019, 19 (3): 1215-1225.
[32] Finzi A C, Abramoff R Z, Spiller K S, et al. Rhizosphere processes are quantitatively important components of terrestrial carbon and nutrient cycles. Global Change Biology Bioenergy, 2015, 21 (5): 2082-2094.
[33] Huang D, Liu L, Zeng G, et al. The effects of rice straw biochar on indigenous microbial community and enzymes activity in heavy metal-contaminated sediment. Chemosphere, 2017, 174: 545-553.

[34] Veum K S, Goyne K W, Kremer R J, et al. Biological indicators of soil quality and soil organic matter characteristics in an agricultural management continuum. Biogeochemistry, 2014, 117 (1): 81-99.
[35] Yu H, Qi W, Cao X, et al. Microplastic residues in wetland ecosystems: Do they truly threaten the plant-microbe-soil system? Environment International, 2021, 156: 106708.

第4章

微塑料对土壤微生物的影响

4.1 微塑料对土壤微生物的影响研究进展

研究表明，微塑料影响土壤微生物群落结构、总体代谢率和功能[1-3]。然而，这些研究的结果通常相互矛盾。微塑料的存在会对土壤微生物群落的丰富度和多样性产生负面影响[4-5]、正面影响[6-7]或无显著影响[1,8-9]。这种不一致可归因于微塑料（例如聚合物类型、剂量、粒径和形状）和土壤性质的变化。

不同类型微塑料对土壤微生物的影响方向和程度不同，PE 和 PVC 微塑料均显著降低微生物细菌群落的丰富度和多样性，且 PE 的影响程度比 PVC 强[10]。不同粒径的微塑料影响也不同，较大粒径的微塑料降低了土壤真菌群落的丰富度和多样性，较小粒径的微塑料增加了细菌和真菌群落的丰富度和多样性。不同培养阶段的影响也不同，培养初期微塑料增加了细菌群落的丰富度和多样性，培养后期微塑料则降低了细菌群落的丰富度和多样性[6]。土壤中微塑料的浓度不同对土壤微生物活性的影响不同，低浓度微塑料降低土壤微生物活性，而高浓度微塑料增加土壤微生物活性[11]。如 PP 和 PES（0.05%～0.4%，质量分数）、PVC（1mg/kg）微塑料可能对土壤微生物活性产生负面影响[2,12]，而 7% 和 28% 的 PP 微塑料对土壤微生物活性产生正面影响[13]。也有学者认为微塑料对微生物群落多样性和活性的影响缺乏证据[14-16]。Huang 等[17]研究发现，PE 微塑料没有显著改变土壤微生物群落的 α 多样性，但塑料碎片上微生物群落的多样性指数明显低于土壤。

微塑料可以作为生活在土壤-塑料界面（即微塑料圈）的微生物的新生态栖息地，从而形成独特的微生物群落[18-19]。微塑料可以丰富特定的微生物群落，并影响植物与微生物的相互作用，在微塑料表面形成微生物热点[18-20]。微塑料上的细菌群落多样性低于周围土壤的多样性，这些微生物对涉及碳循环或硫循环的生态系统过程具有重要意义[21]。与周围土壤样品相比，变形菌门（Proteobacteria）、拟杆菌门（Bacteroidetes）、蓝藻（Cyanobacteria）和疣微菌门（Verrucomicrobia）在微塑料上富集[22]。微塑料表面和周围土壤微生物群落结构显著不同的主要原因可能是微塑料充当了环境中微生物的过滤器[23]。

① 微塑料的物理化学性质与土壤颗粒的物理化学特性完全不同。作为一种具有相对较大比表面积的疏水性聚合物，微塑料可以从土壤环境中吸附有毒污染物，例如重金属、多环芳烃和农药，这可能有助于特定微生物群落的富集。

② 微塑料中的化学添加剂，如抗氧化剂、颜料和增塑剂可能会被释放，然后作为某些微生物的营养源，但对其他生物有毒。此外，研究表明，微塑料中的微生物受环境因素的影响小于周围环境中的微生物，这可能允许微塑料充当微生物的庇护所，将微生物从污染源带到新的环境中。

③ 微塑料本身作为碳源可能会吸引能够降解聚合物的微生物定植。土壤中微塑料圈中特定微生物的增多表明，微塑料可以作为过滤器来富集微生物，从而有可能降解塑料聚合物。微塑料的颜色可能会影响微生物的这种定植，定植在蓝色微塑料表面的微生物多样性高于透明或黄色微塑料的表面[24]。

此外，微塑料中关于人类疾病的功能途径显著高于周边土壤[22]，这表明，与周围土壤相比微塑料具有更高的健康风险。大多数有机污染物很容易吸附在微塑料的表面，为病原菌提供营养，这可能在一定程度上解释了与人类疾病相关的功能途径在微塑料上的增加。微塑料上关于维生素、氨基酸、萜类和聚酮代谢相关功能途径高于周围土壤，这些途径涉及人工基质或有机污染物降解基因，这可能表明薄膜残留物上的微生物类群利用塑料聚合物或添加剂作为碳源[22]。微塑料表面形成的生物膜可以加快二氯二苯三氯乙烷（DDTs）、多环芳烃（PAHs）的生物转化，但对多氯联苯（PCBs）的影响很小；聚合物表面附着微生物对有机污染物的环境变化和行为有重要影响[25]。

微生物群落及其功能在不同的土壤中可能有很大的差异，并取决于土壤性质。土壤微生物是由多种土壤因素驱动的，如土壤类型、pH 值、有机质含量、肥力和污染状况。然而，具有不同抗性和弹性的土壤微生物群落对外界干扰的反应不同。PVC 微塑料对红壤和水稻土中的细菌群落产生了相反的影响[9]。在微塑料对农田土壤、森林土壤和砂土中细菌群落的影响研究中发现，有机碳含量最低的砂质土壤的细菌群落受到的微塑料干扰最为显著[26]。另一项研究发现，微塑料圈的 pH 值比 As 含量更显著地影响细菌群落和其多样性[27]。塑料薄膜残留物在碱性土壤（pH 8.5）中引发的细菌群落变化强于酸性土壤（pH 4.5）[3]。此外，Zhou 等[18]发现，微塑料层中的土壤碳和养分周转显著增加，这可归因于微塑料层内独特的细菌群落结构，以及可生物降解微塑料提高了微生物生物量和活性。除了微塑料的单一影响外，微塑料和土壤其他污染物还产生综合影响。Wang 等[28]发现，与单独污染相比，环丙沙星和 PE 微塑料的联合污染导致了细菌群落多样性更大程度的降低。

真菌和原生动物是土壤微生物的重要组成部分，但在微塑料的研究中几乎没有涉及。虽然几种微塑料对磷脂脂肪酸（PLFA）标记的土壤微生物群落结构没有显著影响，但与细菌相比，真菌和原生动物的变化较小[29]。Lin 等[30]发现 LDPE 微塑料对总 PLFA、细菌和真菌 PLFA 以及真菌与细菌的比例没有显著影响。微塑料污染显著增加了葫芦霉科（Cucurbitariaceae，常见致病真菌）的相对丰度，这表明微塑料可以诱导土壤中致病真菌的增加[31]。此外，微塑料和 As 的复合污染对真菌没有显著影响，但显著改变了土壤原生生物群落的组成和结构，特别是增加了土壤原生生物寄生虫的丰度，并显著降低了土壤原生生物消费者的丰度[32]。真菌在降解土壤中具有高化学抗性的有机聚合物（例如木质素或纤维素）过程中占主导地位，真菌群落对微塑料的响应比细菌群落更敏感[19]，且降解微塑料的真菌也优先在微塑料表面定植[33]。可能是以下 3 个方面的原因导致这种差异：a. 土壤真菌群落的多样性低于细菌群落，而具有高度多样性的群落对压力源具有更高的抵抗力；b. 微塑料颗粒可能通过堵塞土壤孔隙影响真菌菌丝的生长；c. 由于微塑料污染，土壤真菌群落联系更加紧密[31]。因此，土壤真菌是微塑料污染的潜在敏感指标。

其他值得关注的土壤微生物是植物益生菌微生物，如丛枝菌根真菌（AMF）和固氮细菌。AMF 是植物共生真菌的关键成员，在营养获取（尤其是磷）和宿主植物健康生长过程中发挥着至关重要的作用。虽然 AMF 可以部分抵御重金属等污染物，甚至减少其对植物的毒性影响，但这些污染物在高浓度时仍可能对其生存构成威胁。微塑料与其他污染物共存在土壤环境中很常见。已有研究表明，微塑料和其他污染物（如 Cd 和纳米 ZnO）单独或联合影响 AMF 群落的组成和多样性，尤其是优势类群的相对丰度[34-35]。此外，微塑料不仅改变了 AMF 属的相对丰度，还改变了 AMF 群落的结构和多样性，其影响取决于所用微塑料的类型和浓度[35]。Lehmann 等[36]发现，在干旱和良好灌溉条件下，微塑料的存在增加了 AMF 的定植；而另一项研究发现，PES 和 PP 微塑料增加了 AMF 在洋葱根的定植，但 PET 微塑料减少了这种定植[37]。从长远来看，微塑料诱导的定植变化可能最终导致 AMF 功能的改变。

微塑料对 AMF 的影响主要为以下 3 个方面[38]：

① 微塑料参数（剂量、类型、形状和添加剂）是影响 AMF 的主要因素，例如，微塑料降解产物尤其是可降解微塑料的降解产物直接影响 AMF；

② 微塑料可以增加或减少植物生物量和根系状况，这可能间接影响共生 AMF；

③ 微塑料改变了土壤物理（土壤容重、团聚体、水力输送、孔隙度）、化学（营养状态）和生物（菌根辅助细菌）特性的参数，这些参数决定了 AMF 的生存空间和条件。

AMF 如何影响土壤中微塑料的老化、碎裂和迁移，以及植物对微塑料的吸收和迁移，也值得探讨。

此外，研究表明微塑料可以改变与土壤碳、氮和磷生物地球化学循环相关的功能基因。参与不稳定 C 降解的特定基因，如 $amyA$、$nplT$、CDH 和内切葡聚糖酶编码基因，以及一些其他高表达的 C 循环基因，如 $aceA/B$、acs、$accA$、$pccA$ 和 $smtA$，在微塑料表面显著富集；参与氮固定（$nifD$、$nifH$、$nifT$ 和 $nifX$）、有机氮转化

(*ureA*、*ureB* 和 *ureC*)和反硝化(*nirA/B*、*narJ/I*、*narK*、*norB* 和 *nosZ*)的基因也在微塑料表面富集;涉及无机磷增溶(*ppa*)、有机磷矿化(*phnP*、*phoD* 和 *phoN*)、磷转运蛋白(*ugpA*、*ugpB*、*ugpC* 和 *ugpE*)和磷调节(*phoR*)的基因也在微塑料表面富集[22]。

土壤微塑料可以作为植物和动物病原菌的载体[17]。例如,残留的塑料膜提高了黄单胞杆菌属(*Xanthomonas*)的相对丰度,其中一些是植物病原体[39];而来自地膜的微塑料富集了一些拟杆菌属(*Bacteroides*),这些拟杆菌属可导致家畜反刍动物蹄腐病[40]。具体而言,微塑料表面富集某些种类的分枝杆菌属(*Mycobacterium*),这可能导致感染和组织损伤[7],增加了人类的潜在健康风险。

微塑料对土壤微生物的影响如表 4-1 所列。

表 4-1 微塑料对土壤微生物的影响

微生物	微塑料类型、粒径、浓度	暴露时间	土壤类型	影响	参考文献
细菌	LDPE 碎片,2mm×2mm×0.01mm,76mg/kg	90d	褐土	微塑料对细菌群落的α多样性没有显著影响,但改变了细菌群落组成	[17]
	LDPE 和 PVC 颗粒,678μm 和 18μm,1%和5%(质量分数)	50d	壤土	降低了细菌群落的丰富度和多样性,增加了伯克霍尔德氏菌科(Burkholderiaceae)的相对丰度,降低了鞘脂单胞菌科(Sphingomonadaceae)和黄色杆菌科(Xanthobacteraceae)的相对丰富度	[10]
	PE 和 PP;纤维 2mm,薄膜 2mm×2mm,微球 800nm;2%(薄膜和纤维状)、0.2%(微球)	29d	壤土和砂土	PE 薄膜和 PP 纤维提高了细菌群落的α多样性,改变了微生物群落的结构,增加了酸杆菌门(Acidobacteria)和拟杆菌门(Bacteroidetes)的丰度,减少了异常球菌-栖热菌门(Deinococcus-Thermus)和绿弯菌门(Chloroflexi)的丰度	[7]
	PHBV 球,10%(质量分数)	20d	田间土壤	改变了细菌群落的相对丰度,增加了细菌群落的α多样性,增加了酸杆菌门(Acidobacteria)和疣状杆菌门的相对丰度	[18]
	PVC 膜,0.5cm×0.5cm×0.008mm,0.2%和0.6%	4个月	田间土壤	改变了根际细菌群落的组成、多样性和代谢功能,对碱性土壤中的细菌群落影响更大	[3]

续表

微生物	微塑料类型、粒径、浓度	暴露时间	土壤类型	影响	参考文献
细菌	PE 颗粒，100～150μm，1%（质量分数）	35d	干润雏形土（ustic cambosols）	环丙沙星（CIP）和 PE 微塑料复合污染降低了细菌群落的多样性，但不会改变门水平的微生物组成	[28]
	PET 颗粒，56.3μm±12.8μm，0.2% 和 0.4%（质量分数）；LDPE 颗粒，25.3μm±8.4μm，0.2% 和 3%（质量分数）	42d	人工土壤	0.2% 和 0.4% 的 PET 与 3% 的 LDPE 微塑料改变了土壤细菌群落的组成	[41]
	PLA 颗粒，20～50mm，2%（质量分数）	70d	荒废的稻田土壤	没有显著改变细菌群落的总体多样性和组成或相关的生态系统功能和过程	[16]
	LDPE 碎片，2mm×2mm×0.01mm，200个/100g 干土	90d	褐土	改变了土壤细菌的群落结构，群落差异性随培养时间增加，加快了土壤细菌群落演替	[42]
	PVC 颗粒，200μm，0.026%（质量分数）	30d	茶园土壤	改变了土壤细菌群落的组成和结构，微塑料圈中的优势菌门是变形菌门和厚壁菌门	[27]
	PS 颗粒（0.1～1μm），PTFE 颗粒（10～100μm），0.25% 和 0.5%（质量分数）	水稻成熟后	—	降低了变形菌门的丰度，但增加了绿弯菌门和酸杆菌门的丰度	[43]
	PS 颗粒，330～640nm，0.5%（质量分数）	132d	砂姜潮湿雏形土（shajiang-aquic cambosol）	CO_2 存在条件下微塑料对细菌几乎没有影响，但显著减轻了磺胺嘧啶对细菌多样性和组成的不利影响	[44]
	LDPE 粉末，150～250μm，2% 和 7%（质量分数）	90d	—	2% 和 7% 的 LDPE 微塑料对土壤细菌群落多样性有轻微影响，并改变了细菌网络的复杂性和模块性，酸杆菌门在响应微塑料时彼此形成了密切的联系	[45]
	HDPE（70μm）、PP（250μm）和 PS（70μm）微珠	60d	农田土、森林土和砂质土	PS 微塑料（0.5%）的农田土壤、PP 微塑料（0.5%）的森林土壤和 PP 微塑料（0.1%）的砂质土壤中，细菌群落的 α/β 多样性和共生网络的变化更为显著；尤其，土壤有机碳含量最低的砂质土壤中细菌群落受到的干扰最为显著	[46]

续表

微生物	微塑料类型、粒径、浓度	暴露时间	土壤类型	影响	参考文献
丛枝菌根真菌（AMF）	PES 纤维，长度 1.70μm，0.4%（质量分数）	50d	砂壤土	增加了 AMF 的定植	[36]
	PE 和 PLA 颗粒，100～154μm，0.1%、1% 和 10%（质量分数）	1 个月	砂壤土	改变了 AMF 群落结构和多样性，特别是在属水平上	[35]
	HDPE 和 PLA 颗粒，100～154μm，0.1%、1% 和 10%（质量分数）	1 个月	砂壤土	改变了 AMF 群落组成和多样性，特别是优势属的相对丰度	[34]
微生物（细菌、真菌、原生动物）	PP、LDPE、PS 和 PA 颗粒，90～100μm，1%（质量分数）	80d	耕地土壤	导致不同类型的微生物变异，其中细菌＞真菌＝原生动物	[29]
	PE 颗粒，0.03mm，2%（质量分数）	2 个月	红壤、水稻土、潮土	降低了微生物多样性和功能基因丰度，增加了病原微生物	[31]
	LDPE 碎片，37.13μm，2g/m²、10g/m² 和 15g/m²	287d	壤质砂土	微塑料对土壤微生物群落的生物量和结构影响不大，但改变了土壤微生物功能	[30]
	PE 颗粒，200μm、0.2%（质量分数），200nm、0.02%（质量分数）	75d	砂壤土	改变了土壤原生群落的组成和结构，仅改变了某些属水平的细菌群落，但对真菌没有影响	[32]
	LDPE，0.1%、0.5%、1%、3%、6% 和 18%（质量分数）	—	黏壤土	微塑料增加了总磷脂脂肪酸含量，增加了革兰氏阳性菌和革兰氏阴性菌的比例，降低了氨氧化菌和亚硝酸盐还原酶（niRs）的丰度	[47]
	PES 纤维，＜2mm，0.1%、0.3% 和 1.0%（质量分数）	144d	黏性黏绨土（clayey nitisol）	对土壤细菌和真菌群落的影响很小	[48]
	LDPE 球，100μm，28%（质量分数）	150d	潮土	微塑料降低了细菌的群落丰富度和多样性，而增加了真菌的群落丰富度和多样性；微塑料通过显著增加放线菌门和降低变形菌门的相对丰度而改变微生物群落结构，且使放线菌门替代变形菌门成为优势菌门	[4]
	PE，＜13μm 和 ＜150μm，5%（质量分数）	30d	黏土	较大的微塑料降低了细菌和真菌群落的丰富度和多样性；较小的微塑料增加了施肥土壤中细菌和真菌群落的丰富度和多样性	[6]

续表

微生物	微塑料类型、粒径、浓度	暴露时间	土壤类型	影响	参考文献
微生物（细菌、真菌、原生动物）	PE、PS、PA、PLA、PBS 和 PHB 颗粒，39～80μm，0.2%和 2%（质量分数）	120d	砂壤土	微塑料降低了细菌群落的丰富度和多样性，并改变了微生物群落的组成	[5]
	PU 碎片，4.28mm±0.75mm，0.01%、0.1%和 1%（质量分数）	6 周	农田土壤	微塑料对细菌多样性无显著影响，增加了厚壁菌门、拟杆菌门和疣状杆菌门丰度	[49]
	PE、PS、PVC 球，100μm，7%和 14%（质量分数）	310d	潮土	微塑料没有改变优势菌群的种类却改变了其相对丰度，主要使变形菌门、放线菌门、子囊菌门的丰度升高，而酸杆菌门、壶菌门、担子菌门的丰度降低，PVC 对微生物群落多样性的影响最大；微塑料对真菌群落多样性的影响比细菌更大	[50]

注：PHBV，聚羟基丁酸戊酸酯。

4.2 微塑料对土壤不同团聚体微生物的影响

微生物在土壤有机物分解与合成、土壤养分循环中扮演着举足轻重的角色，是衡量土壤环境质量的重要生物指标。微生物多样性和群落组成受环境和基质的影响，而土壤结构在微塑料进入土壤后会随之发生改变。

本书采用高通量测序技术，研究微塑料对不同土壤团聚体组分中微生物多样性的影响，探讨微塑料对土壤微生物群落的影响，并基于微生物多样性指数、微生物优势群落与土壤性质的相关性分析，揭示微塑料对不同土壤团聚体组分微生物多样性和群落结构的可能影响途径。

4.2.1 试验设计

土壤培养试验同 2.3.1 节试验设计。

细菌 16S rRNA 和真菌 ITS 高通量测序。

(1) 土壤样品基因组 DNA 提取

从土壤样品中提取微生物 DNA 时，按照 DNA 提取试剂盒的操作步骤进行。将样品用缓冲液振荡清洗离心，弃上清液，使用细菌和真菌试剂盒提取样品总 DNA。用

1%的琼脂糖凝胶电泳检测 DNA 纯度。

(2) 聚合酶链式反应 (PCR) 扩增

细菌选用 16S rRNA 测序，正向引物 338F (5′-ACTCCTACGGGAGGCAGCA-3′) 和反向引物 806 (5′-GGACTACHVGGGTWTCTAAT-3′)。真菌选用 ITS 测序，正向引物 ITS1F (5′-GGAAGTAAAAGTCGTAACAAGG-3′) 和反向引物 ITS2R (5′-GCTGCGTTCTTCATCGATGC-3′)。首先 95℃下预变性 3min，反复循环 1 次；然后在 95℃条件下变性 30s，55℃退火 30s，72℃延伸 45s，反应连续进行 27 次循环；最后 72℃条件下进行延伸 10min。获得的 PCR 产物用 1%琼脂糖凝胶电泳检测，并用 AxyPrepDNA 凝胶回收试剂盒（Axygen 公司）切胶回收，用三(羟甲基)氨基甲烷盐酸盐（Tris-HCl）缓冲溶液进行洗脱。

(3) 测序

由上海美吉生物医药科技有限公司采用 MiSeq 测序平台完成测序。

4.2.2 微塑料对土壤微生物多样性的影响

本书利用 16S rRNA 测序法测定土壤团聚体组分中细菌的群落结构，对 97%相似水平的运算分类单元（OTU）聚类并剔除嵌合体，检测得到 40 个门、109 个纲、304 个目、530 个科、1008 个属、2220 个种。

微塑料对三种土壤团聚体组分中细菌群落的 α 多样性指数的影响如图 4-1 所示，*表示与对照处理组相比有显著差异（$P<0.05$）。本书选择 Sobs 指数、Chao 指数、Shannon 指数、Simpson 指数和 Ace 指数来衡量微生物多样性和丰富度。其中，Sobs 指数、Chao 指数和 Ace 指数为微生物丰富度指数，指数越大表明群落丰富度越高；Shannon 指数和 Simpson 指数为微生物多样性指数，Shannon 指数越大表示微生物群落多样性越高，Simpson 指数越大表示群落多样性越低[51-52]。相比空白处理组，微塑料处理组的大团聚体、微团聚体、小团聚体组分中 Sobs 指数和 Ace 指数均显著降低（$P<$

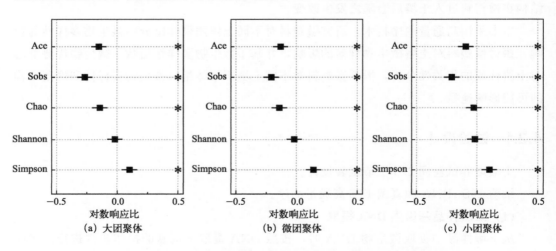

图 4-1 微塑料对三种土壤团聚体中细菌群落 α 多样性指数的影响

0.05），Sobs 指数分别降低了 21.6%、17.3% 和 17.5%，Ace 指数分别降低了 24.4%、11.2% 和 8.2%。相比空白处理组，微塑料处理组的大团聚体、微团聚体和小团聚体组分中 Chao 指数分别降低了 12.6%、12.9% 和 2.1%，Shannon 指数分别降低了 2.6%、2.1% 和 0.6%，而 Simpson 指数分别增加了 8.0%、16.0% 和 13.8%。三种土壤团聚体组分中 Sobs 指数、Chao 指数和 Ace 指数有不同程度的显著降低，Simpson 指数有不同程度的显著增加，表明细菌物种丰富度和多样性有所降低。

本书利用高通量测序技术检测到真菌有 15 个门、51 个纲、112 个目、246 个科、540 个属、915 个种。微塑料对三种土壤团聚体组分中真菌群落的 α 多样性指数的影响如图 4-2 所示。相比空白处理组，微塑料处理组的大团聚体和微团聚体组分中真菌 Sobs 指数显著增加（$P<0.05$），增加了 5.4% 和 38.8%，小团聚体组分中真菌 Sobs 指数增加不显著。大团聚体和微团聚体组分中的 Chao 指数显著增加（$P<0.05$），分别增加了 22.2% 和 63.3%，小团聚体组分中 Chao 指数增加不显著。与空白处理组比较，微塑料处理组的土壤大团聚体、小团聚体组分中 Shannon 指数和 Simpson 指数仅有小幅度变化，而微团聚体组分中 Shannon 指数增加了 6.7%，Simpson 指数降低了 22.0%。三种土壤团聚体组分中真菌 Ace 指数均有不同程度的显著增加（$P<0.05$），分别增加了 23.5%、63.6% 和 9.7%。三种土壤团聚体组分中 Sobs 指数、Chao 指数、Ace 指数和 Shannon 指数有不同程度的增加，Simpson 指数有不同程度的降低，表明真菌物种丰富度和多样性有显著增加；不同土壤团聚体组分中变化程度不同，说明不同土壤团聚体组分中真菌丰富度和多样性对微塑料的响应程度不同。

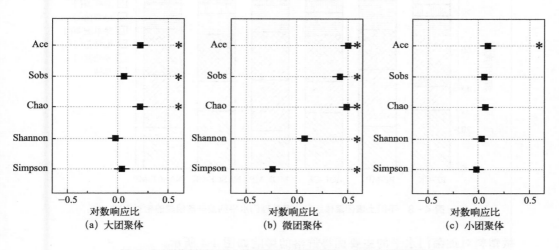

图 4-2 微塑料对三种土壤团聚体中真菌群落 α 多样性指数的影响

微塑料进入土壤后，导致土壤中细菌的多样性和丰富度降低。这可能是由于土壤团聚体组分中具有大量的理化生态位，为土壤微生物和群落的生长和运动提供了空间[53]，微塑料进入土壤后并不能被微生物利用，可能与土壤微生物竞争理化生态位，降低微生物活性，从而导致细菌的多样性和丰富度降低。土壤 DOC 是微生物的底物和重要的碳源[54]，因此微塑料引起的 DOC 含量的降低也可能会影响微生物多样性。但真菌的多样性和丰富度有所增加，这可能是由于真菌可以降解微塑料，降低微塑料的分子量和粒径[55]。

4.2.3 微塑料对土壤微生物群落组成的影响

4.2.3.1 微塑料对土壤细菌群落组成的影响

不同土壤团聚体组分中各处理在门分类水平上细菌群落组成的相对丰度如图 4-3 所示（CK 为对照组，MP 为微塑料处理组）。在门分类水平上，各处理中细菌群落组成具有较高的相似性，主要优势群落包括变形菌门（Proteobacteria，19.62%~29.91%）、放线菌门（Actinobacteria，12.12%~28.98%）、酸杆菌门（Acidobacteria，19.42%~25.52%）、绿弯菌门（Chloroflexi，10.77%~14.54%）、芽单胞菌门（Gemmatimonadetes，2.54%~5.64%）、拟杆菌门（Bacteroidetes，1.44%~4.86%）和厚壁菌门（Firmicutes，0.77%~4.44%），这 7 个菌群的相对丰度占土壤细菌群落的 85% 以上。其中空白对照组中变形菌门占比最高，微塑料处理组中放线菌门占比最高。不同粒径团聚体组分中门水平上群落组成相似，但添加微塑料对三种粒径团聚体组分中细菌的影响程度存在差异。

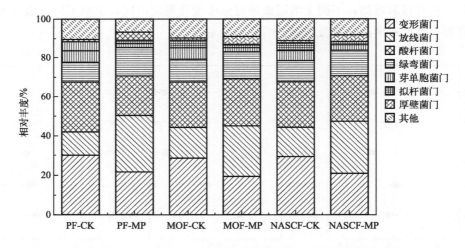

图 4-3 不同土壤团聚体组分中各处理门水平细菌群落组成的相对丰度

微塑料对细菌门水平的主要优势群落的影响如图 4-4 所示。

从图 4-3 和图 4-4 可以看出，在大团聚体组分中，经过 150d 微塑料-土壤培养后，相比空白处理组，微塑料处理组中变形菌门、酸杆菌门、芽单胞菌门和拟杆菌门的相对丰度分别降低了 26.8%、23.9%、49.2% 和 69.2%；而放线菌门、绿弯菌门和厚壁菌门的相对丰度分别增加了 139.1%、35.0% 和 285.5%，且优势菌门由变形菌门变为放线菌门。

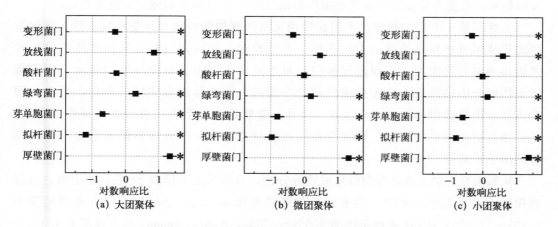

图 4-4 微塑料对细菌门水平的主要优势群落的影响

从图 4-3 和图 4-4 可以看出,在微团聚体组分中,经过 150d 微塑料-土壤培养后,相比空白处理组,微塑料处理组中变形菌门、芽单胞菌门和拟杆菌门相对丰度分别降低了 30.7%、54.9% 和 62.2%;而放线菌门、绿弯菌门和厚壁菌门的相对丰度分别增加了 61.5%、23.9% 和 313.7%,且优势菌门由变形菌门变为放线菌门,酸杆菌门的相对丰度变化不明显。

从图 4-3 和图 4-4 可以看出,在小团聚体组分中,经过 150d 微塑料-土壤培养后,相比空白处理组,微塑料处理组中变形菌门、芽单胞菌门和拟杆菌门的相对丰度分别降低了 28.4%、43.9% 和 54.9%;而放线菌门、绿弯菌门和厚壁菌门的相对丰度分别增加了 82.4%、16.2% 和 324.2%,且优势菌门由变形菌门变为放线菌门,酸杆菌门的相对丰度变化不明显。

三种土壤团聚体组分中微塑料的存在使变形菌门、芽单胞菌门和拟杆菌门的相对丰度明显降低,而放线菌门、绿弯菌门和厚壁菌门的相对丰度明显增加($P<0.05$),且优势菌门由变形菌门变为放线菌门。这可能是由于微塑料能丰富参与其自身生物降解的微生物群落,如放线菌的某些物种可以通过合成酶降解塑料[17, 56]。拟杆菌是农业土壤的敏感性指标[57]。本书中微塑料使变形菌门和拟杆菌门的相对丰度降低,这与 Huang 等[17] 研究结果不一致,他们发现经过 90d 培养后,PE 微塑料(6.7%,质量分数)使变形菌门和拟杆菌门的相对丰度增加。Qian 等[39] 发现土壤中残留塑料薄膜使放线菌门的相对丰度显著降低,而变形菌门的相对丰度增加,这可能是由微塑料的浓度、培养时间以及土壤类型不同造成的。变形菌门具有重要生理和生态功能,与 C、N 循环密切相关[58]。土壤中微塑料的存在显著降低了变形菌门的相对丰度,对土壤中 C、N 营养物质循环产生影响,进而可能影响土壤营养水平和肥力。本书研究结果表明微塑料显著降低了土壤中 TN、ON、OP、TOC 和 DOC 含量,降低了土壤肥力,进而对微生物群落结构产生影响。土壤 pH 值是影响微生物群落结构的关键指标[59-60],本书发现微塑料显著降低了土壤 pH 值,进而影响微生物群落结构。此外,由于微塑料具有疏水性表面的

外源颗粒,可能为异养微生物活动提供新的基质[61],进而影响微生物群落组成。

土壤不是一个均匀的库,不同粒径的土壤团聚体的物理和化学性质不同,导致不同团聚体组分对外界干扰的响应不同。本试验中,细菌菌门在不同团聚体组分中对微塑料的响应程度不同,如放线菌门相对丰度在大团聚体组分中增加最大,而在微团聚体组分中增加最小;酸杆菌门相对丰度在大团聚体组分中显著降低,而在微团聚体和小团聚体组分中变化不显著。此外,微塑料对细菌菌门表现出选择性的作用,部分菌门的相对丰度降低,而部分菌门的相对丰度增加,微塑料能丰富参与自身降解的微生物群落。

从属水平上对土壤细菌群落组成进行分析,属水平上丰度前 24 的优势菌属占总序列相对比例为 50%～45%。具有一定优势的菌属 norank_c_Subgroup_6 丰度范围为 9.8%～12.9%,RB41 丰度范围为 3.8%～5.3%,Sphingomonas 丰度范围为 1.3%～5.7%,norank_c_Actinobacteria 丰度范围为 2.0%～4.0%,norank_f_Gemmatimonadaceae 丰度范围为 1.5%～3.4%。这些优势菌属的相对丰度在不同处理间存在较大差异,且三种土壤团聚体组分中酸杆菌门的 norank_c_Subgroup_6 为优势菌属。由图 4-5 可知,相比空白处理组,微塑料处理组的三种团聚体体组分中放线菌门的 norank_c_Actinobacteria、norank_o_Gaiellales 等菌属的相对丰度均呈不同程度的增加趋势,而变形菌门、酸杆菌门、绿弯菌门和芽单胞菌门菌属的相对丰度在三种土壤团聚体组分中的变化趋势存在差异。添加微塑料后,土壤大团聚体组分中酸杆菌门和芽单胞菌门菌属的相对丰度呈现降低趋势,而变形菌门和绿弯菌门的不同菌属呈现不同的变化趋势;微团聚体组分中,芽单胞菌门菌属的相对丰度呈现降低趋势,而绿弯菌门、变形菌门和酸杆菌门的不同菌属呈现不同的变化趋势;小团聚体组分中,变形菌门、酸杆菌门、绿弯菌门和芽单胞菌门不同菌属的相对丰度均呈现不同的变化趋势。

三种土壤团聚体组分中微塑料降低了 RB41 和 norank_f_Gemmatimonadaceae 的相对丰度,增加了 norank_c_Actinobacteria 的相对丰度。在大团聚体组分中,微塑料降低了优势菌属 norank_c_Subgroup_6 的相对丰度,而在微团聚体组分和小团聚体组分中,微塑料增加了优势菌属 norank_c_Subgroup_6 的相对丰度。微塑料对细菌属水平的影响方向和影响程度取决于土壤团聚体粒径。

4.2.3.2 微塑料对土壤真菌群落组成的影响

图 4-6 展现了不同土壤团聚体组分中各处理在门分类水平上真菌群落组成的相对丰度。在门分类水平上,三种土壤团聚体组分中真菌群落组成具有较高的相似性,主要优势群落是子囊菌门(Ascomycota,63.57%～81.81%)、被孢菌门(Mortierellomycota,10.46%～22.13%)和担子菌门(Basidiomycota,5.86%～19.25%),这三种菌门的相对丰度占土壤真菌群落的 95% 以上,其中子囊菌门的相对丰度最高,为 60% 以上。不同粒径团聚体组分中门水平群落组成相似,但是添加微塑料后,对三种粒径团聚体组分中真菌群落的影响程度存在差异。

微塑料对土壤真菌门水平的主要优势群落的影响如图 4-7 所示。

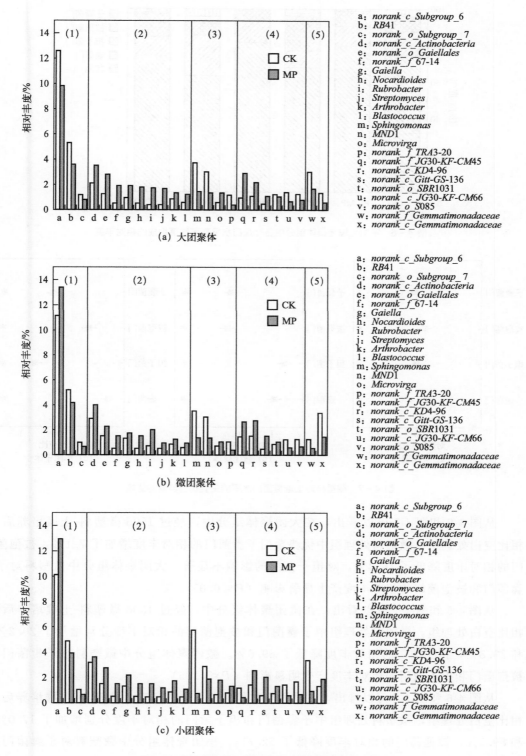

图4-5 微塑料对细菌属水平的主要优势群落的影响

(1)—酸杆菌门；(2)—放线菌门；(3)—变形菌门；(4)—绿弯菌门；(5)—芽单胞菌门

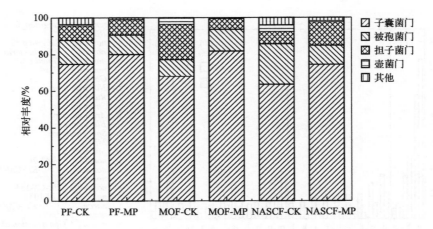

图 4-6 不同土壤团聚体组分中各处理门水平真菌群落组成的相对丰度

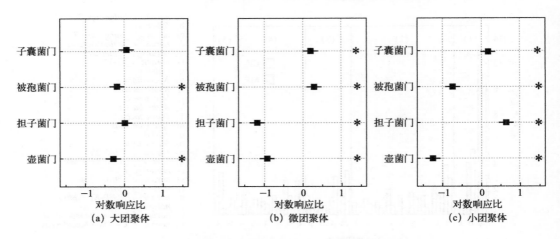

图 4-7 微塑料对土壤真菌门水平的主要优势群落的影响

从图 4-6 和图 4-7 可以看出，在大团聚体组分中，经过 150d 微塑料-土壤培养后，相比空白处理组，微塑料处理组中优势菌门子囊菌门的相对丰度增加了 7.1%，被孢菌门的相对丰度降低了 18.4%，对担子菌门的影响不显著。大团聚体组分中微塑料对子囊菌门和被孢菌门的相对丰度产生显著影响（$P<0.05$）。

从图 4-6 和图 4-7 可以看出，在微团聚体组分中，经过 150d 微塑料-土壤培养后，相比空白处理组，微塑料处理组中子囊菌门和被孢菌门的相对丰度分别增加了 20.2% 和 29.8%，担子菌门的相对丰度降低了 69.6%。微团聚体组分中微塑料对子囊菌门、被孢菌门和担子菌门的相对丰度产生明显影响（$P<0.05$）。

从图 4-6 和图 4-7 可以看出，在小团聚体组分中，经过 150 d 微塑料-土壤培养后，相比空白处理组，微塑料处理组中子囊菌门和担子菌门的相对丰度分别增加了 17.0% 和 89.5%，被孢菌门的相对丰度降低了 52.7%。小团聚体组分中微塑料对子囊菌门、被孢菌门和担子菌门的相对丰度产生明显影响（$P<0.05$）。

三种土壤团聚体组分中微塑料增加了子囊菌门的相对丰度，降低了被孢菌门的相对丰度。子囊菌门是真菌中数量最多的类群，也是土壤中的关键降解群落，能够降解木质素和角质素等难降解的有机质，是土壤生态系统养分循环中不可或缺的重要角色[62]。微塑料的存在使子囊菌门的相对丰度增加，这可能是由于子囊菌门能降解微塑料，微塑料为子囊菌门提供新的基质[6]。微塑料对担子菌门相对丰度的影响具有选择性，在微团聚体组分中是显著降低，在小团聚体组分中显著增加，而在大团聚体组分中无明显变化。因此，推测微塑料对微生物真菌群落组成的影响具有一定的选择性，且随着土壤团聚体粒径的不同具有不同的影响程度和影响方向。

从属水平上对土壤真菌群落组成进行分析，真菌属水平的相对丰度前 17 的优势菌属占总序列相对比例的 70%～80%。主要优势均属 *Chaetomium* 丰度范围为 11.1%～23.1%、*Mortierella* 丰度范围为 10.5%～21.2%、*Humicola* 丰度范围为 1.8%～8.8%、*Gibberella* 丰度范围为 0.9%～8.0%、*Solicoccozyma* 丰度范围为 1.7%～9.4%，这些优势菌属的相对丰度在不同处理间存在较大差异。由图 4-8 可知，三种土壤团聚体组分中丰度前 17 的优势菌属大部分为子囊菌门，子囊菌门、被孢菌门和担子菌门的属变化趋势与团聚体粒径相关。相比空白处理组，微塑料处理组的大团聚体和微团聚体组分中优势属为子囊菌门的 *Chaetomium*，小团聚体组分中优势属由被孢菌门的 *Mortierella* 变为子囊菌门的 *Chaetomium*。

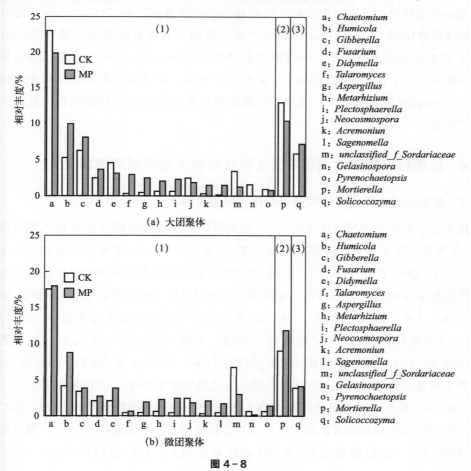

图 4-8

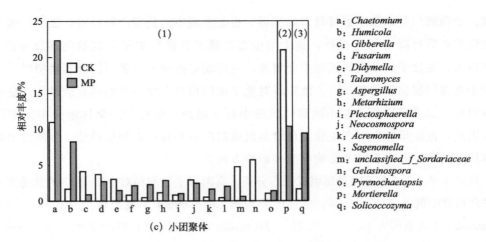

图 4-8 微塑料对真菌属水平的主要优势群落的影响
(1)—子囊菌门；(2)—被孢菌门；(3)—担子菌门

三种土壤团聚体组分中微塑料显著增加了子囊菌门的 *Humicola*、*Aspergillus*、*Metarhizium*、*Acremonium*、*Sagenomella* 以及担子菌门的 *Solicoccozyma* 的相对丰度。添加微塑料增加了微团聚体和小团聚体组分中子囊菌门的 *Chaetomium*，而降低了大团聚体组分中的 *Chaetomium* 的相对丰度；增加了大团聚体和微团聚体组分中 *Gibberella* 的相对丰度，而降低了小团聚体组分中的 *Gibberella* 的相对丰度；微塑料增加了微团聚体组分中被孢菌门 *Mortierella* 的相对丰度，而降低了大团聚体和小团聚体组分中 *Mortierella* 的相对丰度。微塑料对细菌属水平的影响方向和影响程度取决于土壤团聚体粒径。

4.2.4 微塑料诱导的土壤化学因子变化对微生物群落的影响

4.2.4.1 微塑料诱导的土壤化学因子变化对细菌的影响

相关性分析结果表明（图 4-9，书后另见彩图）土壤化学因子影响微生物群落。图 4-9 中正方形表示正相关，圆形表示负相关；*表示在 $P<0.05$ 水平显著相关。土壤中 DOC、ON、OP、CEC 以及 CAT、PO 和 URE 活性与细菌群落的相关性较高，不同土壤团聚体组分中相关性水平存在一定差异。放线菌门、芽单胞菌门和拟杆菌门与 TN、TP、DOC、ON、OP、pH 值、CEC 以及 CAT、PO 和 MnP 活性显著相关（$P<0.05$）。大团聚体组分中，芽单胞菌门与 DOC、CEC 以及 CAT 和 MnP 活性显著正相关，而与 TP 和 OP 显著负相关；拟杆菌门与 DOC、CEC 以及 CAT、URE 和 MnP 活性显著正相关，与 ON 和 GLU 显著负相关。微团聚体组分中，芽单胞菌门与 TP、CAT 和 PO 和 URE 活性显著正相关，而与 DOC 呈显著负相关；拟杆菌门与 DOC、CEC 以及 CAT、PO 和 URE 活性显著正相关，与 OP 显著负相关。小团聚体组分中，酸杆菌门与 TN、ON、OP、CEC 以及 URE 和 PO 活性呈负相关；拟杆菌门与 DOC、TN、OP、

CEC 以及 LAC 和 PO 活性显著正相关；酸杆菌门和拟杆菌门与 CAT 和 MnP 活性均显著正相关。

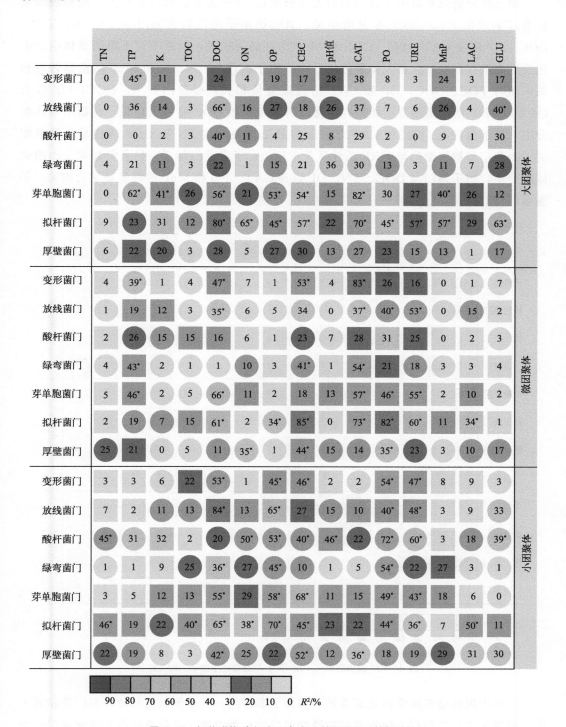

图 4-9 细菌群落（门水平）与土壤化学因子的相关性

4.2.4.2 微塑料诱导的土壤化学因子变化对真菌的影响

相关性分析结果见图 4-10（书后另见彩图），图中正方形表示正相关，圆形表示负相关；*表示在 $P<0.05$ 水平显著相关。真菌的担子菌门和壶菌门与 TN、K、TOC、DOC、OP 以及 CAT、PO、URE 和 MnP 活性显著相关，但在不同土壤团聚体组分中相关性水平存在差异。在大团聚体组分中，担子菌门与 TN、K 和 MnP 活性显著正相关，而与 TOC、DOC、OP 和 CAT 活性显著负相关；壶菌门与 K、DOC、OP 以及 CAT 和 MnP 活性呈显著正相关；子囊菌门与 TN 和 DOC 显著负相关。在微团聚体组分中，担子菌门与 DOC 和 CAT 活性呈显著正相关，与 TN 和 URE 活性呈显著负相关；壶菌门和被孢菌门与 URE 活性显著正相关；子囊菌门与 TN 显著负相关。小团聚体组分中，担子菌门与 DOC、TN、OP 以及 CAT、PO 和 MnP 活性呈显著负相关；子囊菌门与 CEC 和 CAT 活性显著负相关。

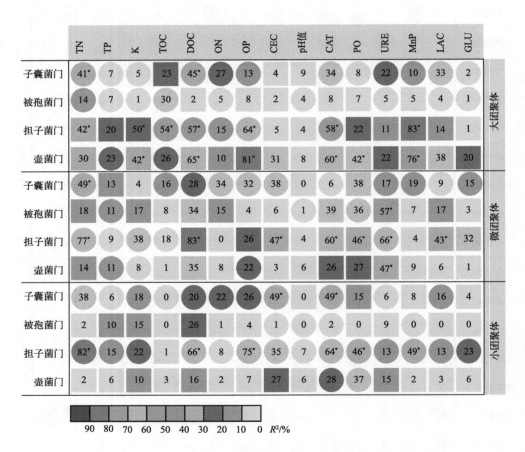

图 4-10 真菌群落（门水平）与土壤化学因子的相关性

本书发现微塑料的存在显著降低了细菌变形菌门、芽单胞菌门和拟杆菌门的相对丰度，而增加了放线菌门、绿弯菌门和厚壁菌门的相对丰度，且优势菌门由变形菌门变为放线菌门。微塑料增加了真菌子囊菌门的相对丰度，降低了被孢菌门的相对丰度。相关性分析结果表明土壤团聚体化学因子和酶活性与微生物群落组成之间具有显著相关性。本书发现，微塑料显著降低了土壤 DOC、OP、ON 含量和 pH 值，抑制了过氧化氢酶、酚氧化酶、脲酶、锰过氧化物酶、漆酶和 β-葡萄糖苷酶活性，进而对微生物群落组成产生影响。

4.2.5 微塑料对微生物功能的影响

微生物群落的改变可能会影响细菌代谢功能的多样性。因此，运用 PICRUSt1 对细菌 16S 扩增子测序数据进行功能预测，将微塑料和土壤样品的 16S rRNA 基因谱数据注释到京都基因与基因组百科全书（Kyoto Encyclopedia of Genes and Genomes，KEGG）数据库中，以评估微塑料对细菌功能的影响（图 4-11）。根据该分析结果，78.5%～78.8%的序列在代谢通路中富集、6.9%～7.5%在遗传信息处理中、4.5%～4.8%在环境信息处理中、4.0%～4.1%在细胞过程中、1.7%～1.8%在生物系统中、3.0%～3.4%在人类疾病中。三种土壤团聚体组分中微塑料处理的代谢通路，如碳水化合物代谢、脂质代谢、外源生物降解和代谢、萜类化合物和聚酮类的代谢功能途径的相对丰度均高于空白处理。三种团聚体组分中微塑料处理的关于人类疾病的免疫性疾病高于空白处理。三种团聚体组分的变化趋势较为一致，但变化程度按照大团聚体组分、小团聚体组分、微团聚体组分降低。但是，考虑到 PICRUSt1 分析只能给出细菌群落的预测功能概况，因此将需要进一步进行真正的宏基因组分析，以评估微塑料对土壤细菌功能的影响。

运用 FUNGuild 对真菌进行功能分类，见图 4-12。病理营养型和腐生营养型占所有真菌 OTU 的约 75%，而共生营养型占比不到 0.5%。在病理营养型分类中，三种土壤团聚体组分中微塑料处理木质腐生菌的相对丰度高于空白处理，而排泄物腐生菌和叶腐生菌的相对丰度则呈现相反的趋势。不同团聚体组分中微塑料处理引起的真菌功能相对丰度变化趋势不同，微团聚体和小团聚体组分中微塑料处理动物病原菌和真菌寄生菌的相对丰度高于空白处理，而大团聚体组分中微塑料处理和空白处理无显著差异。大团聚体和微团聚体组分中微塑料处理的植物病原菌的相对丰度高于空白处理，而小团聚体组分中则呈相反趋势。

4.2.6 微塑料对土壤碳、氮和磷循环相关功能基因的影响

为了分析土壤不同团聚体组分中微塑料对 C、N 和 P 循环的影响，本书通过 PICRUSt 预测和分析不同处理的团聚体中与 C、N、P 循环有关的功能基因的丰度（图 4-13，书后另见彩图）。三种土壤团聚体组分中，微塑料处理中参与不稳定 C 降解的特定基因（*amyA*、*cdaR*、*nplT*、*cdhD*、*cdhE* 和 endoglucanase），涉及难降解 C 降解的基因（*glxR*、*glxK* 和 *nagA*）和其他 C 固定/降解的基因（如 *aceB*、*vdh*、*acs* 和 *frdA*）显著富集 [图 4-13（a）]。这是由于微塑料和被微塑料吸附的其他有机物可能是

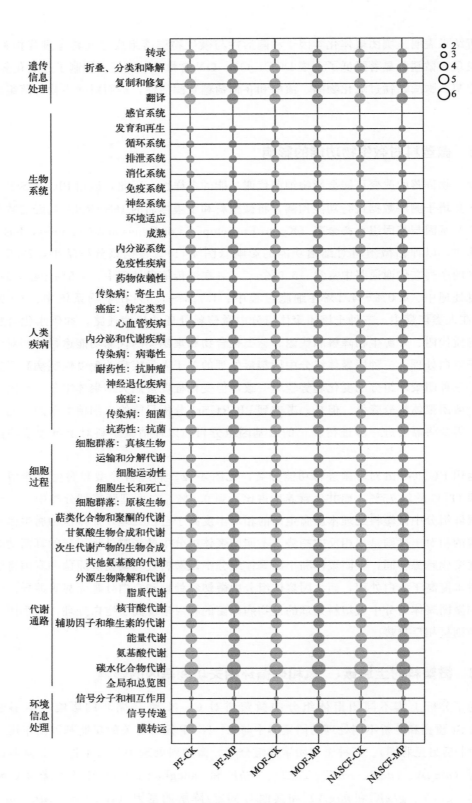

图 4-11 不同处理中细菌功能分类的相对丰度（2~6表示相对丰度大小）

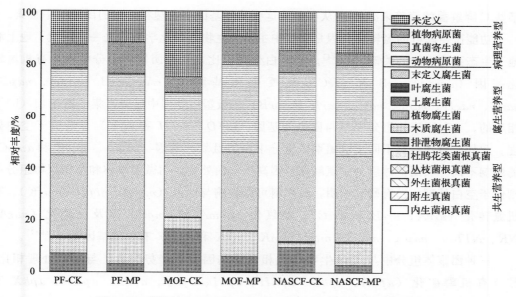

图 4-12 微塑料对不同土壤团聚体组分中真菌功能相对丰度的影响

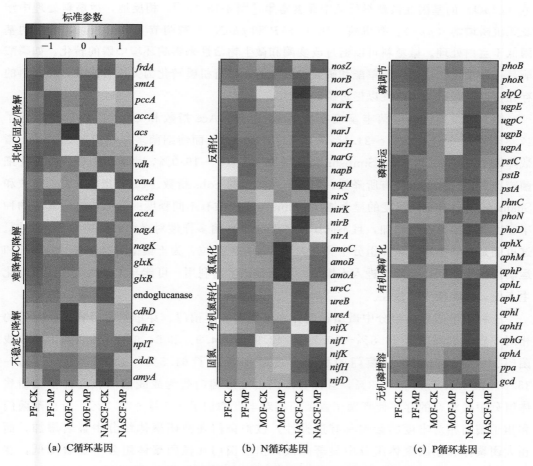

(a) C循环基因　　　　(b) N循环基因　　　　(c) P循环基因

图 4-13 与碳、氮和磷循环有关的基因组在不同处理之间的丰度差异

某些 C 降解菌的营养来源[63]，从而导致这些功能基因在微塑料处理的团聚体中富集。

功能微生物群的氮转化过程是农田中主要的生物地球化学过程之一，反映了地上和地下生态系统之间的关键联系[64]。与空白处理相比，三种团聚体组分中参与有机氮转化基因（$ureA$、$ureB$ 和 $ureC$）和反硝化基因（$nirA$、$nirB$、$napA$、$napB$、$narG$、$narH$、$narJ$、$narI$、$narK$ 和 $norB$）在微塑料处理中显著富集[图 4-13 (b)]。相反的，三种团聚体组分中参与固氮的基因（$nifD$、$nifH$ 和 $nifK$）显著低于空白处理。此外，微塑料对不同土壤团聚体组分中参与氨氧化基因（$amoA$、$amoB$ 和 $amoC$）的影响不同，大团聚体组分中氨氧化基因高于空白处理，而微团聚体和小团聚体组分中则低于空白处理。已有研究表明，微塑料可以影响与固氮（$nifH$、$nifD$ 和 $nifK$）、有机氮转化（$ureA$、$ureB$ 和 $ureC$）、氨氧化（$amoA$ 和 $amoC$）以及反硝化（$nasA$、NR、NIT-6、$napA$、$napB$、$nitR$、$sanK$、$nirK$ 和 $nirS$）有关的基因[39,45,65-67]。

三种团聚体组分中与 P 微生物转化相关的基因变化趋势一致。与空白处理相比，涉及有机磷矿化（$aphA$、$aphG$、$aphH$、$aphI$、$aphJ$、$aphL$、$aphM$、$aphX$ 和 $phoD$）、磷转运（$phnC$、$pstA$、$pstB$、$pstC$、$ugpA$、$ugpB$、$ugpC$ 和 $ugpE$）和磷调节（$glpQ$）的基因在微塑料处理中显著富集[图 4-13 (c)]。相反地，微塑料处理中涉及无机磷增溶（ppa）、有机磷矿化（$aphP$ 和 $phoN$）、磷调节（$phoR$ 和 $phoB$）的基因低于空白处理。微塑料可以通过改变酶和微生物活性来影响环境中磷的转化。如磷酸酶是一种催化土壤中磷酸单酯和磷酸二酯水解，将有机磷转化为无机磷的酶，微塑料的存在可以刺激磷酸酶活性以促进磷转化[68]。

综上，微塑料使细菌丰富度指数 Sobs 指数、Ace 指数和 Chao 指数分别降低了 17.3%～21.6%、8.2%～24.4% 和 2.1%～12.9%；而使细菌多样性指数 Shannon 指数降低了 0.6%～2.6%，Simpson 指数增加了 8.0%～16.0%，表明微塑料的存在使细菌物种多样性和丰富度有所降低。但真菌多样性的 Sobs 指数、Chao 指数、Ace 指数和 Shannon 指数有不同程度的显著增加，Simpson 指数有不同程度的降低，表明真菌物种丰富度和多样性有所增加，且不同团聚体组分中真菌多样性对微塑料的响应程度不同。这可能是由于土壤团聚体组分中具有大量的理化生态位，为土壤微生物和群落的生长和运动提供了空间，微塑料进入土壤后并不能被微生物利用，可能与土壤微生物竞争理化生态位，影响微生物活性。

三种土壤团聚体组分中微塑料的存在使细菌变形菌门、芽单胞菌门和拟杆菌门的相对丰度分别降低了 26.8%～30.7%、43.9%～54.9% 和 54.9%～69.2%，而放线菌门、绿弯菌门和厚壁菌门的相对丰度分别增加了 61.5%～139.1%、16.2%～35.0% 和 285.5%～324.2%，且优势菌门由变形菌门变为放线菌门。三种土壤团聚体组分中微塑料的存在使真菌子囊菌门相对丰度增加了 7.1%～20.2%，对被孢菌门和担子菌门相对丰度的影响具有选择性，被孢菌门在微团聚体组分中显著增加，而在大团聚体和小团聚体组分中显著降低；担子菌门在微团聚体组分中显著降低，在小团聚体组分中显著增加，而在大团聚体组分中无明显变化。微塑料对微生物相对丰度表现出选择性的作用，且随着土壤团聚体粒径的不同，具有不同的影响程度和影响方向。由于微塑料是一种具有疏水性表面的外源颗粒，可以为异养微生物活动提供新的基质，丰富参与其自身生物降解的微生物群落，因而增加了细菌中放线菌门和真菌中子囊菌门的相对丰度。此外，微塑料引起的土壤酸化和土壤肥力降低也可以改变土壤微生物群落组成。

微塑料改变了微生物代谢功能的多样性，提高了三种土壤团聚体组分中关于碳水化合物代谢、脂质代谢、外源生物降解和代谢、萜类化合物与聚酮类的代谢和免疫性疾病功能途径的相对丰度。且三种团聚体组分的变化趋势较为一致，但变化程度按照大团聚体组分、小团聚体组分、微团聚体组分顺序降低。三种土壤团聚体组分中，微塑料处理中参与不稳定 C 降解的特定基因、难降解 C 降解的基因、有机氮转化基因、反硝化基因、有机磷矿化基因、磷转运基因显著富集。微塑料对微生物群落及其功能表现出选择性作用，且随着土壤团聚体粒径的不同，具有不同的影响程度和影响方向。

4.3 不同类型微塑料对土壤微生物的影响

4.3.1 试验设计

试验设计同 2.4.1 节。

4.3.2 不同微塑料对微生物多样性的影响

4.3.2.1 不同微塑料对细菌多样性的影响

利用 16S rRNA 测序法测定培养 0d 和 310d 土壤中细菌的群落结构，将相似度大于 97% 的序列定义为一个 OTU，每个 OTU 代表一个物种。总共得到 38 个门、124 个纲、279 个目、438 个科、746 个属、1549 个种。本书选择 Simpson 指数、Shannon 指数、Chao 指数、Ace 指数来衡量微生物多样性和丰富度。Simpson 指数和 Shannon 指数用来表示群落的多样性，Simpson 指数越高，则群落多样性越低；Shannon 指数越高，则群落多样性高。Chao 指数和 Ace 指数用来表示群落的丰度度，其数值越大，表明群落中 OTU 数目越多，其丰富度也就越高。表 4-2 表明，PVC2 处理的细菌 Simpson 指数显著高于 CK 处理，PVC1 和 PVC2 处理中的 Shannon 指数显著低于 CK 处理，而其他处理的 Simpson 指数和 Shannon 指数与 CK 处理没有显著差异。这表明，PVC 微塑料显著降低了细菌多样性。PVC2 处理中，Chao 指数和 Ace 指数显著低于 CK 处理，而在其他微塑料处理中，Chao 指数和 Ace 指数与 CK 处理没有显著差异。PVC 微塑料显著降低了土壤细菌群落的多样性和丰富度，且高浓度时的降低程度大于低浓度时的降低程度。

表 4-2 不同微塑料处理土壤微生物 α 多样性指数

微生物	处理	Simpson	Shannon	Chao	Ace
细菌	CK	0.0032±0.0001 a	7.07±0.25 a	3896.9±281.1 a	3958.1±283.1 a
	PE1	0.0033±0.0002 a	6.87±0.12 ab	3800.2±266.9 a	3756.5±212.4 a
	PE2	0.0038±0.0003 a	6.91±0.20 a	3734.5±197.2 a	3894.2±223.9 a
	PS1	0.0040±0.0003 a	7.01±0.27 a	3916.5±218.5 a	3955.5±256.6 a
	PS2	0.0033±0.0002 a	7.09±0.22 a	3950.3±226.5 a	4142.2±303.9 a
	PVC1	0.0046±0.0003 a	6.47±0.02 b	3558±282.7 a	3477.2±251.3 a
	PVC2	0.0636±0.0003 b	4.76±0.13 c	2396.1±161.2 b	2856.4±221.1 b
真菌	CK	0.0795±0.005 a	4.04±0.28 a	643.5±38.8 a	657.9±49.5 a
	PE1	0.0651±0.004 a	3.89±0.23 ab	600.4±35.6 a	598.6±34.6 a
	PE2	0.1335±0.009 b	3.48±0.19 b	627.2±41.2 a	635.1±46.5 a
	PS1	0.0571±0.003 a	4.21±0.29 a	642.8±45.4 a	638.2±47.1 a
	PS2	0.0618±0.004 a	4.07±0.29 a	623.7±46.4 a	610.1±39.0 a
	PVC1	0.2082±0.014 c	2.41±0.17 c	392.7±28.8 b	385.8±24.1 b
	PVC2	0.365±0.028 d	1.89±0.11 d	364.1±24.3 b	368.7±27.1 b

对于细菌，每个处理的序列数从 37116 至 48653 不等。在相似水平为 97% 的序列聚类分析后再统一抽齐，获得的 OTU 数目为 5116。图 4-14 显示 CK、PE1、PE2、PS1、PS2、PVC1 和 PVC2 的 OTU 数量分别为 2581 个、2523 个、2583 个、2565 个、2680 个、2250 个和 1392 个。PS 和 CK 共有的 OTU 数量最多，为 1579 个，PVC 和 CK 共有 OTU 数量最少，为 942 个。

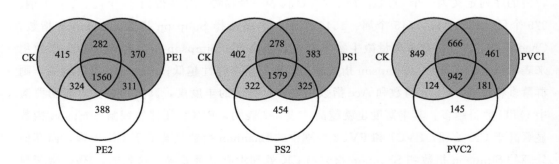

图 4-14 不同处理土壤细菌 OTU 维恩（Venn）图

4.3.2.2 不同微塑料对真菌多样性的影响

利用高通量测序技术检测到真菌有 14 个门、41 个纲、86 个目、195 个科、414 个属、670个种。由表4-2可知，真菌群落的多样性和丰富度对微塑料的响应与细菌不同。真菌中，PE2、PVC1和PVC2处理的Simpson指数高于CK处理，而这些处理的Shannon指数低于CK处理，其他微塑料处理与CK处理之间没有显著差异。其中，PVC2处理的Simpson指数和Shannon指数变化最大。PVC1和PVC2处理的Chao指数和Ace指数显著低于CK处理，且高浓度和低浓度的PVC对Chao指数和Ace指数的影响无显著差异。结果表明，7%和14%的PVC微塑料显著降低了真菌的多样性和丰富度。同时，14%的PE微塑料降低了真菌的多样性，而7%的PE微塑料无显著影响。

真菌中，每个样本的序列数从58196个到72203个不等，抽齐后的OTU总数为1457。如图4-15所示，CK、PE1、PE2、PS1、PS2、PVC1和PVC2的OTU数量分别为492个、457个、454个、498个、463个、251个和174个。与细菌一样，PS和CK共有的OTU数量最多，PVC最少。PVC处理在真菌和细菌中与CK共有的OTU数量最少，也说明PVC微塑料对土壤微生物群落的多样性影响最大。

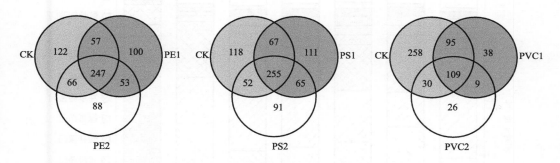

图4-15 不同处理土壤真菌OTU维恩（Venn）图

关于微塑料对土壤微生物多样性影响的研究结果并不一致。在本书研究中，细菌的Simpson指数、Chao指数和Ace指数的变化趋势是一致的。除PVC处理的Simpson指数显著高于CK处理，Chao指数和Ace指数显著低于CK处理外，其他处理组间无显著差异。这可能是因为PVC含氯量高且难以降解，毒性较高，对微生物群落的影响比较大[69]。堆肥中添加0.5%的PE、聚羟基脂肪酸酯（PHA）、PVC微塑料，结果显示PVC的降解效率最低，仅为3%，含碳量下降17%，其群落多样性也显著低于其他处理组[70]。真菌多样性的变化程度大于细菌，且微塑料对Simpson指数的影响大于对Chao和Ace指数的影响。不管是细菌还是真菌，不同处理之间都形成了独特的微生物种群。通过研究发现细菌中微塑料处理组和空白组共有的OTU数目范围在47%～53.6%，真菌中微塑料处理组和空白组共有的OTU数目范围在43.4%～62.6%，且同Simpson指数、Shannon指数、Chao指数、Ace指数的结果一致，PVC与CK处理的共有OTU数目最低。每种处理都有其独特的OTU种类，一方面因为微塑料能创造新的生态位形成微生物新的聚集地；另一方面可能是因为微塑料改变了土壤的理化性质，对微生物产生了定向的选择[10,71]。

4.3.3 微塑料对微生物组成和结构的影响

如图 4-16 所示为不同处理土壤细菌相对丰度排名前十的细菌门类，占细菌群落总数的 92.9%～97.3%。其中变形菌门（16.7%～67.2%）、放线菌门（13.9%～26.4%）、酸杆菌门（4.1%～22.0%）、绿弯菌门（6.9%～17.4%）的相对丰度大于 10%。除 PVC2 处理外，其余微塑料处理组变形菌门的相对丰度要显著高于 CK 处理，尤其是 PVC2 处理的相对丰度为 67.2%，约是 CK 处理的 4 倍。除 PVC2 处理外，其余微塑料处理组放线菌门的相对丰度高于 CK 处理组，且 7% 浓度的 PE、PS 和 PVC 处理组放线菌门的相对丰度高于 14% 浓度的处理组。CK 处理的酸杆菌门相对丰度最高，为 22.1%，PVC2 处理的酸杆菌门相对丰度最低，仅为 4.1%。PS1 处理的绿弯菌门相对丰度最高为 17.4%，PVC2 处理的最低为 6.9%。

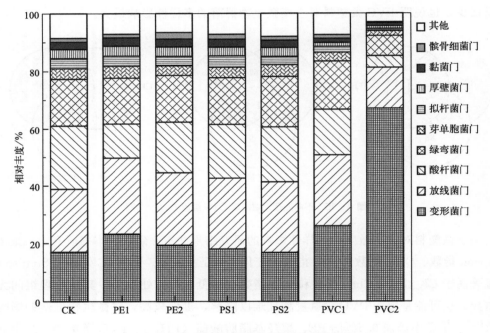

图 4-16 不同处理土壤细菌门水平群落组成

如图 4-17 所示，不同处理土壤中子囊菌门（56.2%～79.4%）、被孢菌门（10.3%～33.3%）、担子菌门（0.4%～15.5%）、壶菌门（0.1%～1.4%）为相对丰度大于 1% 的真菌门类，这 4 种菌门占真菌群落的 96.9%～99.9%。子囊菌门是相对丰度最高的门类，除 PVC1 和 PS1 处理的相对丰度要小于 CK 处理，其余微塑料处理组都要高于 CK 处理。PE2 处理的子囊菌门相对丰度最高，比 CK 处理高 20.1%；PS1 处理的相对丰度最低，比 CK 处理低 15.0%，并且在 14% 浓度的相对丰度大于 7% 浓度。PE2 处理的被孢菌门相对丰度最低为 10.3%，除了 PE2 处理，其余处理的相对丰度值都显著高于 CK 处理，且低浓度添加的相对丰度要大于高浓度添加。CK 处理的担子菌门相对丰度最高，为 15.5%；而 PVC1 处理的相对丰度最低为 0.4%，且微塑料浓度越高，相对丰度越低。CK 处理的壶菌门相对丰度最高为 1.4%，其余处理的相对丰度都要低于 1%。

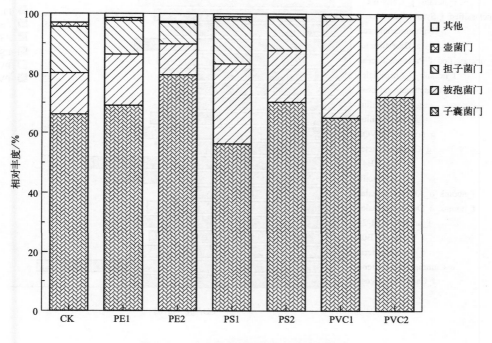

图 4-17　不同处理土壤真菌门水平群落组成

为了进一步识别有显著差异的具体微生物种群，对不同处理土壤细菌进行了 LEfSe (LDA Effect Size) 分析，LEfSe 分析结果显示共有 23 个 LDA 值＞3 的存在显著差异的类群。如图 4-18 所示（书后另见彩图），其中与 CK 相关的分别为 c_Lineage_ IIa（迷踪菌门）、c_Acidobacteriae（酸杆菌纲，酸杆菌门）、g_Sporosarcina（芽孢八叠球菌属，厚壁菌门）、c_norank_p_Chloroflexi（绿弯菌门）、g_unclassified_f_Symbiobacteraceae（厚壁菌门）；与 PE1 相关的分别为 f_Hyphomicrobiaceae（生丝微菌科，变形菌门）、g_Desertibacter（变形菌门）、g_unclassified_f_Paenibacillaceae（厚壁菌门）、f_norank_o_Rhizobiales（根瘤菌目，变形菌门）、f_Thermoactinomycetaceae（高温放线菌科，厚壁菌门）；与 PE2 相关的分别为 g_Paenibacillus（类芽孢杆菌属，厚壁菌门）和 g_Tumebacillus（膨胀芽孢杆菌属，厚壁菌门）；与 PS1 相关的分别为 g_norank_f_LWQ8（骸骨细菌门）、g_Constrictibacter（变形菌门）、g_RB41（酸杆菌门）、c_Bacilli（芽孢杆菌纲，厚壁菌门）、f_norank_o_Ardenticatenales（厌氧绳菌目，绿弯菌门）；与 PS2 相关的分别为 f_norank_o_11-24（酸杆菌门）和 f_norank_o_Defluviicoccales（变形菌门）；与 PVC1 相关的分别为 f_Hyphomonadaceae（生丝单胞菌科，变形菌门）和 c_Gracilibacteria（骸骨细菌门）；与 PVC2 相关的分别为 f_Caulobacteraceae（柄杆菌科，变形菌门）和 c_Gammaproteobacteria（丙型变形菌纲，变形菌门）。

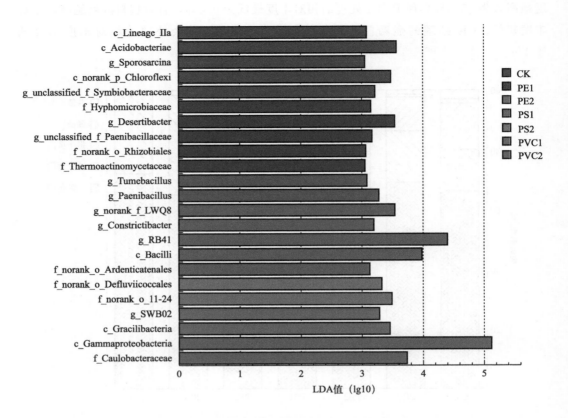

图4-18 不同处理土壤细菌LEfSe分析（LDA值>3）

如图4-19所示（书后另见彩图），不同处理真菌群落有5个存在显著差异的类群，其中与CK相关的为g_Striaticonidium（包围漆斑菌，子囊菌门）；与PE1相关的为g_Talaromyces（踝节菌属，子囊菌门）；与PS1相关的分别为g_Acremonium（支顶孢属，子囊菌门）和f_Chaetosphaeriaceae（子囊菌门）；与PS2相关的为f_unclassified_o_Hypocreales（子囊菌门）。

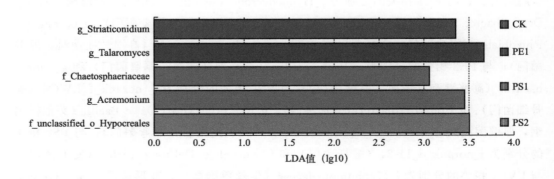

图4-19 不同处理土壤真菌LEfSe分析（LDA值>3）

放线菌门、变形菌门、酸杆菌门、厚壁菌门是相对丰度大于10%的优势细菌门。放线菌是包括极端环境在内的各种生态区域中最丰富的种群之一[72]。在本书中除PVC2处理外，其余处理组的放线菌门相对丰度均高于CK处理。塑料污染的农田土壤中大块塑料和微塑料上放线菌门的相对丰度要显著高于土壤和植物垃圾[40]。将含有5%PE微塑料的土壤培育30d，发现放线菌门的相对丰度要大于CK处理，且第30天相对丰度要大于第3天的相对丰度，这可能是因为放线菌的一些物种可以通过合成水解酶降解微塑料[6]。PVC2处理的放线菌门相对丰度低于CK处理，可能是因为变形菌门的相对丰度较高，多样性降低，竞争了大部分的种内资源。变形菌门作为富营养类群，在本书中相对丰度增加的原因可能是土壤营养物质的升高。向耕田中持续施用36年氮肥，发现根际土和表土的变形菌门显著大于对照处理[73]。微塑料可以通过提高土壤酶活性来间接地促进土壤C、N、P的积累，在本书中土壤过氧化氢酶、脲酶、碱性磷酸酸酶活性显著高于空白处理，从而促进了土壤营养物质的循环，而酸杆菌门是喜欢营养贫乏环境的群落，故在CK处理组的相对丰度最高[73]。与大多数研究结果一样，子囊菌门、被孢菌门、担子菌门、壶菌门为主要的优势菌门[6]。子囊菌门为相对丰度最高的真菌菌门，是农业土壤中关键的分解剂，容易受到高营养水平的影响，在本书中同种微塑料条件下高浓度处理中的相对丰度要大于低浓度。踝节菌属是子囊菌门的优势群类，在土壤和微塑料上都曾被检测到，并被认为是潜在的降解塑料的微生物[48]。

微塑料最初可能会由于土壤理化环境的变化而影响微生物多样性，这种外界环境的变化会带来一定的选择压力，导致微生物群落的种间竞争，并进一步对营养水平的关系产生自上而下的影响[74]。同时微塑料本身可以通过其固有的组成和结构特性和周围土壤的理化性质生成新的生态位[71]。土壤团聚体作为基本的自然基质为微生物群提供栖息地并与微塑料相互作用，进一步导致了微生物群落多样性和功能的变化。考虑到微塑料和土壤的理化多样性，特定土壤微生物在不同条件下对微塑料的响应不容忽视。

4.3.4 微塑料对微生物潜在功能的影响

如图4-20所示，通过与KEGG数据库比对和注释，共获得一级功能代谢传递（LevelⅠ）6类，二级功能代谢通路（LevelⅡ）46类。

由图4-20可知6类一级代谢通路的相对丰度顺序为代谢通路＞环境信息处理＞遗传信息处理＞细胞过程＞人类疾病＞生物系统。将二级代谢功能丰度排名前10进行分析，发现微塑料处理组的功能丰度要大于CK处理。尤其PVC2处理的碳水化合物代谢、氨基酸代谢、能量代谢、膜转运显著大于CK处理。

为了解微塑料对真菌群落功能的影响，通过比对FUNGuild数据库对不同处理土壤的真菌进行了功能预测。如图4-21所示，根据FUNGuild数据库的对比结果，将真菌的生态功能划为3类：a. 病理营养型，通过损害宿主细胞而获取营养，虽然攻击农作物，但也控制线虫、昆虫、其他动物和植物、真菌害虫的种群；b. 共生营养型，通过

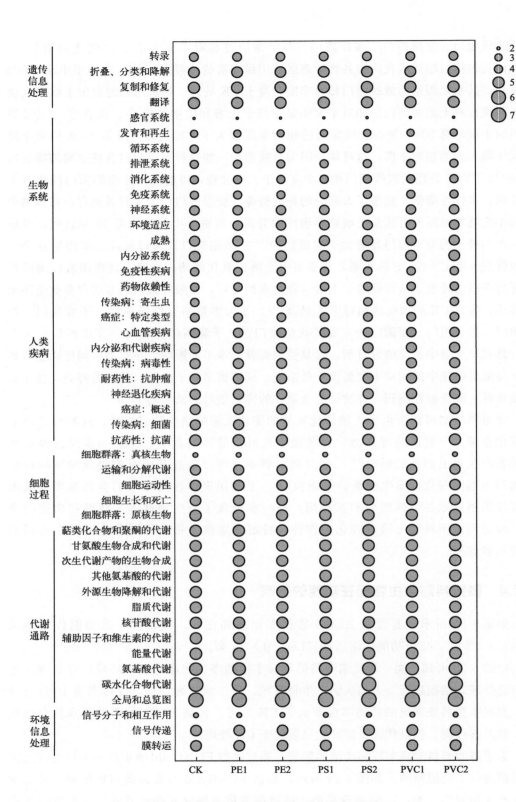

图 4-20 不同处理土壤细菌功能分类的相对丰度

与宿主细胞交换资源来获取营养，极大地扩大了植物根系的表面积，使植物更容易获得养分和水分以换取碳；c. 腐生营养型，通过降解死亡的宿主细胞来获取营养，参与有机质分解、碳循环、养分动员和创造土壤结构。动物病原菌、植物病原菌、排泄物腐生菌、内生菌根真菌为主要的功能群，占总数的51.2%～93.7%。PVC2处理的动物病原菌相对丰度最大为64.7%，CK处理仅为35.0%，且与低浓度相比，高浓度微塑料土壤的动物病原菌相对丰度更高。除PE2外，其余微塑料处理的内生菌根真菌的相对丰度都大于CK处理，且低浓度微塑料处理的相对丰度要大于高浓度微塑料处理。微塑料处理组的丛枝菌根真菌的相对丰度显著低于CK处理组。

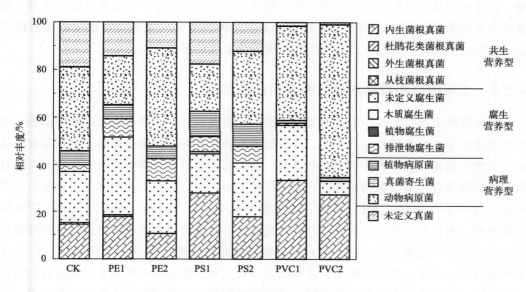

图4-21 不同处理土壤真菌功能分类的相对丰度

微生物群落的改变可能间接地影响其代谢功能的多样性，通过与KEGG数据库比对和注释，发现微塑料促进了土壤的某些代谢功能。对二级代谢功能相对丰度排名前10进行分析，发现微塑料处理组的功能相对丰度大于CK处理。膜转运体在细胞存活中至关重要，它们作为蛋白质系统，可以抵御细菌环境中发生的任何不良变化。Huang等[17]发现添加5%的PE微塑料时可以提高膜转运能力，而与代谢相关的功能基因在添加微塑料后相对丰度均下降。微塑料上也可能富集一些以塑料聚合物和添加剂为碳源的微生物，Fei等[10]发现在5%PVC和5%PE处理中有关碳水化合物功能基因的相对丰度低于空白处理。在本书中膜转运、氨基酸代谢、碳水化合物代谢、能量代谢的功能基因的相对丰度在微塑料处理组中更高，可能是因为微塑料刺激了土壤的微生物活性，抵御环境发生的变化[74]。

丛枝菌根真菌（*Arbuscular mycorrhizal fungi*，AMF）是最普遍的益生菌微生物之一，作为根系共生体可通过根外菌丝网络增强植物对矿物质和水分的吸收[75]。在本书中发现微塑料能显著降低土壤的AMF丰度，尤其PVC1和PVC2处理组中未检测到

AMF 的存在。de Souza Machado 等[37]发现聚酯微纤维使根部 AMF 的丰度增长了 8 倍，这是因为聚酯微纤维的线型结构能更均匀地与土壤基质混合，在较小的空间尺寸上可以模拟土壤团块的边缘，这可能有利于 AMF 的定植，而本书选用的三种塑料为颗粒状。Wang 等[35]发现 0.1%、1%和 10%的 PE 微塑料能显著降低土壤 AMF 群落的丰度，但 1%的 PLA 微塑料却能显著提高 AMF 的群落丰度。这可能是因为可降解微塑料是一种淀粉基生物聚合物，可作为微生物的碳源来增加根际真菌的丰度。内生菌根真菌可为寄主植物提供多种类型的保护，有助于植物在寒冷、干旱、重金属污染等极端的环境中生存[76]，本书中除 PE2 外其他处理组中的内生菌根真菌的相对丰度均大于 CK 处理。植物根际具有各种营养模式的功能真菌群，这些真菌的相互作用和关联在生态系统服务中起着关键作用[77]。因此未来还需要基于具体作物研究微塑料对根际真菌群落功能的影响，从而进一步探究对农业生态系统的稳定性的影响。

4.3.5　土壤细菌和真菌对微塑料的异质性响应

细菌和真菌群落共同作为土壤微生物的重要组成部分，在调节生态系统功能和土壤生物地球化学方面发挥着重要作用。尽管细菌和真菌都可以降解有机物，但细菌常被认为是土壤中快速碳循环路径的重要调节剂，而真菌主要负责难降解性的有机物。二者对养分转化和通过土壤食物网的能量流动的贡献不同，进一步会影响营养元素循环的速率和稳定性[78]。尽管二者在土壤功能中扮演的角色不同，但共同主导着土壤的生物地球化学进程，有着密不可分的关系。许多研究表明，在土壤生态系统中真菌生长和繁殖所需的环境条件与细菌不同，它们在面对环境干扰时的敏感性也是不一样的[79]。已经证实微塑料可以改变土壤的微环境，故可以推测真菌和细菌在同一环境下对微塑料的响应也不相同。因此十分有必要关注在同一条件下微塑料对土壤细菌和真菌的群落组成和结构变化的影响机理研究。

细菌和真菌是土壤中的两大微生物类群，它们的形态特征和对周围环境的响应是不同的[80]，大量研究表明，在许多生态系统中，细菌群落具有比真菌群落更高的多样性[81-82]。在本书中，真菌群落多样性的响应比细菌要大，基于 OTU 分析的主坐标分析（principal co-ordinates analysis，PCoA）图表明真菌与 CK 处理的距离要大于细菌（图 4-22，书后另见彩图）。Wang 等[73]发现长期往农田土壤中添加氮肥显著降低了表层土壤的真菌和细菌的多样性，但真菌群落 UniFrac 的距离大于细菌群落。这可能是因为细菌具有相对较高的内在生长速度和单细胞特性，它们在面对干扰时通常比真菌更有弹性[83]。不管在真菌还是细菌中，介导微生物多样性的群落不是丰度最高的种群，而是丰度较低的群落（表 4-3）。在细菌中，变形菌门与群落多样性呈显著的负相关关系，这可能是因为丰富和稀有的子群落通常具有不同的生态策略，稀有的子群落的生态位宽度比丰富的子群落更窄，竞争能力更低[84-85]。变形菌门作为优势种群在添加微塑料后丰度显著增大，可能使丰度较小的种群竞争力下降，导致多样性降低。

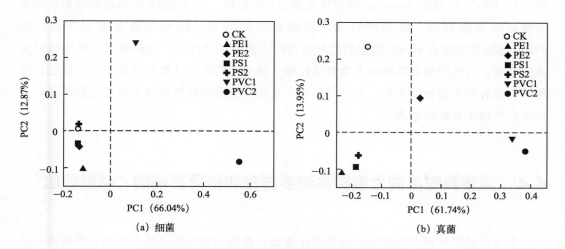

图 4-22 不同处理下土壤细菌和真菌的 PCoA 图

表 4-3 微生物多样性指数与微生物优势门的相关性

门	Simpson 指数	Shannon 指数	Chao 指数	Ace 指数
变形菌门	0.956**	−0.970**	−0.961**	−0.933**
放线菌门	−0.179	0.204	0.189	0.202
酸杆菌门	−0.15	0.175	0.162	0.176
绿弯菌门	−0.15	0.175	0.161	0.176
芽单胞菌门	−0.871*	0.900**	0.912**	0.890**
拟杆菌门	−0.855*	0.893**	0.914**	0.918**
厚壁菌门	−0.738	0.805*	0.848*	0.900**
黏菌门	−0.724	0.791*	0.855*	0.907**
髌骨细菌门	−0.812*	0.821*	0.827*	0.834*
子囊菌门	0.305	−0.26	−0.076	−0.112
担子菌门	−0.883**	0.949**	0.912**	0.929**
壶菌门	−0.712	0.778*	0.760*	0.786*
被孢菌门	0.498	−0.599	−0.748	−0.726

注：*** 表示 $P<0.001$；** 表示 $P<0.01$；* 表示 $P<0.05$。

综上，微塑料没有改变优势菌群的种类却改变了其相对丰度，主要使变形菌门、放线菌门、子囊菌门的相对丰度升高，而酸杆菌门、壶菌门、担子菌门的相对丰度降低，PVC 对微生物群落多样性的影响最大。微塑料对真菌群落多样性的影响比细菌更大，真菌中 PE1、PVC1、PVC2 处理的 Simpson 指数显著高于 CK 处理，而 Shannon 指数显著低于 CK 处理；而细菌中只有 PVC2 处理的 Simpson 指数显著高于 CK 处理，

PVC1、PVC2处理的Shannon指数显著低于CK处理。PICRUST分析表明微塑料能显著提高细菌膜转运、氨基酸代谢、碳水化合物代谢、能量代谢等基因丰度；而FUNGuild数据库显示添加微塑料后丛枝菌根真菌的丰度极低，但却提高了外生菌根真菌的丰度。虽然微塑料能增加土壤酶活性和土壤细菌的某些功能基因的丰度，但这种现象不一定有利于植物的生长。未来应该进一步探究微塑料对细菌和真菌响应的不同以及对实际作物生长影响的研究。

4.4 微塑料对不同土层微生物多样性和群落影响的"邻避效应"

本书通过野外调查取样和高通量测序方法，选取北京市顺义区玉米地、辣椒地、花生地和黄瓜地4种农用地，分析不同土层微塑料表面和周围"类根际土壤"的微生物多样性和群落组成。该研究的主要目标如下：

① 微塑料对土壤微生物多样性和群落组成的影响；
② 微塑料对土壤微生物功能的影响。

4.4.1 试验设计

样品采自北京市顺义区赵全营镇，地处华北平原北端，属暖温带大陆性半湿润季风气候，四季分明，夏季炎热多雨，光照充足，年平均气温11.5℃，平均年降水量622mm。通过野外踏查和调研，选择玉米地、辣椒地、花生地和黄瓜地4个样地，采样点位置及土壤性质见表4-4。样地均采用行上地膜覆盖，覆膜年限均在5年以上。

表4-4 采样点位置及土壤性质

采样地	经纬度	土层	土壤性质				
			SOM /(g/kg)	OP /(mg/kg)	TN /(g/kg)	pH值	CEC /(cmol/kg)
玉米地	40°11′27″N, 116°35′36″E	腐殖质层	11.5	10.0	1.0	7.89	13.4
		淋溶层	10.2	20.0	1.1	7.76	11.5
辣椒地	40°11′22″N, 116°35′23″E	腐殖质层	12.0	10.3	1.1	7.96	10.4
		淋溶层	12.0	11.0	1.1	7.86	13.2
花生地	40°11′24″N, 116°34′33″E	腐殖质层	11.7	15.3	1.1	7.06	12.5
		淋溶层	11.3	12.9	1.0	7.82	13.5
黄瓜地	40°11′1″N, 116°35′37″E	腐殖质层	13.4	9.2	1.1	7.86	12.8
		淋溶层	12.6	14.8	1.1	7.84	13.1

2019年12月，在4个样地分别随机选取3个采样点，每个采样点按照五点采样法选择5个10cm×10cm规格的样方，采集0~10cm（腐殖质层）和10~20cm（淋溶层）的土壤。每个样地采集土样30个，去掉植物根系、石砾等杂物后，将相同深度的土壤样品充分混合，混合样品装入无菌袋中并置于便携式保鲜箱内送到实验室。为了收集用于微生物群落分析的样品，将每个样品的一部分放在冰上，使用消毒钳直接挑出肉眼可见的微塑料，然后用刷子刷下黏附在微塑料周围的土壤（距离微塑料周围0~2mm）作为"类根际土壤"。将挑选出的微塑料样品放入无菌的5mL离心管中，所有微塑料样品和"类根际土壤"样品均在－80℃条件下保存，并于一周内进行DNA提取。剩余的土壤样品在4℃条件下保存，用于分析土壤理化性质。

4.4.2 微塑料对微生物多样性的影响

4个样地的土壤和微塑料样品中，细菌共检测到33个门、93个纲、229个目、396个科、754个属和1574个种，真菌共检测到11个门、76个纲、175个目、325个科、504个属和1198个种。通过Venn图可以比较直观地比较不同土层中土壤和微塑料样品的OTU组成相似性和重叠情况。图4-23中S-A和MP-A分别表示腐殖质层的土壤样品和微塑料样品，S-B和MP-B分别表示淋溶层的土壤样品和微塑料样品。由图4-23可知，腐殖质层的土壤和微塑料中细菌OTU数目分别为3982和2804，淋溶层的土壤和微塑料中OTU数目分别为4249和3659。腐殖质层土壤和微塑料中真菌OTU数目分别为786和613，淋溶层土壤和微塑料中真菌OTU数目分别为823和641。腐殖质层和淋溶层的微塑料表面的细菌和真菌OTU数目均低于"类根际土壤"，且淋溶层土壤和微塑料样品中OTU数目均高于腐殖质层，说明微塑料会引起土壤中细菌和真菌OTU数目下降，引起土壤微生物多样性发生变化。此外，"类根际土壤"中细菌和真菌OTU比值为5.07~5.16，而微塑料样品约为4.57。

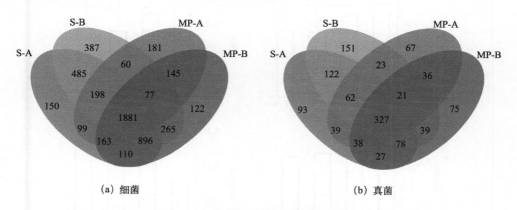

(a) 细菌　　　　　　　　　　(b) 真菌

图4-23 不同土层中土壤和微塑料样品中细菌和真菌的Venn图分析

Sobs指数、Chao指数和Ace指数用来评价微生物群落的丰富度，Shannon指数和Simpson指数用来评价微生物多样性[51-52]。样本测序细菌和真菌多样性覆盖度指数均达到 0.96 以上，表明样品测序深度足够，完全满足后续数值分析。不同深度土壤与微塑料间细菌和真菌 α 指数组间差异检验柱状图如图 4-24 所示。

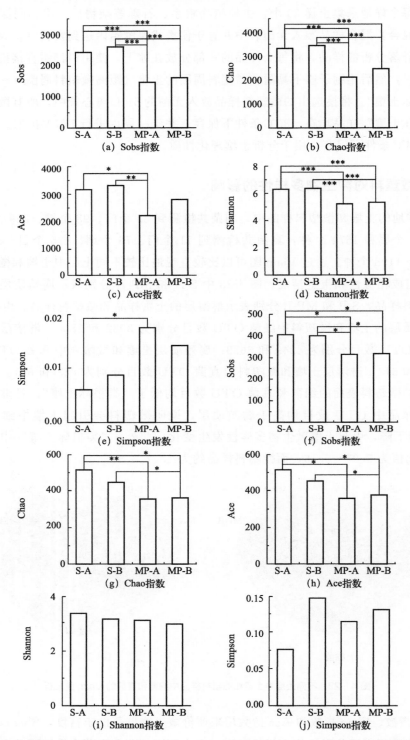

图 4-24 不同深度土壤与微塑料间细菌 [(a)~(e)] 和真菌 [(f)~(j)] α 指数组间差异检验柱状图

由图 4-24（a）～（e）可知，腐殖质层微塑料中细菌 Sobs 指数、Chao 指数、Ace 指数和 Shannon 指数比"类根际土壤"分别降低了 39.7%、36.4%、30.5% 和 17.9%，而淋溶层分别降低了 38.0%、28.4%、16.0% 和 15.6%；相比"类根际土壤"，腐殖质层和淋溶层微塑料中 Simpson 指数分别增加了 195.9% 和 66.7%。图 4-24 中，＊＊＊表示 $P<0.001$，＊＊表示 $P<0.01$，＊表示 $P<0.05$。腐殖质层和淋溶层微塑料样本中细菌 Sobs 指数、Chao 指数、Ace 指数和 Shannon 指数均显著低于"类根际土壤"，而 Simpson 指数高于"类根际土壤"，说明微塑料样本的多样性与丰富度低于"类根际土壤"。不同土层中"类根际土壤"和微塑料的细菌多样性和丰富度排序基本一致，表现为淋溶层土壤＞腐殖质层土壤＞淋溶层微塑料＞腐殖质层微塑料。

由图 4-24（f）～（j）可知，相比"类根际土壤"，腐殖质层微塑料中真菌 Sobs 指数、Chao 指数、Ace 指数和 Shannon 指数分别降低了 22.7%、30.9%、31.1% 和 8.0%，而淋溶层微塑料分别降低了 21.3%、19.2%、17.8% 和 6.2%；相比"类根际土壤"，腐殖质层微塑料中真菌 Simpson 指数增加了 49.1%，而淋溶层微塑料降低了 11.4%。腐殖质层和淋溶层微塑料样本中真菌 Sobs 指数、Chao 指数和 Ace 指数均显著低于土壤样本（$P<0.05$），说明微塑料样本中真菌的丰富度低于土壤样本。而微塑料样本与土壤样本中 Shannon 指数和 Simpson 指数差异不显著。不同土层中土壤和微塑料的真菌丰富度排序基本一致，表现为淋溶层土壤＞腐殖质层土壤＞淋溶层微塑料＞腐殖质层微塑料，说明微塑料的丰富度低于"类根际土壤"。

微塑料样本的微生物多样性和丰富度低于"类根际土壤"，说明微塑料降低了土壤中微生物群落丰富度和多样性，且腐殖质层微塑料中微生物多样性和丰富度指数的降低程度高于淋溶层。这与 Miao 等[86]研究结果一致，他们发现微塑料上细菌群落的丰富度、均匀度和多样性显著低于天然基质。这可能是由于土壤中具有大量的理化生态位，为土壤微生物和群落的生长和运动提供了空间[53]，而微塑料在土壤中难以被微生物利用，可能与土壤微生物竞争理化生态位，降低微生物活性，从而导致微生物的多样性和丰富度降低。

4.4.3 微塑料对微生物群落组成的影响

各样本细菌群落在门水平上的组成如图 4-25（a）所示，主要菌群包括变形菌门（24.74%～30.30%）、放线菌门（18.47%～27.44%）、蓝细菌门（2.66%～21.13%）、酸杆菌门（2.66%～21.13%）、拟杆菌门（7.68%～14.55%）、绿弯菌门（4.24%～9.01%）、髌骨细菌门（2.41%～5.40%）、芽单胞菌门（1.29%～4.39%）和厚壁菌门（0.75%～4.40%），这 9 个菌门的相对丰度占土壤细菌群落的 92% 以上。与"类根际土壤"相比，腐殖质层和淋溶层微塑料中蓝细菌门的相对丰度分别增加了 497.0% 和 1553.2%，酸杆菌门的相对丰度分别降低了 77.1% 和 57.4%，绿弯菌门的相对丰度分别降低了 35.8% 和 53.0%，芽单胞菌门的相对丰度分别降低了 55.2% 和 67.6%。结果表明微塑料提高了蓝细菌门的相对丰度，而降低了酸杆菌门、绿弯菌门和芽单胞菌门的相对丰度。拟杆菌门不同土层的微生物群落变化不同,淋溶层中微塑料样品的拟杆菌门相对丰度比周围土壤高 83.8%,而腐殖质层中微塑料和土壤样品的拟杆菌门相对丰度无明显差异。拟杆菌门被认为专门用于降解生物圈中的复杂有机物[87],在微塑料中富集可能是其降解微塑料而导致相对丰度升高。

各样本真菌群落在门水平上的组成如图 4-25(b)所示,主要菌群有子囊菌门(67.59%～72.78%)、担子菌门(17.04%～28.75%)和被孢菌门(1.42%～10.32%),这 3 个菌门的相对丰度占土壤真菌群落的 98% 以上。与"类根际土壤"相比,腐殖质层和淋溶层微塑料样品中被孢菌门的相对丰度分别降低了 58.3% 和 67.5%,而担子菌门的相对丰度分别增加了 12.9% 和 68.7%。结果表明,微塑料显著降低了被孢菌门的相对丰度而增加了担子菌门的相对丰度。

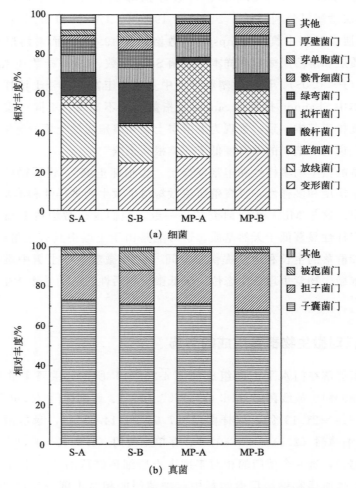

图 4-25 土壤与微塑料样本细菌和真菌门水平群落结构

LEfSe 分析结果显示,"类根际土壤"和微塑料的细菌群落[图 4-26(a)]有 6 个存在显著差异的类群(LDA 值>4)。与土壤相关的有酸杆菌门(Acidobacteria)、Subgroup_6纲（酸杆菌门）、绿弯菌门（Chloroflexi）、芽单胞菌门（Gemmatimonadetes）和脓霉菌目（Pyrinomonadales，酸杆菌门）5项；与微塑料相关的有叶绿体目（Chloroplast，蓝细菌门）1项。真菌群落［图4-26（b）］中有7个存在显著差异的类群（LDA值＞4）。与土壤相关的有黑盘孢科（Nectriaceae，子囊菌门）、盘菌纲（Pezizomycetes，子囊菌门）和被孢菌门（Mortierellomycota）3项；与微塑料相关的有枝孢科（Cladosporiaceae，子囊菌门）、银耳目（Tremellales，担子菌门）、二甲苯胺科（Didymellaceae，子囊菌门）和丝状菌科（Filobasidiaceae，担子菌门）4项。该研究中，与微塑料相关的真菌有4项，细菌有1项，结果表明微塑料对真菌群落组成的影响较大。这可能是由于真菌在降解土壤中具有高化学抗性的有机聚合物（例如木质素或纤维素）过程中占主导地位[88]，而微塑料在某些物理性质（例如疏水性和化学结构）方面与木质素相似。

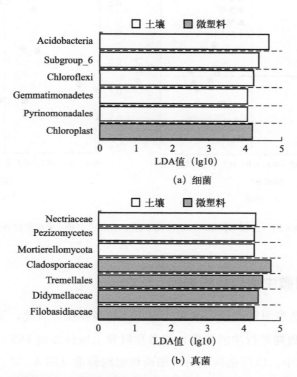

图4-26 土壤与微塑料的细菌和真菌LEfSe分析（LDA值＞4）（书后另见彩图）

微塑料和"类根际土壤"的微生物群落组成存在一定的差异，这与Zhang等[40]的研究结果类似，微塑料很可能会选择与周围土壤的微生物组合截然不同的独特的微生物组合。该研究中，细菌的蓝细菌门和真菌的担子菌门的相对丰度在微塑料上明显高于周边土壤，而细菌的酸杆菌门、绿弯菌门和芽单胞菌门以及真菌的被孢菌门的相对丰度则相反。这可能是由于微塑料是具有疏水性表面的外源颗粒，可能为异养微生物活动提供新的基质，丰富参与其自身生物降解的微生物群落，进而影响微生物群落组成[17]。这可能会改变土壤生态系统的生态功能和生物地球化学过程。

4.4.4 微塑料对微生物群落结构的影响

为进一步分析微塑料对微生物群落结构的影响,该研究对细菌和真菌在 OTU 水平上进行了非度量多维度(NMDS)分析,细菌和真菌群落 NMDS 分析的胁强系数分别为 0.062 和 0.136,这表明本书中的排序结果较好地揭示了微塑料和"类根际土壤"中细菌和真菌群落结构的差异性。土壤与微塑料的细菌群落结构差异显著[图 4-27(a)],微塑料与土壤样品细菌群落结构之间分离明显,说明微塑料对细菌群落结构影响显著。真菌群落结构比细菌群落结构分离趋势更加明显[图 4-27(b)],说明真菌群落结构对微塑料的响应更加显著,但不同土层的真菌群落结构差异不明显。

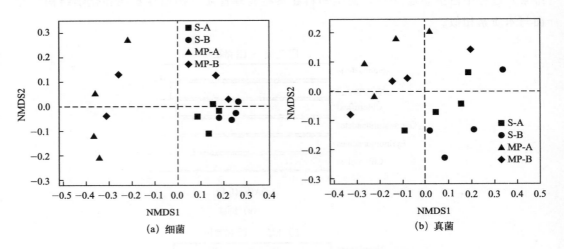

图 4-27 土壤与微塑料细菌和真菌群落 NMDS 分析(书后另见彩图)

4.4.5 微塑料对微生物功能的影响

微生物群落的改变可能会影响细菌代谢功能的多样性,因此,运用 PICRUSt1 对细菌 16S 扩增子测序数据进行功能预测,将微塑料和土壤样品的 16S rRNA 基因谱数据注释到 KEGG 数据库中,以评估微塑料对细菌功能的影响(图 4-28)。微塑料中关于人类疾病的功能途径显著高于"类根际土壤",如传染病细菌和寄生虫和药物依赖性功能途径的相对丰度均提高了 20% 以上。这些功能成分在微塑料上的相对丰度较高,可能对人体健康产生影响。这可能归因于微塑料不仅可以吸附包括重金属、二噁英和持久性有机污染物在内的化学污染物[89],还可以释放阻燃剂、增塑剂、热稳定剂和抗氧化剂[90],这些污染物具有巨大的生物毒性。此外,微塑料表面还可以携带病原体,这进一步威胁人类健康[91]。但是,考虑到 PICRUSt1 分析只能给出细菌群落的预测功能概况,因此将需要进一步进行真正的宏基因组分析,以评估微塑料对土壤细菌功能的影响。

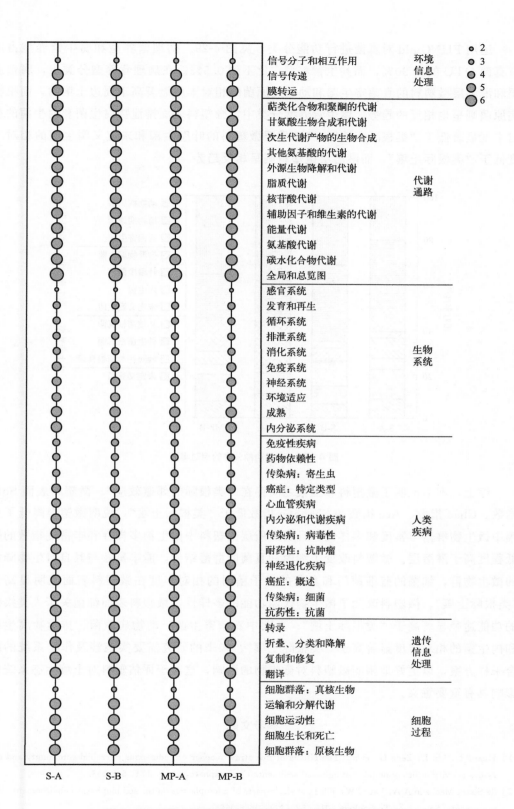

图 4-28 不同土层微塑料和土壤样品细菌功能分类的相对丰度

运用FUNGuild对真菌进行功能分类，见图4-29。病理营养型和腐生营养型占所有真菌OTU的约90%，而共生营养型占比不到0.5%。在病理营养型分类中，腐殖质层和淋溶层微塑料的真菌寄生菌和动物病原菌的相对丰度显著高于周边土壤的，而植物病原菌则呈现相反的趋势。腐生营养型分类中，微塑料表面排泄物腐生菌和内生菌的相对丰度显著低于"类根际土壤"；腐殖质层微塑料的叶腐生菌和未定义腐生菌的相对丰度低于"类根际土壤"，而淋溶层微塑料则呈相反趋势。

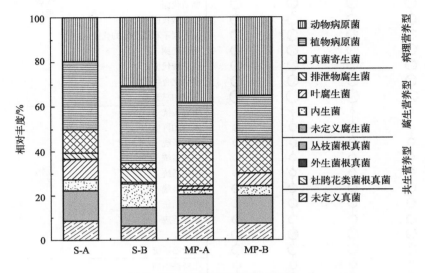

图4-29 真菌功能分类的相对丰度

综上，本书证明了微塑料和土壤之间存在"类根际的邻避效应"。微塑料表面Sobs指数、Chao指数、Ace指数和Shannon指数低于"类根际土壤"，说明微塑料降低了土壤中微生物群落丰富度和多样性，且腐殖质层微塑料中微生物多样性和丰富度指数的降低程度高于淋溶层。微塑料改变了细菌和真菌的群落结构，能丰富参与其自身生物降解的微生物群，细菌的蓝细菌门和真菌的担子菌门的相对丰度在微塑料表面上明显高于"类根际土壤"。微塑料改变了微生物代谢功能的多样性，微塑料表面细菌关于人类疾病的功能途径显著高于"类根际土壤"；真菌中真菌寄生菌、动物病原菌、排泄物腐生菌和内生菌的相对丰度显著高于"类根际土壤"。未来的研究需要实施涉及作物系统的综合采样方案，以更好地阐明微塑料对微生物的影响，这对于评估塑料对土壤生态系统的影响具有重要意义。

参考文献

[1] Huang D, Liu L, Zeng G, et al. The effects of rice straw biochar on indigenous microbial community and enzymes activity in heavy metal-contaminated sediment. Chemosphere, 2017, 174: 545-553.

[2] de Souza Machado A A, Lau C W, Till J, et al. Impacts of microplastics on the soil biophysical environment. Environmental Science & Technology 2018, 52 (17): 9656-9665.

[3] Liu Y, Huang Q, Hu W, et al. Effects of plastic mulch film residues on soil-microbe-plant systems under differ-

ent soil pH conditions. Chemosphere, 2021, 267: 128901.

[4] Hou J, Xu X, Yu H, et al. Comparing the long-term responses of soil microbial structures and diversities to polyethylene microplastics in different aggregate fractions. Environment International, 2021, 149: 106398.

[5] Feng X, Wang Q, Sun Y, et al. Microplastics change soil properties, heavy metal availability and bacterial community in a Pb-Zn-contaminated soil. Journal of Hazardous Materials, 2022, 424: 126374.

[6] Ren X, Tang J, Liu X, et al. Effects of microplastics on greenhouse gas emissions and the microbial community in fertilized soil. Environmental Pollution, 2020, 256: 113347.

[7] Yi M, Zhou S, Zhang L, et al. The effects of three different microplastics on enzyme activities and microbial communities in soil. Water Environment Research, 2021, 93 (1): 24-32.

[8] Sun Y, Duan C, Cao N, et al. Effects of microplastics on soil microbiome: The impacts of polymer type, shape, and concentration. Science of the Total Environment, 2021, 806 (Pt 2): 150516.

[9] Yan Y, Chen Z, Zhu F, et al. Effect of polyvinyl chloride microplastics on bacterial community and nutrient status in two agricultural soils. Bulletin of Environmental Contamination and Toxicology, 2021, 107 (4): 602-609.

[10] Fei Y, Huang S, Zhang H, et al. Response of soil enzyme activities and bacterial communities to the accumulation of microplastics in an acid cropped soil. Science of the Total Environment, 2020, 707: 135634.

[11] Kumar M, Xiong X, He M, et al. Microplastics as pollutants in agricultural soils. Environmental Pollution, 2020, 265 (Pt A): 114980.

[12] Awet T T, Kohl Y, Meier F, et al. Effects of polystyrene nanoparticles on the microbiota and functional diversity of enzymes in soil. Environmental Sciences Europe, 2018, 30 (1): 11.

[13] Liu H, Yang X, Liu G, et al. Response of soil dissolved organic matter to microplastic addition in Chinese loess soil. Chemosphere, 2017, 185: 907-917.

[14] Judy J D, Williams M, Gregg A, et al. Microplastics in municipal mixed-waste organic outputs induce minimal short to long-term toxicity in key terrestrial biota. Environmental Pollution, 2019, 252: 522-531.

[15] Blöcker L, Watson C, Wichern F. Living in the plastic age-different short-term microbial response to microplastics addition to arable soils with contrasting soil organic matter content and farm management legacy. Environmental Pollution, 2020, 267: 115468.

[16] Chen H, Wang Y, Sun X, et al. Mixing effect of polylactic acid microplastic and straw residue on soil property and ecological function. Chemosphere, 2020, 243: 125271.

[17] Huang Y, Zhao Y, Wang J, et al. LDPE microplastic films alter microbial community composition and enzymatic activities in soil. Environmental Pollution, 2019, 254: 112983.

[18] Zhou J, Gui H, Banfield C C, et al. The microplastisphere: Biodegradable microplastics addition alters soil microbial community structure and function. Soil Biology and Biochemistry, 2021 (156): 108211.

[19] Yu H, Zhang Y, Tan W. The "neighbor avoidance effect" of microplastics on bacterial and fungal diversity and communities in different soil horizons. Environmental Science and Ecotechnology, 2021, 8: 100121.

[20] Zang H, Zhou J, Marshall M R, et al. Microplastics in the agroecosystem: Are they an emerging threat to the plant-soil system? Soil Biology and Biochemistry, 2020, 148: 107926.

[21] Xie H, Chen J, Feng L, et al. Chemotaxis-selective colonization of mangrove rhizosphere microbes on nine different microplastics. Science of the Total Environment, 2021, 752: 142223.

[22] Luo G, Jin T, Zhang H, et al. Deciphering the diversity and functions of plastisphere bacterial communities in plastic-mulching croplands of subtropical China. Journal of Hazardous Materials, 2022, 422: 126865.

[23] Li K, Jia W, Xu L, et al. The plastisphere of biodegradable and conventional microplastics from residues exhibit distinct microbial structure, network and function in plastic-mulching farmland. Journal of Hazardous Materials, 2023, 442: 130011.

[24] Zhao X, Wang J, Yee Leung K M, et al. Color: An important but overlooked factor for plastic photoaging and microplastic formation. Environmental Science & Technology, 2022, 56 (13): 9161-9163.

[25] Wu C C, Bao L J, Liu L Y, et al. Impact of polymer colonization on the fate of organic contaminants in sediment. Environmental Science & Technology, 2017, 51 (18): 10555-10561.

[26] Meng Q, Diao T, Yan L, et al. Effects of single and combined contamination of microplastics and cadmium on soil organic carbon and microbial community structural: A comparison with different types of soil. Applied Soil

Ecology, 2023, 183: 104763.
[27] Li H Q, Shen Y J, Wang W L, et al. Soil pH has a stronger effect than arsenic content on shaping plastisphere bacterial communities in soil. Environmental Pollution, 2021, 287: 117339.
[28] Wang J, Liu X, Dai Y, et al. Effects of co-loading of polyethylene microplastics and ciprofloxacin on the antibiotic degradation efficiency and microbial community structure in soil. Science of the Total Environment, 2020, 741: 140463.
[29] Wiedner K, Polifka S. Effects of microplastic and microglass particles on soil microbial community structure in an arable soil (Chernozem). Soil, 2020, 6 (2): 315-324.
[30] Lin D, Yang G, Dou P, et al. Microplastics negatively affect soil fauna but stimulate microbial activity: Insights from a field-based microplastic addition experiment. Proceedings of the Royal Society B: Biological Sciences, 2020, 287 (1934): 20201268.
[31] Li H Z, Zhu D, Lindhardt J H, et al. Long-term fertilization history alters effects of microplastics on soil properties, microbial communities, and functions in diverse farmland ecosystem. Environmental Science & Technology, 2021, 55 (8): 4658-4668.
[32] Zhu D, Li G, Wang H T, et al. Effects of nano-or microplastic exposure combined with arsenic on soil bacterial, fungal, and protistan communities. Chemosphere, 2021, 281: 130998.
[33] Wanner P. Plastic in agricultural soils —A global risk for groundwater systems and drinking water supplies? — A review. Chemosphere, 2021, 264: 128453.
[34] Yang W, Cheng P, Adams C A, et al. Effects of microplastics on plant growth and arbuscular mycorrhizal fungal communities in a soil spiked with ZnO nanoparticles. Soil Biology and Biochemistry, 2021, 155: 108179.
[35] Wang F, Zhang X, Zhang S, et al. Interactions of microplastics and cadmium on plant growth and arbuscular mycorrhizal fungal communities in an agricultural soil. Chemosphere, 2020, 254: 126791.
[36] Lehmann A, Leifheit E F, Feng L, et al. Microplastic fiber and drought effects on plants and soil are only slightly modified by arbuscular mycorrhizal fungi. Soil Ecology Letters, 2022, 4 (1): 32-44.
[37] de Souza Machado A A, Lau C W, Kloas W, et al. Microplastics can change soil properties and affect plant performance. Environmental Science & Technology, 2019, 53 (10): 6044-6052.
[38] Leifheit E F, Lehmann A, Rillig M C. Potential effects of microplastic on arbuscular mycorrhizal fungi. Frontiers in Plant Science, 2021, 12: 626709.
[39] Qian H, Zhang M, Liu G, et al. Effects of soil residual plastic film on soil microbial community structure and fertility. Water, Air, & Soil Pollution, 2018, 229 (8): 261.
[40] Zhang M, Zhao Y, Qin X, et al. Microplastics from mulching film is a distinct habitat for bacteria in farmland soil. Science of the Total Environment, 2019, 688: 470-478.
[41] Ng E L, Lin S Y, Dungan A M, et al. Microplastic pollution alters forest soil microbiome. Journal of Hazardous Materials, 2021, 409: 124606.
[42] Wang J, Huang M, Wang Q, et al. LDPE microplastics significantly alter the temporal turnover of soil microbial communities. Science of the Total Environment, 2020, 726: 138682.
[43] Dong Y, Gao M, Qiu W, et al. Effect of microplastics and arsenic on nutrients and microorganisms in rice rhizosphere soil. Environmental Science and Ecotechnology, 2021, 211: 111899.
[44] Xu M, Du W, Ai F, et al. Polystyrene microplastics alleviate the effects of sulfamethazine on soil microbial communities at different CO_2 concentrations. Journal of Hazardous Materials, 2021, 413: 125286.
[45] Rong L, Zhao L, Zhao L, et al. LDPE microplastics affect soil microbial communities and nitrogen cycling. Science of the Total Environment, 2021, 773: 145640.
[46] Qin P, Li T, Cui Z, et al. Responses of bacterial communities to microplastics: More sensitive in less fertile soils. Science of the Total Environment, 2023, 857: 159440.
[47] Gao B, Yao H, Li Y, et al. Microplastic addition alters the microbial community structure and stimulates soil carbon dioxide emissions in vegetable-growing soil. Environment Toxicology and Chemistry, 2021, 40 (2): 352-365.
[48] Guo Q Q, Xiao M R, Ma Y, et al. Polyester microfiber and natural organic matter impact microbial communities, carbon-degraded enzymes, and carbon accumulation in a clayey soil. Journal of Hazardous Materials, 2021,

405: 124701.

[49] Lian J, Liu W, Meng L, et al. Effects of microplastics derived from polymer-coated fertilizer on maize growth, rhizosphere, and soil properties. Journal of Cleaner Production, 2021, 318: 128571.

[50] Fan P, Tan W, Yu H. Effects of different concentrations and types of microplastics on bacteria and fungi in alkaline soil. Environmental Science and Ecotechnology, 2022, 229: 113045.

[51] 牛四坤. 不同作物伴生对连作黄连产量和根际土壤微生物群落的影响. 河南农业科学, 2020, 49: 52-60.

[52] 沈仁芳, 赵学强. 土壤微生物在植物获得养分中的作用. 生态学报, 2015, 35: 6584-6591.

[53] Totsche K U, Amelung W, Gerzabek M H, et al. Microaggregates in soils. Journal of Plant Nutrition and Soil Science, 2018, 181 (1): 104-136.

[54] Marschner B, Kalbitz K. Controls of bioavailability and biodegradability of dissolved organic matter in soils. Geoderma, 2003, 113 (3): 211-235.

[55] Blasing M, Amelung W. Plastics in soil: Analytical methods and possible sources. Science of the Total Environment, 2018, 612: 422-435.

[56] Abraham J, Ghosh E, Mukherjee P, et al. Microbial degradation of low density polyethylene. Environmental Progress & Sustainable Energy, 2017, 36 (1): 147-154.

[57] Yan S, Song J, Fan J, et al. Changes in soil organic carbon fractions and microbial community under rice straw return in northeast China. Global Ecology and Conservation, 2020, 22: e00962.

[58] Harichová J, Karelová E, Pangallo D, et al. Structure analysis of bacterial community and their heavy-metal resistance determinants in the heavy-metal-contaminated soil sample. Biologia, 2012, 67 (6): 1038-1048.

[59] Sun R, Zhang X X, Guo X, et al. Bacterial diversity in soils subjected to long-term chemical fertilization can be more stably maintained with the addition of livestock manure than wheat straw. Soil Biology and Biochemistry, 2015, 88: 9-18.

[60] Lauber C L, Hamady M, Knight R, et al. Pyrosequencing-based assessment of soil ph as a predictor of soil bacterial community structure at the continental scale. Applied and Environmental Microbiology, 2009, 75 (15): 5111.

[61] Arias-Andres M, Kettner M T, Miki T, et al. Microplastics: New substrates for heterotrophic activity contribute to altering organic matter cycles in aquatic ecosystems. Science of the Total Environment, 2018, 635: 1152-1159.

[62] Beimforde C, Feldberg K, Nylinder S, et al. Estimating the Phanerozoic history of the Ascomycota lineages: Combining fossil and molecular data. Molecular Phylogenetics and Evolution, 2014, 78: 386-398.

[63] Syranidou E, Karkanorachaki K, Amorotti F, et al. Biodegradation of weathered polystyrene films in seawater microcosms. Scientific Reports, 2017, 7 (1): 17991.

[64] Sun R, Guo X, Wang D, et al. Effects of long-term application of chemical and organic fertilizers on the abundance of microbial communities involved in the nitrogen cycle. Applied Soil Ecology, 2015, 95: 171-178.

[65] Sun X, Zhang X, Xia Y, et al. Simulation of the effects of microplastics on the microbial community structure and nitrogen cycle of paddy soil. Science of the Total Environment, 2022, 818: 151768.

[66] Zhu F, Yan Y, Doyle E, et al. Microplastics altered soil microbiome and nitrogen cycling: The role of phthalate plasticizer. Journal of Hazardous Materials, 2022, 427: 127944.

[67] Sun X, Tao R, Xu D, et al. Role of polyamide microplastic in altering microbial consortium and carbon and nitrogen cycles in a simulated agricultural soil microcosm. Chemosphere, 2023, 312: 137155.

[68] Lozano Y M, Aguilar-Trigueros C A, Onandia G, et al. Effects of microplastics and drought on soil ecosystem functions and multifunctionality. Journal of Applied Ecology, 2021, 58 (5): 988-996.

[69] Xiu F R, Lu Y, Qi Y. DEHP degradation and dechlorination of polyvinyl chloride waste in subcritical water with alkali and ethanol: A comparative study. Chemosphere, 2020, 249: 126138.

[70] Sun Y, Ren X, Rene E R, et al. The degradation performance of different microplastics and their effect on microbial community during composting process. Bioresource Technology, 2021, 332: 125133.

[71] Chai B, Li X, Liu H, et al. Bacterial communities on soil microplastic at Guiyu, an e-waste dismantling zone of China. Ecotoxicology and Environmental Safety, 2020, 195: 110521.

[72] Araujo R, Gupta V V S R, Reith F, et al. Biogeography and emerging significance of Actinobacteria in Australia

and northern Antarctica soils. Soil Biology and Biochemistry, 2020, 146: 107805.

[73] Wang Q, Ma M, Jiang X, et al. Impact of 36 years of nitrogen fertilization on microbial community composition and soil carbon cycling-related enzyme activities in rhizospheres and bulk soils in northeast China. Applied Soil Ecology, 2019, 136: 148-157.

[74] Zhang X, Li Y, Ouyang D, et al. Systematical review of interactions between microplastics and microorganisms in the soil environment. Journal of Hazardous Materials, 2021, 418: 126288.

[75] Ziane H, Hamza N, Meddad-Hamza A. Arbuscular mycorrhizal fungi and fertilization rates optimize tomato (*Solanum lycopersicum* L.) growth and yield in a Mediterranean agroecosystem. Journal of the Saudi Society of Agricultural Sciences, 2021, 20 (7): 454-458.

[76] Fadiji A E, Babalola O O. Exploring the potentialities of beneficial endophytes for improved plant growth. Saudi Journal of Biological Sciences, 2020, 27 (12): 3622-3633.

[77] Mohammad M. Interactions between arbuscular mycorrhizal fungi and soil bacteria. Applied Microbiology Biotechnology, 2011, 89: 917-930.

[78] Richard D B, Erica M. The measurement of soil fungal: Bacterial biomass ratios as an indicator of ecosystem self-regulation in temperate meadow grasslands. Biology & Fertility of Soils, 1999, 29 (3): 282-290.

[79] Ren C. Soil bacterial and fungal diversity and compositions respond differently to forest development. Catena, 2019, 181: 104071.

[80] Chen J, Wang P, Wang C, et al. Fungal community demonstrates stronger dispersal limitation and less network connectivity than bacterial community in sediments along a large river. Environmental Microbiology, 2019, 22: 832-849.

[81] Wang S, Zuo X, Awada T, et al. Changes of soil bacterial and fungal community structure along a natural aridity gradient in desert grassland ecosystems, Inner Mongolia. Catena, 2021, 205: 105470.

[82] Wang K, Zhang Y, Tang Z, et al. Effects of grassland afforestation on structure and function of soil bacterial and fungal communities. Science of the Total Environment, 2019, 676: 396-406.

[83] Powell J R, Karunaratne S, Campbell C D, et al. Deterministic processes vary during community assembly for ecologically dissimilar taxa. Nature Communications, 2015, 6: 8444.

[84] Zhou X, Wu F. Land-use conversion from open field to greenhouse cultivation differently affected the diversities and assembly processes of soil abundant and rare fungal communities. Science of the Total Environment, 2021, 788: 147751.

[85] Mukhtar H, Lin C M, Wunderlich R F, et al. Climate and land cover shape the fungal community structure in topsoil. Science of the Total Environment 2021, 751: 141721.

[86] Miao L, Wang P, Hou J, et al. Distinct community structure and microbial functions of biofilms colonizing microplastics. Science of the Total Environment, 2019, 650 (Pt 2): 2395-2402.

[87] Wolińska A, Kuźniar A, Zielenkiewicz U, et al. Bacteroidetes as a sensitive biological indicator of agricultural soil usage revealed by a culture-independent approach. Applied Soil Ecology, 2017, 119: 128-137.

[88] Joergensen R G, Wichern F. Quantitative assessment of the fungal contribution to microbial tissue in soil. Soil Biology and Biochemistry, 2008, 40 (12): 2977-2991.

[89] Wang W, Ge J, Yu X, et al. Environmental fate and impacts of microplastics in soil ecosystems: Progress and perspective. Science of the Total Environment, 2020, 708: 134841.

[90] Hahladakis J N, Velis C A, Weber R, et al. An overview of chemical additives present in plastics: Migration, release, fate and environmental impact during their use, disposal and recycling. Journal of Hazardous Materials, 2018, 344: 179-199.

[91] Amaral-Zettler L A, Zettler E R, Mincer T J. Ecology of the plastisphere. Nature Reviews Microbiology, 2020, 18 (3): 139-151.

第5章

微塑料对土壤共存污染物的影响

5.1 微塑料对土壤共存污染物的影响研究进展

微塑料可通过直接和间接途径影响土壤中有机污染物的转化、迁移、生物利用度、生物累积和毒性。微塑料由于具有较大的比表面积和良好的疏水性能，故能负载其他疏水性有机污染物（多氯联苯、多环芳烃、石油烃、有机氯农药）和重金属，影响其他污染物的迁移、转化和归趋等环境行为，并影响其他污染物在生物体内的归趋和毒性效应。微塑料与共存污染物的毒性效应被认为是微塑料的另一潜在风险。微塑料与土壤污染物同时存在时可能会出现以下3种情况。

(1) 微塑料增加了污染物的体内负载和生物毒性效应

微塑料粒径小、表面积大且表面疏水，易从周围环境中富集环境污染物，使得微塑料中的有机污染物浓度比环境中高数百甚至数千倍[1]。在微塑料和污染物的共同暴露过程中，微塑料可能会将污染物转移到生物体内，增加生物体内污染物的累积量[2]，促进微塑料和污染物的积累和毒性。与有机磷阻燃剂的单独存在相比，微塑料和有机磷阻燃剂的共存可对小鼠产生更高的神经毒性和氧化应激，微塑料和有机磷阻燃剂的结合可以极大地破坏小鼠的能量代谢和氨基酸代谢[3]。微塑料与重金属的联合暴露可能会导致更强的植物毒性，主要包括减少植物生物量、影响光合作用和抑制根活动、造成氧化损伤[4-6]。聚苯乙烯和氟环唑可通过其体内生物累积的协同效应在小鼠体内造成联合毒性，与单一暴露源相比，联合摄入聚苯乙烯（0.120mg/kg）和氟环唑会导致更严重的组织损伤、功能障碍、氧化应激和代谢紊乱[7]。微塑料上富集的抗生素浓度受微塑料类型和环境条件的控制，且吸附的抗生素可能有利于某些特定病原体在微塑料上定居，可能提高了微塑料潜在的人类健康风险[8]。

(2) 微塑料降低了环境污染物的体内负载和生物毒性效应

Wang等[9]发现微塑料可以通过降低砷的生物利用性和结合/吸附As（V）来改变

砷对蚯蚓肠道菌群的影响，从而减少蚯蚓肠道中总砷的积累和 As（Ⅴ）的转化，这表明微塑料和砷的共存可以减轻砷对蚯蚓的毒性效应。还有研究发现聚苯乙烯微塑料与砷相互作用降低了土壤中砷的生物有效性，从而抑制了砷对水稻根际土壤微生物的影响[10]。不同浓度的微塑料与环境污染物的复合效应可能不同，如低浓度 PS 微塑料能够缓解 Pb 对水稻幼苗根系的氧化胁迫，而高浓度 PS 微塑料则可能与 Pb 产生了协同作用，加剧了 Pb 对水稻根系的氧化损伤[11]。有机物从微塑料中脱附到土壤中与塑料类型和有机物疏水性密切相关，聚苯乙烯或聚丙烯的脱附速度比聚乙烯慢得多[12]。

(3) 微塑料对环境污染物的累积和毒性无显著影响

当微塑料和污染物之间无相互作用时，两者对生物体的作用相互独立，微塑料对生物没有明显的毒性效应，污染物对生物的毒性可能保持不变。Khan 等[13]发现微塑料对银的生物有效性无显著影响。

微塑料和土壤共存污染物的联合影响如表 5-1 所列。

5.1.1 微塑料对土壤重金属的影响

微塑料和重金属是城市和农业土壤中常见的污染物，近年来许多研究人员已经开始研究微塑料与环境中重金属之间的相互作用。研究已经证实，微塑料可以吸附重金属，如 Cd、Pb、Zn、Cu、Co、Cr 和 Ni[2, 24-26]，因此微塑料可以充当重金属的载体。然而，微塑料对重金属的吸附能力随微塑料和重金属的类型和特性而异。例如，PE 和 PVC 微塑料对 Pb、Cr 和 Zn 具有很高的吸附能力，但 PET 微塑料表现出很小的吸附能力[24]。另一项研究发现，与 Cu 和 Cd 相比，微塑料对 Pb 的吸附更强，这可以归因于 Pb 和微塑料之间的强静电相互作用[26]。微塑料的特性，如表面性质和形态、孔隙率、颗粒大小和老化程度，极大地决定了其吸附能力[24-25, 27]，具有高比表面积的较小的微塑料通常表现出更高的吸附容量[28]。老化可显著增加重金属在微塑料上的吸附[25, 29]，这可归因于老化表面上的更多吸附位点，如粗糙表面和含氧基团的生成。

微塑料对重金属的吸附可能由物理或化学相互作用驱动，这在很大程度上取决于微塑料的表面性质。一方面金属离子可以通过与微塑料表面的电荷或极性区域的特定相互作用，或与基底碳表面（疏水键合）的非特定相互作用被微塑料吸附。研究发现，微塑料对 Cd 的吸附主要受物理吸附控制[28]。静电相互作用和/或络合作用决定了微塑料对 Pb、Cd 和 Cu 的吸附[26]。金属和微塑料之间的相互作用受表面吸附和分布效应的控制。另一方面，微塑料对重金属的吸附由化学相互作用决定，例如金属离子与老化微塑料表面羧基官能团之间的络合作用[24, 30]。

多项研究证实，微塑料可以改变土壤中重金属的吸附行为和形态。与复杂的土壤成分相比，微塑料具有相对简单的成分和表面结构。相比之下，微塑料的吸附容量要低得多，并且吸附的金属很容易从微塑料中解吸[31-32]。这可以部分解释为什么微塑料可以减少土壤对重金属的吸附，但增加其解吸。当向土壤中添加 10% 的 PE 微塑料时，二乙烯三胺五乙酸（DTPA）可提取态的 Zn 和 Pb 显著增加，表明微塑料可能会增加土壤中

表 5-1 微塑料和土壤共存污染物的联合影响

物种	微塑料			暴露		污染物	生态影响	影响因子	参考文献
	类型	粒径	浓度	时间					
生菜 (Lactuca sativa)	聚酯微纤维	2.55mm (长度)	0.1%、0.2%	2个月		Cd	单一的聚酯微纤维和联合的聚酯微纤维/Cd影响生菜的物理化学性质,并改变了生菜叶片代谢谱和参与碳、氮循环的关键功能微生物	暴露浓度	[14]
小麦 (Triticum aestivum L.)	PS	0.5μm	100mg/L	8d		Cu和Cd	PS对小麦幼苗生长、光合作用和活性氧(ROS)含量没有影响,但降低了铜和镉的生物利用度和毒性	暴露环境	[15]
大豆 (Glycine max L. Merrill)	PS	100nm、1μm、10μm、100μm	10mg/kg	30d		菲	微塑料和菲非联合暴露导致较高的植物毒性和遗传毒性;PS降低了大豆对菲的吸收,降低了根际土壤中变形杆菌的相对丰度	暴露浓度,颗粒粒径	[16]
胡萝卜 (Kurodagosun)	PS	0.1~1μm、5μm	10~20mg/L	7d		As(Ⅲ)	PS和As(Ⅲ)的联合暴露导致更多PS进入植物根和叶,更多PS进入胡萝卜组织,并导致更大的健康风险	暴露浓度	[6]
水稻 (Oryza sativa)	PTFE、PS	10μm	0.04g/L、0.1g/L、0.2g/L	17d		As(Ⅲ)	微塑料和As(Ⅲ)的联合暴露抑制了水稻生长、根系活性、核酮糖-1,5-二磷酸羧化酶(Rubisco)活性和光合作用;PS和PTFE降低了水稻幼苗对As(Ⅲ)的吸收	暴露浓度	[5]
小麦 (Triticum aestivum L.)	PS	100nm	10mg/L	21d		Cd	PS降低了叶片中的Cd含量,增强了碳水化合物和氨基酸代谢,降低了Cd对小麦的毒性,但对抗氧化酶活性没有显著影响	—	[17]

续表

物种	微塑料 类型	微塑料 粒径	微塑料 浓度	暴露时间	污染物	生态影响	影响因子	参考文献
玉米 (Zea mays L. var. Wannuoyihao)	PE、PLA	100~154μm	0.1%、1%、10%（质量分数）	1个月	Cd	PLA降低了玉米的生物量和叶绿素含量；PE和PLA增加了可提取Cd的浓度；联合暴露改变了AMF群落的结构和多样性，植物性能和根系共生	暴露浓度，微塑料类型	[18]
玉米 (Zea mays L. var. Wannuoyihao)	HDPE、PS	100~154μm	0%、0.1%、1%、10%（质量分数）	1个月	Cd	微塑料和Cd的联合暴露导致Cd植物毒性增加，植物生物量减少，可提取Cd浓度增加	暴露浓度，微塑料类型	[4]
蚯蚓 (Metaphire californica)	PVC	—	2g/kg	28d	As	PVC可防止As(V)的还原和肠道中总砷的积累，从而降低对蚯蚓的毒性	暴露环境	[9]
蚯蚓 (Eisenia fetida)	PE、PS	PE, ≤300μm PS, ≤250μm	0、1%、5%、10%、20%	14d	PAHs和PCBs	PE或PS颗粒增加了蚯蚓体内过氧化氢酶和过氧化物酶的活性以及脂质过氧化水平，同时抑制了超氧化物歧化酶和谷胱甘肽-S-转移酶的活性；微塑料减少了多环芳烃和多氯联苯的生物累积	暴露浓度	[19]
蚯蚓 (Eisenia foetida)	PP	<150μm	0.03%、0.3%、0.6%、0.9%	42d	Cd	微塑料和Cd的联合暴露对蚯蚓产生了更高的负面影响，微塑料有可能增加Cd的生物可利用性	暴露浓度和时间	[20]
蚯蚓 (Metaphire vulgaris)	PE	nm	200mg/kg、45mg/kg	28d	As	纳米塑料减少了砷在蚯蚓体内的生物累积，联合暴露导致纳米塑料和砷在蚯蚓肠道中砷生物转化基因（ABG）谱的变化	—	[21]

续表

物种	微塑料 类型	微塑料 粒径	微塑料 浓度	暴露时间	污染物	生态影响	影响因子	参考文献
蚯蚓 (*Eisenia foetida*)	LDPE	550~1000μm	0.25%	28d	阿特拉津	与单独暴露于阿特拉津或微塑料相比,阿特拉津和微塑料联合暴露,特别是高浓度阿特拉津,导致蚯蚓产生更大的氧化应激,微塑料有可能增强阿特拉津在土壤环境中的毒性;老化微塑料诱导的蚯蚓氧化应激和基因异常表达高于未老化微塑料,老化微塑料和阿特拉津联合暴露诱导更大的氧化应激	微塑料老化, 暴露浓度	[22]
蚯蚓 (*Eisenia fetida*)	PE	30μm, 100μm	0.1mg/kg, 0.5mg/kg, 1mg/g	21d	Cu 和 Ni	PE 微塑料提高了蚯蚓体内金属的积累,并对蚯蚓产生损害	暴露浓度, 颗粒粒径	[23]
老鼠 (*Mus musculus*, CD-1)	PE, PS	0.5~1.0μm	2mg/L	90d	有机磷阻燃剂 (OPFRs)	与单次 OPFR 暴露相比,MP 和 OPFRs 的联合暴露产生了更大的神经毒性和氧化应激,并增强了对小鼠氨基酸代谢和能量代谢的破坏	—	[3]

金属的迁移率。研究还发现共存的微塑料增加了土壤 DTPA 可提取态的 Cd 浓度[18]。此外，合成蚯蚓内脏中微塑料解吸的锌（40%～60%）高于土壤解吸的锌（2%～15%），这表明微塑料可以提高锌的生物利用度[2]。这些发现证实，微塑料确实降低了土壤对重金属的吸附和结合能力，从而增加了其对土壤生物群和植物的环境风险。

然而，有相反的研究结果表明，PE 微塑料可通过直接吸附和影响土壤性质（如 DOC 和 pH 值降低），促进重金属从生物可利用形态转化为有机结合形态，从而降低重金属的生物可利用性[33-34]。这种转变取决于金属种类和土壤团聚体尺寸。除了吸附物的性质外，微塑料对土壤吸附的影响通常随微塑料特性（例如聚合物类型、微塑料剂量、颗粒大小、表面特征和老化程度）和土壤性质（例如 pH 值、共存离子和腐殖酸）而变化[31-32,35]。有研究发现，与 PE 膜相比，可生物降解的聚己二酸对苯二甲酸丁二醇酯（PBAT）膜在环境中降解更快，并吸附更多的重金属。这可能与微塑料降解过程中的表面变化有关，可降解的微塑料更容易在环境中老化和降解，表面粗糙度增加，比表面积更高，允许吸附更多的重金属。在另一项研究中，聚酰胺-6 和聚甲基丙烯酸甲酯（PMMA）比 PE、PS、PET 和 PVC 更能吸收 Cu^{2+}[35]。镉吸附通常会因微塑料较高的剂量、较大的粒径和盐度而降低，但会因溶液较高的 pH 值和腐殖酸而增加[31-32]。土壤环境因素（pH 值、阳离子和低分子量有机酸的存在）可以影响 Cu^{2+} 在不同微塑料上的吸附：在 pH 值为 6 和 7 时，聚酰胺-6 和 PMMA 的吸附能力高于其他 pH 值时；由于竞争吸附位点，Ca^{2+} 和 Mg^{2+} 的存在降低了 Cu^{2+} 在微塑料上的吸附；柠檬酸和草酸大大降低了聚酰胺-6 微塑料对 Cu^{2+} 的吸附[35]。

更重要的是，共存的微塑料和有毒金属会产生复合毒性，干扰土壤微生物群、动物群和植物[27,36-37]。在铅/锌污染的土壤中，添加 2%（质量分数）微塑料提高了铅的有效性，其与土壤细菌多样性和一些优势属的相对丰度呈负相关[38]。聚酯微纤维和 Cd 的共同暴露改变了参与 C 和 N 循环的关键功能细菌[14]；微塑料和 Cd 的共同暴露影响了土壤碳循环和微生物群落结构[39]。特别是，共存的微塑料可能会增加土壤中有毒金属的生物可利用性，从而导致植物[40]和土壤动物[37]中金属的生物累积量增加，进而通过食物链对人类和其他家畜和野生动物造成健康风险。

5.1.2 微塑料对土壤有机污染物的影响

微塑料对土壤有机污染物的吸附/解吸在很大程度上控制了其生物可利用性和环境行为。微塑料是具有疏水表面的有机物质，因此对有机污染物具有较强的吸附能力，例如农药[41]、抗生素[42-43]、多环芳烃（PAHs）[44]、多氯联苯（PCBs）[45]，以及药物和个人护理产品（PPCP）[46]，主要通过分配、表面吸附和孔隙填充等机制吸附[47]。然而，微塑料对有机污染物的吸附取决于内在因素和外在因素，例如微塑料特性（例如聚合物类型、结构、结合能和表面性质）、吸附的污染物（例如溶解度、分子量、氧化还原状态、电荷和稳定性）和环境条件（例如 pH 值、温度、离子强度和有机物）[47-48]。

微塑料已被证明可以改变土壤对有机污染物的吸附行为和迁移率。Hüffer 等[49]研究了土壤中PE微塑料对阿特拉津和4-(2,4-二氯苯氧基)丁酸的吸附影响，发现这些污染物在微塑料上的吸附分配系数低于在未处理土壤上的，10%的微塑料显著降低了土壤的整体吸附。这些发现表明，土壤中微塑料的存在可能会通过稀释效应降低天然土壤的吸附能力，从而提高有机污染物的流动性[50]。然而，另一项研究发现，PE微塑料比PS微塑料和土壤吸附更多的三氯生，并且PE上吸附的三氯生比PS或土壤吸附的更容易释放[51]。此外，微塑料的存在可以减少土壤中四环素的水溶性部分，但增加了四环素的可交换部分，从而抑制这种抗生素的消散。Xu等[52]还发现了不同微塑料对土壤中极性安定和非极性菲吸附的对比效应：10%（质量分数）浓度微塑料显著降低了安定的总体吸附，同时1%（质量分数）浓度微塑料增加了菲的吸附。这种效应可归因于安定对微塑料的吸附亲和力低于对土壤的吸附亲和力，但菲对微塑料的吸附亲和力高于土壤。菲的吸附亲和力大小如下：PE＞SOC＞PP＞PS。有机污染物在微塑料和土壤之间的亲和力和分布可能决定这些污染物的命运和毒性。Xu等[53]研究了四环素在三种微塑料（即PS、PP和PE）上的吸附过程，发现微塑料对四环素的吸附过程主要是静电相互作用、疏水相互作用、π-π相互作用和极性相互作用，四环素的吸附亲和力遵循PS＞PP＞PE。Liu等[54]研究了未经处理的微塑料和老化的微塑料（如PVC和PS）对环丙沙星（CIP）的吸附过程和机理，四种微塑料对CIP的吸附能力遵循老化PS＞老化PVC＞PVC＞PS。就相同类型的微塑料而言，老化微塑料的吸附能力大于原始微塑料，这可以归因于老化微塑料上的含氧官能团更多。CIP在微塑料上的吸附机制主要包括分子间氢键、分配和静电相互作用。

微塑料可以作为有机污染物的载体，对生物造成综合毒性效应，但有机污染物的毒性是否增强或减弱取决于微塑料和土壤之间污染物的逸度梯度[12]。Wang等[12]发现，预污染疏水性有机污染物（HOCs）的微塑料增加了HOCs的生物累积；将清洁的微塑料添加到HOCs污染的土壤中，微塑料降低了HOCs的生物累积。然而，有人提出了一个不同的结论，即微塑料不会作为HOCs的载体，且是由于HOCs的竞争吸附和蚯蚓特定的摄食行为而增强了污染物的吸收[19]。微塑料对HOCs生物累积是促进作用还是抑制作用，取决于微塑料和土壤之间HOCs的逸度梯度，这突出了塑料和土壤污染顺序的重要性[12]。

其他一些研究发现，微塑料吸附或含有的污染物会增强微塑料的毒性。一项研究发现，共存的聚酯微塑料减少了蚯蚓肠道中的菲降解细菌，导致菲的积累和毒性更高[55]。类似地，负载磺胺甲噁唑的PS微塑料加剧了弹尾虫组织中肠道微生物群和抗生素耐药基因（ARG）谱的影响[56]。Deng等[3]研究了微塑料（例如聚乙烯和聚苯乙烯）和有机磷阻燃剂（OPFRs）在小鼠体内共存的健康风险，结果表明，与OPFRs的单一存在相比，微塑料和OPFRs的联合暴露可以在小鼠体内产生更高的神经毒性和氧化应激，可能极大地破坏小鼠的能量代谢和氨基酸代谢。此外，微塑料中含有的可提取添加剂对土壤中线虫的毒性有很大贡献[57]，这可以部分解释微塑料毒性不同的原因。另一项研究发现，轮胎胎面颗粒中含有的多环芳烃（PAHs）会释放到土壤中，部分导致蠕虫肠道和周围土壤中微生物群的失调[58]。然而，目前关于微塑料与土壤中有机污染物共同暴露的影响研究主要集中在土壤动物上，对植物和土壤微生物的影响研究较少，这需要更多的研究。

微塑料可以通过媒介效应和生物可利用性的改变介导有机污染物的降解[59]。一项为期30d的土壤培养试验发现，PP微塑料对草甘膦降解没有影响，尽管高剂量的微塑料改变了土壤微生物酶的活性，如β-葡萄糖苷酶、脲酶和磷酸酶[60]。35d的土壤试验表明，PE微塑料降低了CIP的降解，这可能与微生物多样性的降低相关[61]。微塑料可以改变土壤物理化学性质和微生物活性，从而改变有机污染物，特别是非持久性污染物的衰减和降解。此外，微塑料导致的有机污染物降解变化可能会进一步影响其毒性和在作物中的生物累积，从而对食品安全和生产造成风险，应进行更多关于微塑料与有机污染物相互作用的土壤试验。

5.2 微塑料对土壤不同团聚体组分中重金属的影响

微塑料可以改变土壤团聚体结构或成为土壤团聚体的一部分，由此改变土壤微环境，如改变土壤pH值、DOC和CEC水平，进而可能改变重金属的化学形态和生物有效性。微塑料和重金属是城市和农业土壤中常见的污染物，研究两者的相互作用有助于系统全面评估其对土壤生态系统的影响。土壤微塑料的存在的确可以影响重金属的生物有效性，其影响程度和方向取决于微塑料的浓度及种类[18, 33-34]。土壤微塑料的存在对重金属的影响机理比较复杂，需要进一步研究。不同的重金属其理化性质不同，导致它们在土壤固体表面的反应过程（如吸附解吸、络合反应、氧化反应）有所差异[62]，进而导致不同重金属化学形态的转化过程不同。同时这些反应过程对土壤中微塑料的响应可能不同，进而推测重金属化学形态的转化对微塑料的响应不同。

土壤中重金属的种类较多，不同重金属的化学行为和对环境的影响不同，推测不同重金属的生物有效性对土壤微塑料的响应机理不同，进而导致不同重金属的影响方向和程度不同。土壤的异质性强，不同的土壤微环境中微塑料对重金属的生物有效性的影响途径和机理存在差异。因此，本书在土壤团聚体层面上探讨微塑料对土壤中常见的7种重金属（Zn、Cu、Ni、Cd、Cr、As和Pb）生物有效性的影响。

5.2.1 试验设计

土壤培养试验同2.3.1节试验设计。

采用改进的Tessier五步提取法分析土壤中重金属（Cu、Cr、Ni、Cd、Zn、As和Pb）各化学形态的含量[63]。称取土壤样品1g，精确到0.0001g。

(1) 可交换态

向样品中加入8mL $MgCl_2$ 溶液（1mol/L pH=7.0），（25±1）℃下连续振荡1h；

于4000r/min转速下离心10min，过滤出上清液，加5mL去离子水洗涤残余物，再于4000r/min转速下离心10min，过滤出上清液；将所有上清液于50mL比色管中定容，电感耦合等离子体发射光谱仪（ICP-OES）测定重金属浓度。

（2）碳酸盐结合态

向上一步的残渣中加入8mL NaAc溶液（1mol/L，用HAc调至pH=5.0），(25±1)℃下连续振荡5h；于4000r/min转速下离心10min，过滤出上清液，加5mL去离子水洗涤残余物，再于4000r/min转速下离心10min，过滤出上清液；将所有上清液于50mL比色管中定容，ICP-OES测定重金属浓度。

（3）铁锰氧化物结合态

向上一步的残渣中加入20mL 0.04mol/L $NH_2OH \cdot HCl$［溶于25%（体积分数）HAc］溶液，(96±3)℃下恒温断续振荡6h；于4000r/min转速下离心10min，过滤出上清液，加5mL去离子水洗涤残余物，再于4000r/min转速下离心10min过滤出上清液；将所有上清液于50mL比色管中定容，ICP-OES测定重金属浓度。

（4）有机物结合态

向上一步的残渣中加入3mL 0.02mol/L HNO_3溶液，5mL 30%的H_2O_2溶液，再用HNO_3调整pH=2，(85±2)℃下断续振荡2h；再加3mL 30%的H_2O_2溶液，(85±2)℃下断续振荡3h；冷却到(25±1)℃，加5mL 3.2mol/L NH_4OAc［溶于20%（体积分数）HNO_3］溶液，稀释到20mL，连续振荡30min。于4000r/min转速下离心10min，过滤出上清液，加5mL去离子水洗涤残余物，再于4000r/min转速下离心10min，过滤出上清液；将所有上清液于50mL比色管中定容，ICP-OES测定重金属浓度。

（5）残余态

王水消解，遵循ISO规范。将澄清液于50mL比色管中定容，ICP-OES测定重金属浓度。

5.2.2 不同重金属化学形态对土壤微塑料的响应

由图5-1可知，添加微塑料后，Zn、Cu、Ni、Cd、Cr、As和Pb各化学形态的变化趋势在三种土壤团聚体组分中是一致的，生物最容易利用的可交换态和碳酸盐结合态（CS1）以及生物较易利用的铁锰氧化物结合态（CS2）均呈现不同程度的降低，而生物较难利用的有机物结合态（CS3）均显著增加（$P<0.05$）。平均而言，Cu、Cr、Ni、Cd、Zn和As的CS1形态的含量分别降低了31.7%、45.8%、29.2%、31.3%、46.1%和22.6%；Cu、Cr、Ni、Cd、Zn、As和Pb的CS2形态的含量分别降低了42.2%、43.4%、39.4%、27.3%、29.4%、31.6%和45.0%；而CS3形态的含量分别增加了28.4%、197.1%、159.2%、290.2%、80.3%、51.5%和221.3%。平均而言，重金属有机物结合态对微塑料的响应程度比其他化学形态显著。微塑料降低了土壤中重金属的生物最容易利用的可交换态和碳酸盐结合态以及生物较易利用的铁锰氧化物

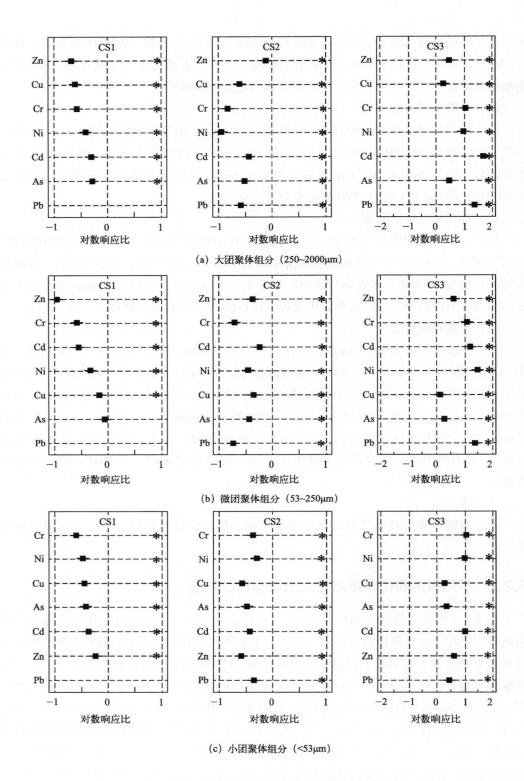

图 5-1 重金属化学形态对微塑料的响应
误差线表示平均值的 95% 置信区间；供试土壤 Pb 没有可交换态和碳酸盐结合态

结合态的含量，而增加了生物较难利用的有机物结合态的含量。这与 Yu 等[33-34]的研究结果一致，微塑料的存在使土壤中重金属可交换态、碳酸盐结合态和铁锰氧化物结合态的含量降低，而重金属有机物结合态的含量增加，从而导致重金属的生物有效性降低。但 Wang 等[18]的研究发现低浓度的聚乙烯微塑料对重金属生物有效性有促进作用，而高浓度聚乙烯对重金属生物有效性有抑制作用；而聚乳酸微塑料对重金属生物有效性有促进作用，且影响程度随着微塑料浓度的增加而减小。这表明微塑料对重金属生物有效性的影响取决于微塑料的浓度及种类。

土壤中微塑料的存在促使重金属从生物有效态向有机物结合态转化，这可能是由于微塑料具有强疏水性和高比表面积特性，可以通过其表面的带电或极性区域与重金属离子相互作用，或通过中性金属-有机络合物与微塑料的疏水表面之间的非特异性相互作用来吸附金属[31,33,64]，从而引起土壤中重金属化学形态从 CS1、CS2 向 CS3 转化。此外，土壤有机物可通过吸附/解吸和络合/解离过程来影响土壤中重金属的化学形态、迁移率和生物利用度[65]。微塑料属于不可溶的有机物，其进入土壤后可通过增加对重金属的络合和吸附作用而降低重金属的迁移性，进而降低重金属的生物有效性。此外，微塑料可能会通过吸附有机分子而成为土壤有机质的组成部分，从而增加土壤中有机物结合态重金属的含量[33]。

重金属的不同化学形态对微塑料的响应程度不同。如 Cu 和 Zn 的 CS1 形态对微塑料的响应程度大于 CS2 和 CS3 形态，As 的 CS2 形态对微塑料的响应程度大于 CS1 和 CS3 形态，Cr、Ni、Cd、Pb 的 CS3 形态对微塑料的响应程度大于 CS1 和 CS2 形态。微塑料可以通过吸附作用、铁锰氧化物吸附或共沉淀作用或络合作用对重金属化学形态产生影响[33]。本书推测，可能是由于微塑料对不同重金属的作用方式和作用程度不同，对 Cu 和 Zn 可能是离子吸附起主要作用，对 As 可能是铁锰氧化物吸附或共沉淀起主要作用，对 Cr、Ni、Cd、Pb 可能是络合起主要作用。

不同重金属对微塑料的响应程度也不同。例如，在大团聚体组分中，对于重金属的 CS1 形态，Zn 的 CS1 形态对微塑料的响应最大，其次是 Cu 和 Cr，再次是 Ni 和 Cd，影响最小的是 As；对于重金属的 CS2 形态，Ni 的 CS2 形态对微塑料的响应最大，其次是 Cr，然后是 Cu、Pb、As 和 Cd，影响最小的是 Zn；对于重金属的 CS3 形态，Cd 的 CS3 形态对微塑料的响应最大，其次是 Pb，然后是 Cr 和 Ni，再是 As 和 Zn、Cu。这可能是不同金属具有不同的电荷和半径，导致它们在土壤固体表面物质的反应过程（如吸附解吸、络合反应和氧化反应）有所差异[62]，进而导致不同重金属化学形态对微塑料的响应程度不同。

重金属的化学形态对微塑料的响应程度随土壤团聚体粒径的不同而不同（图 5-1）。如 Cr 和 Ni 的 CS2 形态对微塑料的响应程度按大团聚体、微团聚体和小团聚体的顺序降低。而 Zn 的 CS2 形态对微塑料的响应程度却表现出相反的趋势，即按照小团聚体、微团聚体和大团聚体降低。在整个培养周期，大团聚体组分中重金属化学形态对微塑料的响应程度大于小团聚体组分。

5.2.3 不同土壤团聚体组分中重金属化学形态对微塑料的响应

总体而言，重金属化学形态对微塑料的响应程度在大团聚体组分中要大于在小团聚体组分中，但在不同培养阶段，响应程度存在差异（图5-2）。在培养的前105d，大团聚体组分中重金属化学形态对微塑料的响应程度大于小团聚体组分，但在105d后，小团聚体组分中重金属化学形态对微塑料的响应程度大于大团聚体组分。结果表明，微塑料对较小粒径团聚体中重金属化学形态的影响滞后于较大粒径团聚体中。图5-2中，T表示整个培养周期的重金属化学形态的变化率，TD表示不同培养阶段的重金属化学形态的变化率；PF、MOF和NASCF分别代表大团聚体组分、微团聚体组分和小团聚体组分；均值后不同的小写字母表示在 $P<0.05$ 时具有显著差异。

不同粒径的土壤团聚体对微塑料的响应程度不同，较大粒径的团聚体表现出较高的敏感性。从土壤的形成机制上看，土壤颗粒先形成大团聚体，大团聚体逐渐破裂形成微团聚体，微团聚体再逐渐释放形成更小的小团聚体[66-67]。微塑料进入土壤后，可以与有机物和微生物分泌物团聚而嵌入土壤的微结构中，成为土壤团聚体的一部分[68]。因此，本书推测微塑料进入土壤后，大团聚体组分对微塑料的响应较快，小团聚体响应较慢，导致小团聚体对微塑料的响应时间滞后于大团聚体。不同粒级团聚体理化性质不同，对土壤有机质的保护作用也不相同。大团聚体对有机物的保护主要是物理包裹，作用力较弱；而小团聚体通过与矿物颗粒结合而具有化学保护作用，相对较强，因此小团聚体比大团聚体更能抵抗外部干扰[69-70]。因此，培养试验初期，大团聚体对微塑料的响应强于小团聚体，但培养试验后期，小团聚体组分中重金属化学形态对微塑料的响应强于大团聚体。

5.2.4 微塑料诱导的土壤因子变化对重金属化学形态的影响

通常情况下，土壤化学性质可以影响土壤中重金属化学形态转化过程。从相关性分析结果来看（图5-3，彩图见书后），在土壤大团聚体组分中，重金属的CS1形态和CS2形态与K、DOC、OP和CEC呈显著正相关。但Cd的CS1形态和Zn的CS2形态与土壤化学因子的相关性要低于其他重金属。重金属的CS3形态与TN、K、DOC、OP和CEC呈显著负相关。TP、ON、pH值与重金属的CS1、CS2和CS3形态均无显著相关。图5-3中正方形表示正相关，圆形表示负相关；*表示在 $P<0.05$ 水平显著相关。

在微团聚体组分中，重金属的CS1形态与pH值呈显著正相关；除As外，重金属的CS1形态与ON和OP呈显著正相关。重金属CS2形态与TN、DOC、ON、OP呈显著正相关；除Ni和Pb外，其余金属的CS2形态与pH值呈显著正相关。重金属的CS3形态与TN、DOC、ON、OP和pH值呈显著负相关。TP、K、CEC与重金属的CS1、CS2和CS3形态无显著相关。

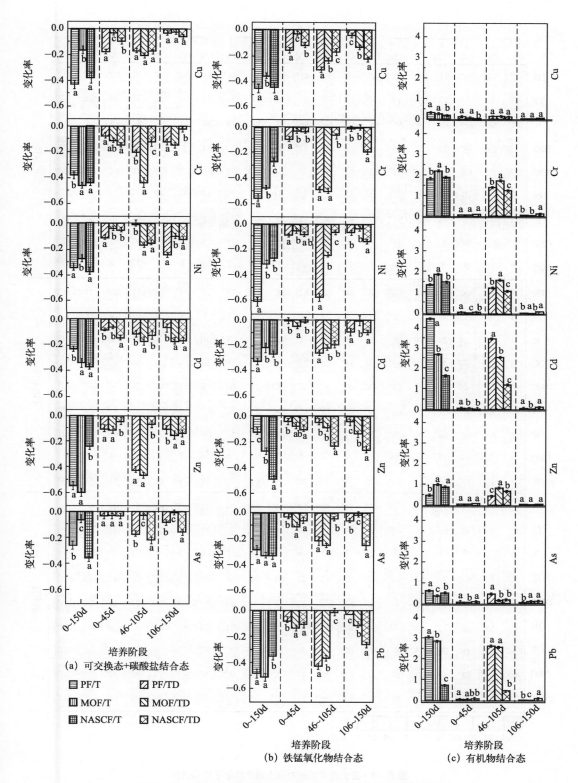

图 5-2 不同土壤团聚体组分中重金属化学形态对微塑料的响应

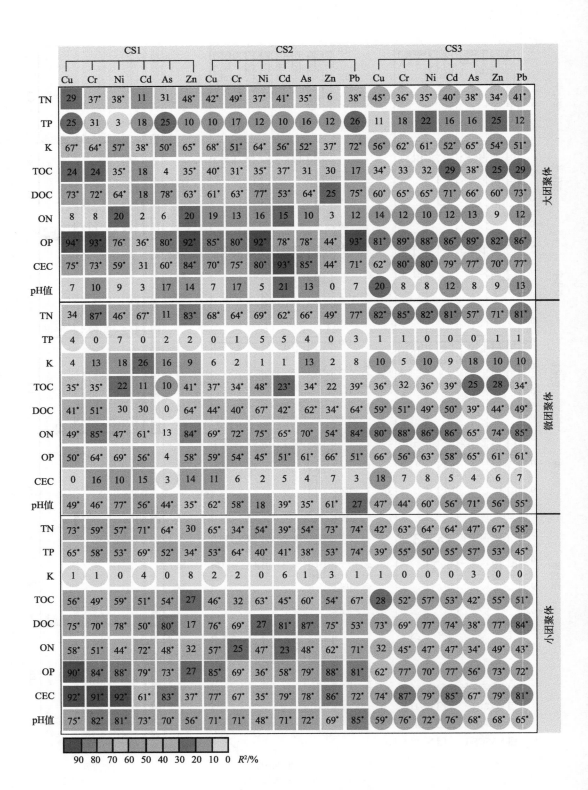

图 5-3 重金属化学形态与土壤化学因子的相关性

在小团聚体组分中，除 K 外，重金属的 CS1、CS2 和 CS3 形态与土壤指标呈显著相关性。Zn 的 CS1 形态与 Ni 的 CS2 形态以及 As 的 CS3 形态与土壤化学因子的相关性要比其他重金属化学形态的相关性要小。

5.2.5 微塑料诱导的土壤因子变化对重金属化学形态影响路径分析

图 5-4（书后另见彩图）中箭头代表因果关系，其粗细表示因子的重要性；实线表示显著，虚线表示不显著；红色的线表示促进作用，蓝色的线表示抑制作用；*** 表示 $P<0.001$，** 表示 $P<0.01$，* 表示 $P<0.05$；重金属后面的数字 1、2 和 3 分别表示重金属的可交换态和碳酸盐结合态、铁锰氧化物态和有机物结合态。从构建的结构方程模型看（图 5-4），在大团聚体组分中，除 Cd 的 CS1 形态外，与重金属化学形态呈显著相关的 K、DOC、OP 和 CEC 对重金属的 CS1 和 CS2 形态均有直接显著的促进作用，而对重金属的 CS3 形态有直接显著的抑制作用。ON 和 TN 通过作用于 K、DOC、OP 和 CEC 因子而对重金属的化学形态产生影响。pH 值与重金属的化学形态无显著相关性，但对 Zn、Cu、Cr、As 的 CS1 形态和 Cu、Cr、Ni、Cd、As、Pb 的 CS2 形态有显著的影响。

在微团聚体组分中（图 5-5，书后另见彩图），所有的土壤化学因子对 As 的 CS1 形态无显著影响。TN、ON 和 pH 值对 Cd 的 CS1 形态以及 Zn、Cd、Cu、Cr 的 CS2 形态有直接显著的促进作用。TN、ON、pH 值、TOC、DOC 和 OP 对 Zn、Cr、Cu、Ni 的 CS1 形态以及 As、Pb、Ni 的 CS2 形态有直接显著的促进作用，对重金属的 CS3 形态有直接显著的抑制作用。

在小团聚体组分中（图 5-6，书后另见彩图），除 Ni 的 CS2 形态外，pH 值、CEC、OP 和 DOC 对重金属的 CS1 和 CS2 形态有直接显著的促进作用，而对重金属的 CS3 形态有显著的抑制作用。TOC 对 Ni 的 CS2 形态有显著的促进作用。除 Zn 的 CS1 形态以及 Ni 和 Cr 的 CS2 形态外，TN 和 ON 对其余金属的 CS1 形态和 CS2 形态有直接显著的促进作用，但明显小于 pH 值、CEC、OP 和 DOC 的促进作用。K 对 Zn、Cd 的 CS1 形态以及 Cd、Pb 的 CS2 形态有显著的促进作用，但与其他重金属化学形态无显著相关性。

微塑料的存在影响土壤的物理和化学性质，而土壤理化性质可以影响重金属的化学形态，如 DOC 含量和 pH 值是影响土壤中重金属化学行为的关键因素[71]。土壤 DOC 含量的降低可以增加金属在土壤表面的吸附，土壤溶液中重金属离子的浓度减少，因此 DOC 含量的降低可以降低重金属可交换态的含量[72-74]。土壤 pH 值通过改变重金属的吸附位置、吸附表面稳定性、化学形态和配位特性来影响土壤中重金属的迁移转化和化学行为[75-76]。土壤 pH 值的降低，增强了 H^+ 和金属离子之间的竞争吸附而增加了重金属的迁移率，进而增加了交换态重金属含量[75]。但是，金属离子和 H^+ 在吸附位上的竞争也可能导致重金属可交换态随土壤 pH 值的降低而降低[76]。此外，pH 值会影响微塑料吸附重金属，并且这种影响会因重金属的种类和环境条件而异[31,64,77]。本书中，

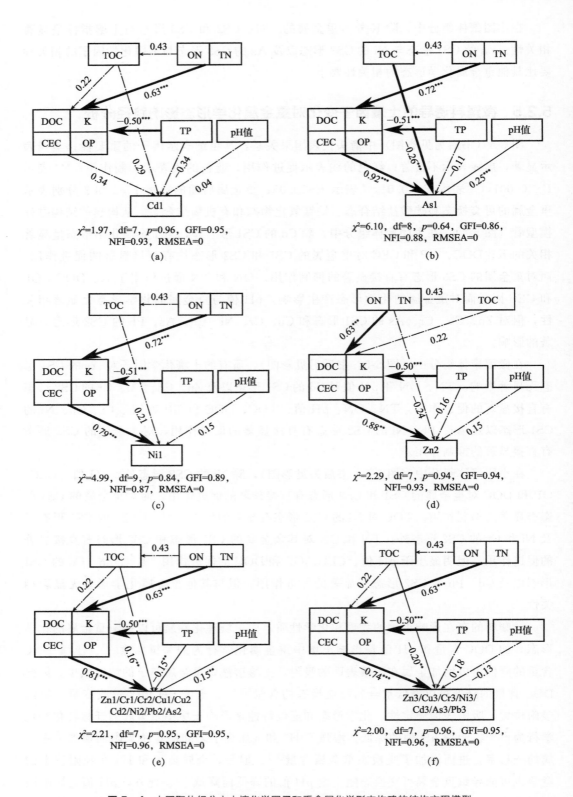

图 5-4 大团聚体组分中土壤化学因子和重金属化学形态构建的结构方程模型

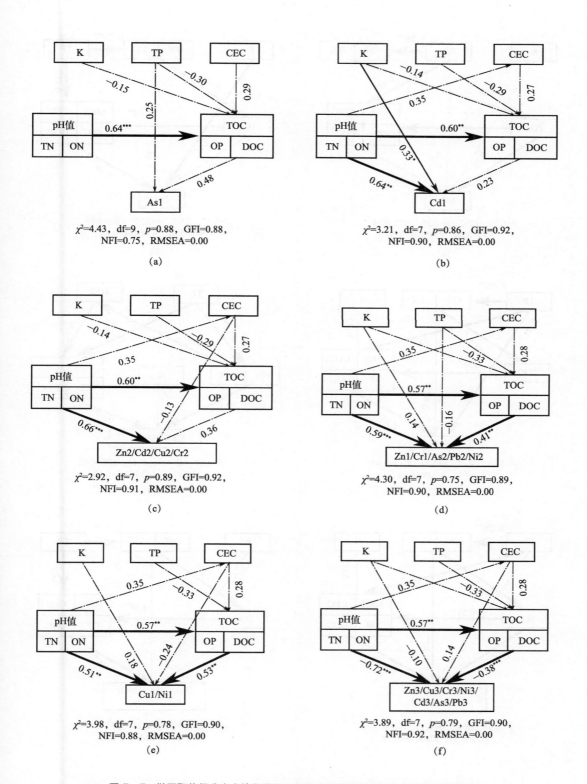

图 5-5 微团聚体组分中土壤化学因子和重金属化学形态构建的结构方程模型

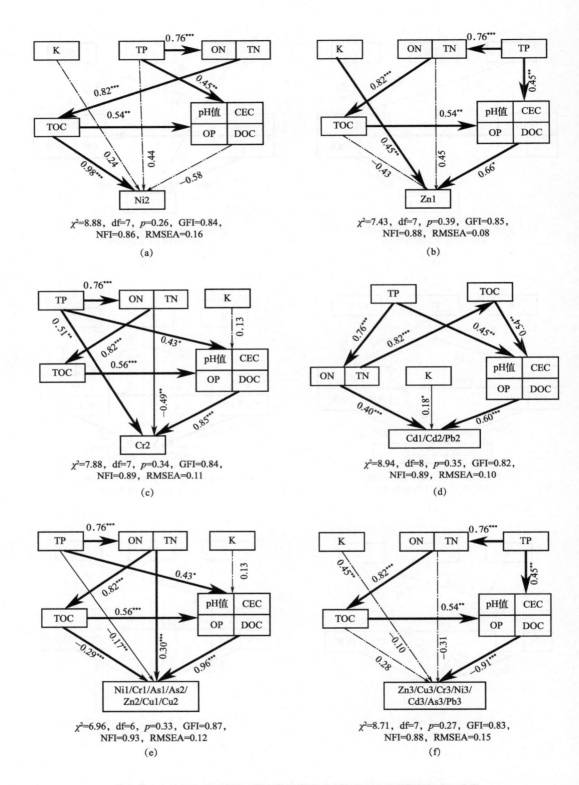

图 5-6 小团聚体组分中土壤化学因子和重金属化学形态构建的结构方程模型

微塑料引起土壤 pH 值的降低可能导致对重金属离子的吸附作用增强,从而降低了重金属可交换态含量。土壤 pH 值会影响碳酸盐和铁锰氧化物的形成,重金属碳酸盐结合态和铁锰氧化物结合态含量的变化与土壤 pH 值变化的方向一致[78-79]。相关性分析和结构方程模型的结果表明,pH 值和 DOC 对重金属 CS1 和 CS2 形态有显著直接的促进作用,而对 CS3 形态有显著直接的抑制作用(图 5-3～图 5-6)。本书中,微塑料降低了土壤 DOC 含量和 pH 值,而 pH 值和 DOC 直接影响重金属化学形态,这表明土壤中微塑料的存在会影响重金属的化学形态。

土壤化学因子对不同重金属的影响路径不同,也可能导致不同重金属对微塑料的响应程度不同。如在大团聚体组分中,Zn、Cu、Cr 的 CS1 形态对微塑料的响应程度较大,而 Ni、Cd、As 的 CS1 形态对微塑料的响应程度相对较小。从影响路径看,DOC、OP、CEC、K、TOC、pH 值对 Zn、Cu、Cr 的 CS1 形态有直接显著的影响,DOC、OP、CEC、K、pH 值对 As 的 CS1 形态有直接显著影响,DOC、OP、CEC、K 对 Ni 的 CS1 形态有直接显著影响,而土壤化学因子对 Cd 的 CS1 形态无显著的影响。微塑料可以通过直接的吸附或络合作用对重金属的化学形态产生影响,也可以通过影响土壤化学因子间接影响重金属的化学形态[33-34]。这可能导致土壤化学因子对重金属的作用路径相同,但不同重金属的化学形态对微塑料的响应不同。如土壤化学因子对不同重金属的 CS3 形态的作用路径都是一致的,但不同重金属的 CS3 形态对微塑料添加的响应程度不同。

综上,微塑料的存在使土壤中重金属可交换态、碳酸盐结合态和铁锰氧化物结合态的含量降低,而重金属有机物结合态的含量增加,有效地抑制了重金属的生物可利用性。其中 Cu、Cr、Ni、Cd、Zn 和 As 的可交换态和碳酸盐结合态含量分别降低了 31.7%、45.8%、29.2%、31.3%、46.1% 和 22.6%;Cu、Cr、Ni、Cd、Zn、As 和 Pb 的铁锰氧化物结合态含量分别降低了 42.2%、43.4%、39.4%、27.3%、29.4%、31.6% 和 45.0,而有机物结合态含量分别增加了 28.4%、197.1%、159.2%、290.2%、80.3%、51.5% 和 221.3%。平均而言,重金属有机物结合态对微塑料的响应程度比其他化学形态显著。

微塑料通过其表面的带电或极性区域与重金属离子相互作用,或通过中性金属-有机络合物与微塑料的疏水表面之间的非特异性相互作用来吸附金属,促使重金属的生物可利用组分转化为有机结合组分,进而降低了重金属的迁移转化和生物可利用性。同时,在微塑料的作用下土壤化学性质发生变化(如 pH 值、CEC 和 DOC 水平降低),对重金属化学形态的转化产生影响。土壤化学性质对不同重金属的影响路径不同,同时微塑料对不同重金属的作用不同,综合表现为重金属的不同化学形态对微塑料的响应程度不同。Cu 和 Zn 的可交换态和碳酸盐结合态对微塑料的响应程度大于铁锰氧化物结合态和有机物结合态,As 的铁锰氧化物结合态对微塑料的响应程度大于可交换态和碳酸盐结合态及有机物结合态,Cr、Ni、Cd、Pb 的有机物结合态对微塑料的响应程度大于可交换态、碳酸盐结合态和铁锰氧化物结合态。

重金属的化学形态对微塑料的响应程度随土壤团聚体粒径的不同而不同。在整个培养周期，大团聚体组分中重金属化学形态对微塑料的响应程度大于小团聚体组分。培养前105d，大粒径团聚体组分中重金属化学形态对微塑料的响应程度比小粒径团聚体组分中更显著，但105d后则呈现相反的趋势，说明小粒径团聚体中重金属化学形态转化对长期微塑料污染更敏感。

本书发现微塑料有利于重金属向稳定态转变，进而可以有效减缓其在环境中的迁移，降低其生物可利用性。同一种重金属的化学形态在不同土壤团聚体中对微塑料的响应程度不同，不同化学形态在同一种土壤团聚体中对微塑料的响应程度也不同，这说明重金属的生态环境风险对微塑料的响应机理是非常复杂的。因此，如果把土壤看作是均匀的库，来分析土壤微塑料污染背景下重金属的环境风险是不充分的。本书从不同土壤团聚体组分水平上来阐述不同重金属的化学形态对微塑料的响应，可以为微塑料污染背景下的土壤环境质量优化管理提供参考。微塑料通过吸附作用或络合作用可以增加重金属有机态的含量，从而降低重金属的生态环境风险。在大团聚体组分中，微塑料引起Cd和Pb有机物结合态的含量增加最多；在微团聚体组分中，微塑料引起Ni、Pb和Cr有机物结合态的含量增加最多；而在小团聚体组分中，微塑料引起的Cr、Ni和Cd有机物结合态的含量增加最多。同时土地利用和耕作方式的变化导致土壤微环境发生变化，进而可能导致原来微塑料吸附的重金属释放出来成为生物可利用的，给食物安全带来风险。从长期的土壤环境管理来看，在类似于大团聚体微环境的偏砂性的土壤类型中，应关注Cd和Pb的风险；在类似于小团聚体微环境的偏黏性的土壤类型中，应关注Cr、Ni和Cd的风险；在类似于微团聚体微环境的砂土和黏土之间的土壤类型中应关注Ni、Pb和Cr的风险。此外微塑料能富集重金属，抑制酶活性，对物质循环产生影响，未来需评估土壤微塑料对植物、微生物及物质循环的复合污染效应。

参考文献

[1] Zhao H J, Xu J K, Yan Z H, et al. Microplastics enhance the developmental toxicity of synthetic phenolic antioxidants by disturbing the thyroid function and metabolism in developing zebrafish. Environment International, 2020, 140: 105750.

[2] Hodson M E, Duffus-Hodson C A, Clark A, et al. Plastic bag derived-microplastics as a vector for metal exposure in terrestrial invertebrates. Environmental Science & Technology, 2017, 51 (8): 4714-4721.

[3] Deng Y, Zhang Y, Qiao R, et al. Evidence that microplastics aggravate the toxicity of organophosphorus flame retardants in mice (Mus musculus). Journal of Hazardous Materials, 2018, 357: 348-354.

[4] Wang F, Zhang X, Zhang S, et al. Effects of co-contamination of microplastics and Cd on plant growth and Cd accumulation. Toxics, 2020, 8 (2): 36.

[5] Dong Y, Gao M, Song Z, et al. Microplastic particles increase arsenic toxicity to rice seedlings. Environmental Pollution, 2020, 259: 113892.

[6] Dong Y, Gao M, Qiu W, et al. Uptake of microplastics by carrots in presence of As (Ⅲ): Combined toxic effects. Journal of Hazardous Materials, 2021, 411: 125055.

[7] Sun W, Yan S, Meng Z, et al. Combined ingestion of polystyrene microplastics and epoxiconazole increases health risk to mice: Based on their synergistic bioaccumulation in vivo. Environment International, 2022, 166: 107391.

[8] Yu X, Du H, Huang Y, et al. Selective adsorption of antibiotics on aged microplastics originating from mariculture benefits the colonization of opportunistic pathogenic bacteria. Environmental Pollution, 2022, 313: 120157.

[9] Wang H T, Ding J, Xiong C, et al. Exposure to microplastics lowers arsenic accumulation and alters gut bacterial communities of earthworm *Metaphire californica*. Environmental Pollution, 2019, 251: 110-116.

[10] Dong Y, Gao M, Qiu W, et al. Effect of microplastics and arsenic on nutrients and microorganisms in rice rhizosphere soil. Ecotoxicology and Environmental Safety, 2021, 211: 111899.

[11] 刘玲, 洪婷婷, 胡倩男, 等. 微塑料与铅复合污染对水稻幼苗根系生长和氧化应激的影响. 农业环境科学学报, 2021, 40 (12): 2623-2633.

[12] Wang J, Coffin S, Schlenk D, et al. Accumulation of HOCs via precontaminated microplastics by earthworm *Eisenia fetida* in soil. Environmental Science & Technology, 2020, 54 (18): 11220-11229.

[13] Khan F R, Syberg K, Shashoua Y, et al. Influence of polyethylene microplastic beads on the uptake and localization of silver in zebrafish (*Danio rerio*). Environmental Pollution, 2015, 206: 73-79.

[14] Zeb A, Liu W, Meng L, et al. Effects of polyester microfibers (PMFs) and cadmium on lettuce (*Lactuca sativa*) and the rhizospheric microbial communities: A study involving physio-biochemical properties and metabolomic profiles. Journal of Hazardous Materials, 2022, 424: 127405.

[15] Zong X, Zhang J, Zhu J, et al. Effects of polystyrene microplastic on uptake and toxicity of copper and cadmium in hydroponic wheat seedlings (*Triticum aestivum* L.). Ecotoxicology and Environmental Safety, 2021, 217: 112217.

[16] Xu G, Liu Y, Yu Y. Effects of polystyrene microplastics on uptake and toxicity of phenanthrene in soybean. Science of the Total Environment, 2021, 783: 147016.

[17] Lian J, Wu J, Zeb A, et al. Do polystyrene nanoplastics affect the toxicity of cadmium to wheat (*Triticum aestivum* L.)? Environmental Pollution, 2020, 263 (Pt A): 114498.

[18] Wang F, Zhang X, Zhang S, et al. Interactions of microplastics and cadmium on plant growth and arbuscular mycorrhizal fungal communities in an agricultural soil. Chemosphere, 2020, 254: 126791.

[19] Wang J, Coffin S, Sun C, et al. Negligible effects of microplastics on animal fitness and HOC bioaccumulation in earthworm *Eisenia fetida* in soil. Environmental Pollution, 2019, 249: 776-784.

[20] Zhou Y, Liu X, Wang J. Ecotoxicological effects of microplastics and cadmium on the earthworm *Eisenia foetida*. Journal of Hazardous Materials, 2020, 392: 122273.

[21] Wang H T, Ma L, Zhu D, et al. Responses of earthworm *Metaphire vulgaris* gut microbiota to arsenic and nanoplastics contamination. Science of the Total Environment, 2022, 806: 150279.

[22] Cheng Y, Zhu L, Song W, et al. Combined effects of mulch film-derived microplastics and atrazine on oxidative stress and gene expression in earthworm (*Eisenia fetida*). Science of the Total Environment, 2020, 746: 141280.

[23] Li M, Liu Y, Xu G, et al. Impacts of polyethylene microplastics on bioavailability and toxicity of metals in soil. Science of the Total Environment, 2021, 760: 144037.

[24] Godoy V, Blázquez G, Calero M, et al. The potential of microplastics as carriers of metals. Environmental Pollution, 2019, 255: 113363.

[25] Mao R, Lang M, Yu X, et al. Aging mechanism of microplastics with UV irradiation and its effects on the adsorption of heavy metals. Journal of Hazardous Materials, 2020, 393: 122515.

[26] Zou J, Liu X, Zhang D, et al. Adsorption of three bivalent metals by four chemical distinct microplastics. Chemosphere, 2020, 248: 126064.

[27] Liu G, Dave P H, Kwong R W M, et al. Influence of microplastics on the mobility, bioavailability, and toxicity of heavy metals: A Review. Bulletin of Environmental Contamination and Toxicology, 2021, 107 (4): 710-721.

[28] Wang F, Yang W, Cheng P, et al. Adsorption characteristics of cadmium onto microplastics from aqueous solutions. Chemosphere, 2019, 235: 1073-1080.

[29] Lang M, Yu X, Liu J, et al. Fenton aging significantly affects the heavy metal adsorption capacity of polystyrene microplastics. Science of the Total Environment, 2020, 722: 137762.

[30] Tang S, Lin L, Wang X, et al. Pb (Ⅱ) uptake onto nylon microplastics: Interaction mechanism and adsorption

performance. Journal of Hazardous Materials, 2020, 386: 121960.

[31] Zhang S, Han B, Sun Y, et al. Microplastics influence the adsorption and desorption characteristics of Cd in an agricultural soil. Journal of Hazardous Materials, 2020, 388: 121775.

[32] Li M, Wu D, Wu D, et al. Influence of polyethylene-microplastic on environmental behaviors of metals in soil. Environmental Science and Pollution Research, 2021, 28 (22): 28329-28336.

[33] Yu H, Hou J, Dang Q, et al. Decrease in bioavailability of soil heavy metals caused by the presence of microplastics varies across aggregate levels. Journal of Hazardous Materials, 2020, 395: 122690.

[34] Yu H, Zhang Z, Zhang Y, et al. Metal type and aggregate microenvironment govern the response sequence of speciation transformation of different heavy metals to microplastics in soil. Science of the Total Environment, 2020, 752: 141956.

[35] Yang J, Cang L, Sun Q, et al. Effects of soil environmental factors and UV aging on Cu^{2+} adsorption on microplastics. Environmental Science and Pollution Research, 2019, 26: 23027-23036.

[36] Xiang Y, Jiang L, Zhou Y, et al. Microplastics and environmental pollutants: Key interaction and toxicology in aquatic and soil environments. Journal of Hazardous Materials, 2022, 422: 126843.

[37] Wang Q, Adams C, Wang F, et al. Interactions between microplastics and soil fauna: A critical review. Critical Reviews in Environmental Science & Technology 2022, 52: 3211-3243.

[38] Feng X, Wang Q, Sun Y, et al. Microplastics change soil properties, heavy metal availability and bacterial community in a Pb-Zn-contaminated soil. Journal of Hazardous Materials, 2022, 424: 126374.

[39] Meng Q, Diao T, Yan L, et al. Effects of single and combined contamination of microplastics and cadmium on soil organic carbon and microbial community structural: A comparison with different types of soil. Applied Soil Ecology, 2023, 183: 104763.

[40] Wang F, Wang X, Song N. Polyethylene microplastics increase cadmium uptake in lettuce (*Lactuca sativa* L.) by altering the soil microenvironment. Science of the Total Environment, 2021, 784: 147133.

[41] Li H, Wang F, Li J, et al. Adsorption of three pesticides on polyethylene microplastics in aqueous solutions: Kinetics, isotherms, thermodynamics, and molecular dynamics simulation. Chemosphere, 2021, 264: 128556.

[42] Wang L, Yang H, Guo M, et al. Adsorption of antibiotics on different microplastics (MPs): Behavior and mechanism. Science of the Total Environment, 2022: 161022.

[43] Xue X, Hong S, Cheng R, et al. Adsorption characteristics of antibiotics on microplastics: The effect of surface contamination with an anionic surfactant. Chemosphere, 2022, 307: 136195.

[44] Lončarski M, Gvoić V, Prica M, et al. Sorption behavior of polycyclic aromatic hydrocarbons on biodegradable polylactic acid and various nondegradable microplastics: Model fitting and mechanism analysis. Science of the Total Environment, 2021, 785: 147289.

[45] Llorca M, Ábalos M, Vega-Herrera A, et al. Adsorption and desorption behaviour of polychlorinated biphenyls onto microplastics' surfaces in water/sediment systems. Toxics, 2020, 8: 59.

[46] Atugoda T, Vithanage M, Wijesekara H, et al. Interactions between microplastics, pharmaceuticals and personal care products: Implications for vector transport. Environment International, 2021, 149: 106367.

[47] Wang F, Zhang M, Sha W, et al. Sorption behavior and mechanisms of organic contaminants to nano and microplastics. Molecules, 2020, 25 (8): 1827.

[48] Joo S H, Liang Y, Kim M, et al. Microplastics with adsorbed contaminants: Mechanisms and treatment. Environmental Challenges, 2021, 3: 100042.

[49] Hüffer T, Metzelder F, Sigmund G, et al. Polyethylene microplastics influence the transport of organic contaminants in soil. Science of the Total Environment, 2019, 657: 242-247.

[50] Li J, Guo K, Cao Y, et al. Enhance in mobility of oxytetracycline in a sandy loamy soil caused by the presence of microplastics. Environmental Pollution, 2021, 269: 116151.

[51] Chen X, Gu X, Bao L, et al. Comparison of adsorption and desorption of triclosan between microplastics and soil particles. Chemosphere, 2021, 263: 127947.

[52] Xu B, Huang D, Liu F, et al. Contrasting effects of microplastics on sorption of diazepam and phenanthrene in soil. Journal of Hazardous Materials, 2021, 406: 124312.

[53] Xu B, Liu F, Brookes P C, et al. Microplastics play a minor role in tetracycline sorption in the presence of dis-

solved organic matter. Environmental Pollution, 2018, 240: 87-94.

[54] Liu G, Zhu Z, Yang Y, et al. Sorption behavior and mechanism of hydrophilic organic chemicals to virgin and aged microplastics in freshwater and seawater. Environmental Pollution, 2019, 246: 26-33.

[55] Xu G, Liu Y, Song X, et al. Size effects of microplastics on accumulation and elimination of phenanthrene in earthworms. Journal of Hazardous Materials, 2021, 403: 123966.

[56] Xiang Q, Zhu D, Chen Q L, et al. Adsorbed sulfamethoxazole exacerbates the effects of polystyrene (~2 μm) on gut microbiota and the antibiotic resistome of a soil collembolan. Environmental Science & Technology, 2019, 53: 12823-12834.

[57] Kim S W, Waldman W R, Kim T Y, et al. Effects of different microplastics on nematodes in the soil environment: Tracking the extractable additives using an ecotoxicological approach. Environmental Science & Technology, 2020, 54 (21): 13868-13878.

[58] Ding J, Zhu D, Wang H T, et al. Dysbiosis in the gut microbiota of soil fauna explains the toxicity of tire tread particles. Environmental Science & Technology, 2020, 54 (12): 7450-7460.

[59] Wang T, Wang L, Chen Q, et al. Interactions between microplastics and organic pollutants: Effects on toxicity, bioaccumulation, degradation, and transport. Science of the Total Environment, 2020, 748: 142427.

[60] Yang X, Bento C P M, Chen H, et al. Influence of microplastic addition on glyphosate decay and soil microbial activities in Chinese loess soil. Environmental Pollution, 2018, 242 (Pt A): 338-347.

[61] Wang J, Liu X, Dai Y, et al. Effects of co-loading of polyethylene microplastics and ciprofloxacin on the antibiotic degradation efficiency and microbial community structure in soil. Science of the Total Environment, 2020, 741: 140463.

[62] Peng L, Liu P, Feng X, et al. Kinetics of heavy metal adsorption and desorption in soil: Developing a unified model based on chemical speciation. Geochimica et Cosmochimica Acta, 2018, 224: 282-300.

[63] Tessier A, Campbell P G C, Bisson M. Sequential extraction procedure for the speciation of particulate trace metals. Analytical Chemistry, 1979, 51 (7): 844-851.

[64] Holmes L A, Turner A, Thompson R C. Adsorption of trace metals to plastic resin pellets in the marine environment. Environmental Pollution, 2012, 160: 42-48.

[65] Qu C, Chen W, Hu X, et al. Heavy metal behaviour at mineral-organo interfaces: Mechanisms, modelling and influence factors. Environment International, 2019, 131: 104995.

[66] Oades J M. Soil organic matter and structural stability: Mechanisms and implications for management. Plant and Soil, 1984, 76 (1/3): 319-337.

[67] Tan W, Zhou L, Liu K. Soil aggregate fraction-based 14C analysis and its application in the study of soil organic carbon turnover under forests of different ages. Chinese Science Bulletin, 2013, 58 (16): 1936-1947.

[68] Rillig M C, Ingraffia R, de Souza Machado A A. Microplastic incorporation into soil in agroecosystems. Frontiers in Plant Science, 2017, 8: 1805.

[69] Rhoades J. Salinity: Electrical conductivity and total dissolved solids. Methods Soil Analysis, 1996, 3: 417-435.

[70] Six J, Conant R T, Paul E A, et al. Stabilization mechanisms of soil organic matter: Implications for C-saturation of soils. Plant and Soil, 2002, 241 (2): 155-176.

[71] Jiang B, Adebayo A, Jia J, et al. Impacts of heavy metals and soil properties at a Nigerian e-waste site on soil microbial community. Journal of Hazardous Materials, 2019, 362: 187-195.

[72] Olsen S R, Cole C V, Watanable F S. Estimation of available phosphorus in soil by extraction with sodium bicarbonate. USDA Circular, 1954, 939: 1-19.

[73] Chappaz A, Curtis P J. Integrating empirically dissolved organic matter quality for WHAM VI using the DOM optical properties: A case study of Cu-Al-DOM interactions. Environmental Science & Technology, 2013, 47 (4): 2001-2007.

[74] Gerritse R G. Column-and catchment-scale transport of cadmium: Effect of dissolved organic matter. Journal of Contaminant Hydrology, 1996, 22 (3): 145-163.

[75] Sungur A, Soylak M, Ozcan H. Investigation of heavy metal mobility and availability by the BCR sequential extraction procedure: Relationship between soil properties and heavy metals availability. Chemical Speciation & Bioavailability, 2015, 26 (4): 219-230.

[76] Elzahabi M, Yong R N. pH influence on sorption characteristics of heavy metal in the vadose zone. Engineering Geology, 2001, 60 (1): 61-68.
[77] Luo Y, Zhang Y, Xu Y, et al. Distribution characteristics and mechanism of microplastics mediated by soil physicochemical properties. Science of the Total Environment, 2020, 726: 138389.
[78] Zeng F, Ali S, Zhang H, et al. The influence of pH and organic matter content in paddy soil on heavy metal availability and their uptake by rice plants. Environmental Pollution, 2011, 159 (1): 84-91.
[79] Shen B, Wang X, Zhang Y, et al. The optimum pH and Eh for simultaneously minimizing bioavailable cadmium and arsenic contents in soils under the organic fertilizer application. Science of the Total Environment, 2020, 711: 135229.

第6章

微塑料对土壤温室气体排放的影响

6.1 微塑料对土壤温室气体排放的影响研究进展

二氧化碳（CO_2）、氧化亚氮（N_2O）和甲烷（CH_4）是三种较为重要的温室气体[1]。土壤孔隙度、水分有效性、有机质含量和 C/N 值等理化性质可以影响土壤呼吸、土壤有机碳的分解速率、微生物活性，进而影响土壤中 CO_2、CH_4、N_2O 的排放[2-4]。微塑料进入土壤后，可以提高土壤孔隙度和持水量，降低土壤容重和土壤水分渗透率[5-7]，破坏土壤结构完整性[8-9]，改变土壤碳、氮、磷营养元素循环[7,10]，影响土壤酶活性。微塑料会对土壤环境产生复杂的影响，而这些影响或多或少都与土壤温室气体排放有关。这表明微塑料可以影响温室气体排放，主要通过影响土壤理化性质、酶活性、微生物群落来影响土壤中 CO_2、CH_4、N_2O 的排放，从而降低了全球变暖潜能[11]。

微塑料可以通过改变土壤性质（例如含水量、温度和含氧量）来影响土壤 CO_2 排放[12]。例如，微塑料可以通过提高土壤渗透性来增加土壤氧化[12]，而增加氧含量会破坏土壤的天然碳和氧平衡，从而抑制 CO_2 的固定[13]。传统微塑料通过降低土壤水分，导致 N_2O 的累积排放量比生物可降解微塑料（如 PHBV）和对照处理减少了 2/3[14]。

微塑料可以改变微生物活性，影响植物生长，并改变生物膜群落、相关基因丰度和酶活性[15-18]。微塑料对土壤中温室气体排放的影响受到许多因素的影响，包括微塑料尺寸、微塑料浓度和环境条件（如土地利用类型）。Ren 等[11]研究了不同粒径（13 μm 和 150 μm）的微塑料对施肥土壤中 CO_2 排放的影响，表明较小粒径（13 μm）微塑料对 CO_2 排放具有更强的抑制作用。Zhang 等[19]发现高剂量（1%，质量分数）的微塑料会导致更多的 CO_2 排放，微塑料对 CO_2 排放的影响具有剂量依赖性。因为高剂量的微塑料提供了一个压力环境，加速了微生物的有氧和厌氧代谢。Yu 等[15]研究了秸秆还田背景下，微塑料对潮土和砖红壤土壤 CO_2 和 N_2O 排放的影响，表明 10%（质量分数）微塑料可将 CO_2 排放量减少 26.5%~33.9%、N_2O 排放量减少 35.4%~39.7%。在微塑料暴露下，土壤硝酸还原酶活性增加4.8%，反硝化速率和反硝化基因数量分别增加17.8%和10.6%，N_2O排放量显著增加了140.6%。通过改变细菌功能和微生物碳氮含量，聚乙烯微塑料增加了N_2O累积排放，但减少了CH_4累积排放；微塑料与秸秆生物炭共存使N_2O排放增加37.5%，但CH_4排放减少35.8%；微塑料与粪便生物炭共存时，N_2O、CO_2和CH_4排放分别减少24.8%、6.2%和65.2%[20]。原始和老化PE微塑料对土壤CO_2排放没有显著影响，但使N_2O排放量显著增加了3.7倍，这可能是由于PE微塑料增加了参与亚硝酸盐还原的 nirS 基因的丰度。此外，老化和未老化的微塑料对土壤CO_2和N_2O排放的影响无差异[21]。

微塑料可以通过影响植物的光合作用来影响CO_2排放。微塑料可以对植物生长产生抑制作用，从而改变植物和土壤之间的营养循环。这种效应可以降低植物的叶绿素（叶绿素a和叶绿素b）含量，或抑制光合作用相关基因和色素蛋白的活性[22]。多年生黑麦草在微塑料的暴露下，叶绿素b和色素蛋白合成显著下降，叶绿素a与叶绿素b的比率增加了22%[23]。生物可降解微塑料比传统微塑料更能抑制植物生长[24]。

微塑料对温室气体排放的影响取决于聚合物类型。聚乙烯和聚羟基脂肪酸酯微塑料使CH_4排放量增加7.9%~9.1%，聚氯乙烯微塑料使CH_4排放量减少了6.6%；聚乙烯和聚氯乙烯微塑料使N_2O排放量增加，而聚羟基脂肪酸酯微塑料使N_2O排放量减少了11.8%[25]。微塑料对CH_4排放的影响随土壤类型而异，PE微塑料降低了酸性土壤（pH=5.0）和碱性土壤（pH=8.2）的CH_4排放量分别约为16.9%和16.1%，这可能是由于这些塑料颗粒分别通过降低 mcrA 基因的丰度或刺激CH_4氧化而抑制了CH_4的产生，而增加了 pmoA 基因拷贝数。对于中性土壤，PE微塑料的存在不会显著改变CH_4排放及其相关的微生物功能基因[18]。与单独使用水热炭相比，水热炭和PE微塑料的共存导致土壤中产甲烷基因（mcrA）明显较高，进而导致CH_4排放量增加83.5%；但水热炭和PP微塑料共存无这种效果，相反，水热炭和PP微塑料显著增加了N_2O还原酶基因（nosZ）的丰度，降低了反硝化基因 nirS 和 nirK 与 nosZ 的比率，导致N_2O排放量降低[26]。

6.2 秸秆还田背景下微塑料对土壤温室气体排放的影响

6.2.1 试验设计

6.2.1.1 土壤培养试验

为了研究微塑料对温室气体排放的影响，选择了差异性比较大的温带土壤（潮土）和热带土壤（砖红壤）进行研究。潮土取自北京市上庄试验站（40°8′23″N，116°11′9″E），砖红壤取自中国热带农业科学院儋州试验站（19°29′23″N，109°30′1″E）。2018年10月从上庄试验站玉米地采集表层0~20cm的土壤（质地为粉砂壤土），2018年10月从儋州试验站玉米地采集表层 0～20cm 的土壤（质地为砂壤土）。鲜土采集后，剔除石块、动植物残体等杂物，过 2mm 筛后放置于 4℃冰箱备用，土壤性质列于表 6-1。潮土以粉土为主，而砖红壤以砂土为主，且潮土的 pH 值、CEC 值、C 含量以及 C/N 值显著高于砖红壤。

表 6-1 微塑料-秸秆-土壤培养试验的土壤性质

土壤理化指标		潮土	砖红壤
土壤质地	砂土占比	23%	54%
	粉土占比	65%	39%
	黏土占比	12%	7%
C 含量		25.7g/kg	17.6g/kg
N 含量		1.3g/kg	1.4g/kg
C/N 值		19.77	12.57
CEC 值		26.3cmol/kg	9.7cmol/kg
pH 值		6.55	5.12

用于温室气体试验的微塑料，采用农用薄膜（低密度聚乙烯）。将薄膜切成片，用液氮冷冻，然后研磨成粉末；研磨后，将所得粉末过 1mm 筛，获取小于 1mm 的微塑料用于试验。

将北京上庄试验站当季收获的玉米秸秆用于温室气体试验，取地上部分，在指定温度（60℃）下烘干后粉碎，过 2mm 筛，获取小于 2mm 的秸秆用于试验。玉米秸秆（风干）有机碳含量为 414.3g/kg，全氮为 8.7g/kg，C/N 值为 47.6。

利用上庄试验站和儋州试验站土壤、玉米秸秆和聚乙烯微塑料为试验对象，每种土壤类型设置 3 组：a. 新鲜土壤，作为对照组处理（CK）；b. 新鲜土壤＋1%玉米秸秆（ST）；c. 新鲜土壤＋1%玉米秸秆＋10%微塑料（STM），共 6 种处理组合。根据先前的研究，本试验中秸秆的浓度选择为 1%[27]。土壤中微塑料的含量可能在 0.0055%～6.7%之间[28]，土壤培养试验中微塑料浓度非常广泛，包括 0.05%～60%（质量分数）[6,29]。为了观察试验期间的明显效果，在试验中选择了 10%的较高浓度水平。每个处理重复 3 次。

将土壤置于带有橡胶塞的 500mL 血清瓶中，橡胶塞配有硅隔膜，用于气体取样。在每个小瓶中，添加的土壤量相当于 150g 干重，根据处理（ST 和 STM）添加微塑料或玉米秸秆，并在土壤中均匀混合。随后，用 N_2 冲洗每个小瓶 15min，然后在 25℃和 60%的持水量下在黑暗中厌氧培养 365d，定期从小瓶中收集排放气体样本。培养试验后，收集小瓶内的土壤样品，分析 SOC 级分，以及矿物结合态 SOC（$SOC_{矿物}$）和微生物可利用 SOC（$SOC_{微生物}$）的含量。STM 处理的 SOC 含量通过基于小瓶中的土壤量计算和标准化 SOC 含量排除了微塑料的贡献。

6.2.1.2 气体采集与测定

在培养的第 1 个月,每间隔 3d 测量一次土壤 CO_2 和 N_2O 的排放;培养的 2~3 个月,每间隔 5d 测量一次土壤 CO_2 和 N_2O 的排放量;培养的 4~5 个月,约每间隔 7d 测量一次土壤 CO_2 和 N_2O 的排放量;培养的 6~12 个月,约每间隔 10d 测量一次土壤 CO_2 和 N_2O 的排放量。根据厌氧培养的气体排放规律,培养后期气体排放波动较小,后期气体采样间隔比前期更长。在这些测量过程中,用 N_2 冲洗顶部空间 5min,对每个培养瓶进行通风,然后密封进行 2~3h 的厌氧培养,以累积 CO_2 和 N_2O。随后,使用小型气体采样器(PAS500)从小瓶的顶部空间获得气体样品,以确定 CO_2 和 N_2O 排放率[30]。使用气相色谱仪(Agilent 7890B;安捷伦科技有限公司,美国)在 24h 内测量气体含量,该色谱仪配备用于 250℃ 下 CO_2 分析的火焰离子化检测器和用于 350℃ 下 N_2O 分析的电子捕获检测器。对于这些分析,使用高纯度 N_2(99.99%)作为载体,使用的标准气体(CO_2 和 N_2O)由国家标准物质研究中心提供。

每次采样的 CO_2 和 N_2O 排放率根据 2~3h 内 CO_2 和 N_2O 浓度的累积率计算得到,通过线性插值估计两次连续采样之间的排放率。通过整合 CO_2 和 N_2O 排放率随培养时间的响应,量化整个培养期的累积排放量。

6.2.1.3 土壤有机碳组成

将约 100g 风干土壤子样品直接浸入蒸馏水中 5min,然后摇晃依次通过 2mm、0.25mm 和 0.053mm 的筛子,将温室气体培养试验后的土壤分为 250~2000μm(大团聚体组分)、53~250μm(微团聚体组分)和 <53μm(小团聚体组分)三种粒径的团聚体组分。根据由 Stewart 等[31]提出的土壤有机碳分组方案,矿物结合态有机碳($SOC_{矿物}$)被定义为微团聚体和小团聚体组分结合的总有机碳,如图 6-1 所示。土壤团聚体组分的有机碳采用重铬酸钾-浓硫酸氧化法测定。根据 Doetterl 等[32]的方法,通过单位时间内微生物呼吸产生的 CO_2 量来衡量土壤微生物可利用有机碳($SOC_{微生物}$)。简言之,将 80g 土壤样品置于 1000mL 的培养瓶中进行室内培养,每个样品重复培养 3 次,经过 10d 的预培养期后,在保持温度(20℃)和湿度[(60±3)% 土壤含水量]恒定的条件下,通过分析连续 50d 培养产生的 CO_2 量来测定土壤微生物可利用有机碳。除了试验过程中更换蒸发水以外,无需采用其他添加剂,以保证建立稳定的微生物活动条件。每次测量完成时,用新鲜空气冲洗培养瓶以避免微生物分解过程产生 CO_2 的饱和效应。在试验过程中,从培养瓶内取出混合气体样品的周期为 3~7d,使用气相色谱仪(Agilent 7890B)分析其 CO_2 浓度。培养结束后,需要对土壤微生物碳量进行测定,以校正单位微生物碳量条件下土壤微生物可利用有机碳。

6.2.2 秸秆还田背景下微塑料对土壤有机碳及组分的影响

与 CK 处理相比,ST 和 STM 处理显著提高了土壤矿物结合态有机碳($SOC_{矿物}$)和微生物可利用有机碳($SOC_{微生物}$)含量($P<0.05$,图 6-2)。潮土的 ST 和 STM 处

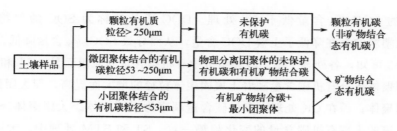

图 6-1 土壤有机碳分组方案[31]

理的 $SOC_{矿物}$ 含量显著增加，与空白相比分别增加了 59.8% 和 135.2%；$SOC_{微生物}$ 含量也显著增加，与空白相比分别增加了 282.6% 和 209.3%。与潮土相同，砖红壤的 ST 和 STM 处理的 $SOC_{矿物}$ 含量也显著增加，与空白相比分别增加了 55.0% 和 144.7%；$SOC_{微生物}$ 含量也显著增加，与空白相比分别增加了 235.9% 和 173.1%。图 6-2 中不同处理间的 $SOC_{矿物}$ 或 $SOC_{微生物}$ 比较用大写字母，具有显著差异（$P<0.05$）的用不同的大写字母表示，没有显著差异的用相同的大写字母表示；同一处理的 $SOC_{矿物}$ 和 $SOC_{微生物}$ 的比较用小写字母，具有显著差异（$P<0.05$）的用不同的小写字母表示，没有显著差异用相同的小写字母表示。

由图 6-2 可知，ST 处理 $SOC_{微生物}$ 含量最高，STM 处理次之，CK 处理最低；而 STM 处理的 $SOC_{矿物}$ 含量最高，ST 处理次之，CK 处理最低。ST 处理的 $SOC_{微生物}$ 含量的增加程度高于 STM 处理，而 ST 处理的 $SOC_{矿物}$ 含量的增加程度低于 STM 处理。STM 处理 $SOC_{微生物}$ 含量是 ST 处理的 81%，而 $SOC_{矿物}$ 含量是 ST 处理的 1.53 倍。相对于 ST 处理，STM 处理的 $SOC_{微生物}$ 含量降低了 18.9%，而 $SOC_{矿物}$ 含量提高了 52.5%。这些结果表明，秸秆掺入对 $SOC_{矿物}$ 和 $SOC_{微生物}$ 都有正面影响；微塑料对 $SOC_{微生物}$ 是负面影响，而对 $SOC_{矿物}$ 是正面影响。这可能是微塑料本身含有丰富的碳源，为土壤碳库作出贡献，但由于其相对稳定的特性而不容易被微生物所利用[28]，因此导致 $SOC_{矿物}$ 含量增加。此外，微塑料抑制了微生物活性，减少了有机质的矿化和分解，进而导致

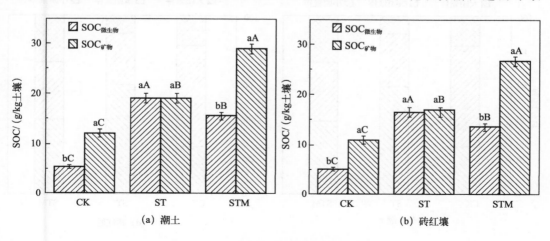

图 6-2 秸秆和微塑料对土壤有机碳的影响

STM 处理的 SOC$_{微生物}$ 含量低于 ST 处理。DOC 通常被称为 SOC 的生物利用度指标[33-34]，微塑料的存在降低了土壤 DOC 含量，从而导致 SOC$_{微生物}$ 含量降低。

由图 6-3 可知，各处理土壤团聚体组分中有机碳含量因粒级而异，ST 和 STM 处理中各粒级团聚体组分有机碳含量随着土壤团聚体粒径的增大而提高，即大团聚体＞微团聚体＞小团聚体；而在 CK 处理中有机碳含量顺序为微团聚体＞大团聚体＞小团聚体。潮土和砖红壤的土壤有机碳含量的变化趋势一致，ST 和 STM 处理中，大团聚体、微团聚体和小团聚体组分中土壤有机碳含量显著高于 CK 处理（$P<0.05$）。ST 和 STM 处理各团聚体组分中有机碳含量增加程度不同，相比 CK 处理，ST 处理大团聚体、微团聚体和小团聚体的有机碳含量分别增加 603.7%～729.4%、156.7%～161.1% 和 170.7%～176.8%；STM 处理大团聚体、微团聚体和小团聚体的有机碳含量分别增加了 491.2%～497.0%、173.3%～185.6% 和 455.7%～475.7%。大团聚体组分有机碳含量的增加幅度在 ST 处理组最高，STM 处理次之；微团聚体组分有机碳含量的增加幅度在 ST 处理和 STM 处理间无显著差异；小团聚体组分有机碳含量的增加幅度在

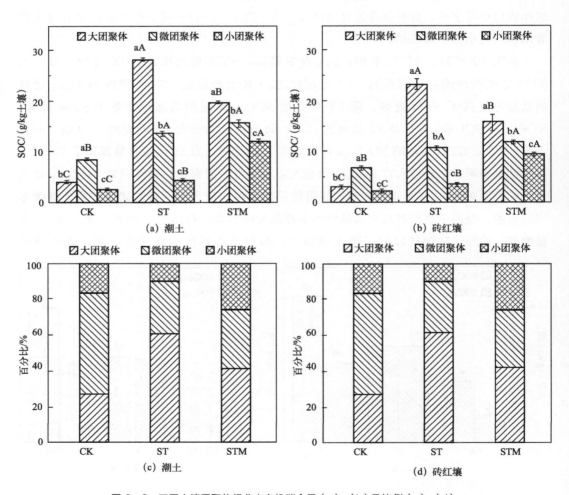

图 6-3 不同土壤团聚体组分中有机碳含量（a）、（b）及比例（c）、（d）

STM 处理组最高，ST 处理次之。图 6-3 中不同处理间的比较用大写字母，具有显著差异的用不同的大写字母表示，没有显著差异用相同的大写字母表示（$P<0.05$）；同一处理的比较用小写字母，具有显著差异用不同的小写字母表示，没有显著差异用相同的小写字母表示（$P<0.05$）。秸秆掺入显著增加了大团聚体有机碳含量，与 Bu 等[35]的结果一致，表明大团聚体有机碳对秸秆掺入的响应比微团聚体和小团聚体更快。

CK 处理中有机碳在大团聚体、微团聚体和小团聚体组分的分配比例为 26.6%、56.3% 和 17.0%，ST 处理的分配比例为 61.6%、28.9% 和 9.5%，STM 处理的分配比例为 42.2%、32.4% 和 25.4%。ST 和 STM 处理的大团聚体组分中有机碳比例均比 CK 处理高；ST 和 STM 处理的微团聚体组分中有机碳比例均比 CK 处理低；ST 处理的小团聚体组分中有机碳比例比 CK 处理低，而 STM 处理有机碳比例比 CK 处理高。

平均而言，STM 处理的大团聚体、微团聚体和小团聚体组分中有机碳含量分别是 ST 处理的 0.69、1.13 倍和 2.68 倍，这表明，大团聚体组分中有机碳含量在微塑料的作用下降低了 31%，而小团聚体组分中有机碳含量在微塑料的作用下增加了 168%。这与 Zhang 等[36]的研究结果不同，他们发现聚酯微纤维（0.3%）降低了大团聚体组分（>2mm）有机碳含量，增加了小团聚体组分（0.25~2mm）中有机碳含量，但没有改变微团聚体组分（0.05~0.25mm）中的有机碳含量。这可能是由于微塑料类型和浓度以及培养条件不同，本书研究中采用的是聚乙烯微塑料，浓度为 10%，而在 Zhang 等的研究中，采用的是聚酯微纤维，使用浓度是 3%；此外，本书研究在 25℃ 和 60% 的持水量下在黑暗中厌氧培养 365d，而 Zhang 等的研究在 6 个干湿循环下培养 75d。

本书研究中，微塑料增加了小团聚体组分有机碳含量，而降低了大团聚体组分有机碳含量。一方面，土壤异质性非常强，不同土壤颗粒的空间分布、大小和组成不同，可能会导致土壤不同物理组分对土壤有机质的保护机制产生差异。土壤有机质的保护机制主要包括物理保护、化学保护和物理化学保护[37-39]，大团聚体组分对有机质的保护主要是物理包裹，作用力较弱；而小团聚体组分通过与矿物颗粒结合而具有化学保护作用，相对较强。微塑料的存在显著降低了大团聚体组分的比例，并改变了土壤团聚体的分布[40]，进而改变了有机碳在土壤团聚体中的分布。另一方面，尽管微塑料作为一种非生物可利用材料不能直接参与 SOC 动力学，但它可能通过微生物过程调节 SOC 循环[10]。微塑料增加小团聚体组分中的有机碳，而降低大团聚体组分中的有机碳，进而也导致微塑料降低了微生物可利用有机碳含量，而增加了矿物结合态有机碳含量。

6.2.3 秸秆还田背景下微塑料对土壤 CO_2 排放的影响

潮土各处理的 CO_2 排放量在整个培养周期具有较明显的变化，且变化趋势总体相似，呈现双峰型变化［图 6-4 (a)］。在培养开始阶段，潮土 ST 和 STM 处理的 CO_2 排放量远大于 CK 处理，然后随着培养时间延长开始降低，培养 1 个月后又显著增加达到峰值，峰值低于培养开始阶段且峰宽相对较短。这可能是培养初期添加秸秆增加了可降解的碳源，以及在增加微生物活性的共同作用下，导致 ST 和 STM 处理的 CO_2 排放量远大于 CK 处理[27, 41]。达到峰值后，ST 和 STM 处理的 CO_2 排放量开始降低，这可能是由微生物活性降低以及其有机碳含量降低引起的[27]。CK 处理的 CO_2 排放量在培养初期也出现了峰值，峰宽相对较短，且时间上滞后于 ST 和 STM 处理。在培养后期的 9~12 个月，CO_2 排放量表现为 STM>ST>CK，这是由于微塑料也属于有机物，可以提供碳源，培养后期微塑料逐渐被微生物降解产生 CO_2。CK 处理的 CO_2 累积排放量为 466.8mg/kg，ST 和 STM 处理较 CK 处理显著增加了 276.7% 和 177.0% [图 6-4（b）]。STM 处理的 CO_2 累积排放量明显低于 ST 处理，这表明微塑料的存在对 CO_2 排放有负面影响。

与潮土相同，砖红壤各处理的 CO_2 排放量在整个培养期也呈现双峰型变化 [图 6-4（c）]。除了培养初期，砖红壤 ST 和 STM 处理第二次 CO_2 排放峰值的时间都滞后于潮土，出现在培养的 2~3 个月之间，峰值明显低于培养初始阶段且峰宽相对较短。在整个培养周期，砖红壤 CK 处理的 CO_2 排放量一直较低，累积排放量显著低于 ST 和 STM 处理 [图 6-4（d）]。STM 处理的 CO_2 累积排放量比 ST 处理低 33.9%。潮土各处理的 CO_2 累积排放量和排放峰值高于砖红壤，这可能是由于潮土的 C 含量高于砖红壤，从而产生更多的 CO_2。

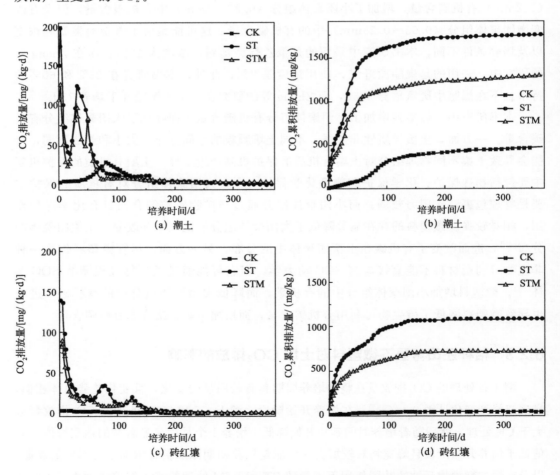

图 6-4　CO_2 排放量（a）、(c) 和累积排放量 (b)、(d) 随培养时间的动态变化过程

在整个培养期，各处理土壤 CO_2 累积排放量表现为 ST＞STM＞CK。这表明秸秆还田对 CO_2 排放有积极影响，而微塑料则表现为负面影响。土壤有机质是土壤微生物分解活动释放 CO_2 的重要物质基础[42]，加入秸秆后，为微生物提供了丰富的碳源，同时促使微生物活性增强，进而使得土壤固有碳源的降解速度加快，导致 ST 处理的 CO_2 排放量大于 CK 处理[27,41]；同时微塑料可能抑制参与 N 循环（亮氨酸氨基肽酶）、P 循环（碱性磷酸酶）和 C 循环（β-葡萄糖苷酶和纤维二糖水解酶）的酶活性[43]，可能抑制土壤微生物活性[6,43]，但抑制作用弱于秸秆的促进作用，导致 STM 处理的 CO_2 累积排放量低于 ST 处理而高于 CK 处理。此外，微塑料降低了土壤的微生物可利用有机碳含量，也导致 STM 处理的 CO_2 排放量低于 ST 处理。因此，在秸秆还田背景下，微塑料的存在降低了土壤 CO_2 排放量。这与 Ren 等[11]研究结果不一致，他们发现微塑料（5%，质量分数）经过 30d 土壤培养，促进了施肥土壤中 CO_2 的排放。这可能是由于各研究之间的培养条件、土壤类型和微塑料浓度不同。然而，影响二氧化碳排放最重要的贡献因素还需要进一步研究。

6.2.4 秸秆还田背景下微塑料对土壤 N_2O 排放的影响

在整个培养期，潮土中各处理的 N_2O 排放量呈现单峰变化，峰值时间在不同处理之间有所不同［图 6-5（a）］。CK 和 STM 处理的 N_2O 排放量分别在培养第 210 天和第 280 天达到峰值，而 ST 处理的 N_2O 排放量一直在增加，但在培养结束时增加速度放缓。N_2O 排放量的峰值按以下顺序降低：ST＞STM＞CK。在培养初期，不同处理之间的 N_2O 排放量和 N_2O 累积排放量没有显著差异；而 N_2O 排放量在培养中期呈 CK＞STM＞ST 的顺序下降；在培养后期呈 ST＞STM＞CK 的顺序下降。在整个培养期内，N_2O 累积排放量按以下顺序减少：ST＞STM＞CK［图 6-5（b）］。STM 处理的 N_2O 累积排放量比 ST 处理低 39.7%，表明微塑料的存在对 N_2O 排放量有负面影响。

在整个培养期，不同处理的砖红壤中 N_2O 排放量的变化趋势有所不同［图 6-5（c）］。在培养初期，ST 处理的 N_2O 排放量最高，其次是 STM 处理，最后是 CK 处理。然后，ST 和 STM 处理的 N_2O 排放量开始减少。在培养的早期，CK 处理的 N_2O 排放量略有增加，在培养的第 50 天达到峰值。在随后的培养期，CK 处理的 N_2O 排放量没有出现峰值，且低于 ST 和 STM 处理。ST 和 STM 处理的 N_2O 排放量分别在培养中后期达到峰值，峰宽相对较长，且 ST 处理的峰值高于 STM 处理。此外，在整个培养期内，ST 处理的累积 N_2O 排放量最高，其次是 STM 处理，最后是 CK 处理［图 6-5（b）］。砖红壤中 STM 处理的 N_2O 累积排放量比 ST 处理低 35.4%。

塑料和秸秆的存在对 N_2O 排放的影响方向和程度取决于土壤类型和培养时间。从长期来看，秸秆加入增加了土壤 N_2O 排放量，而微塑料的存在则减少了 N_2O 排放量。N_2O 可通过多种微生物过程产生，包括硝化、反硝化、共硝化、异化硝酸盐还原成氨、硝酸盐同化和化学反硝化，这些过程涉及不同的微生物群落[44]，秸秆和微塑料的存在可能会改变土壤微生物群落并调节氮循环，从而影响土壤 N_2O 排放[11,41]。此外，SOC

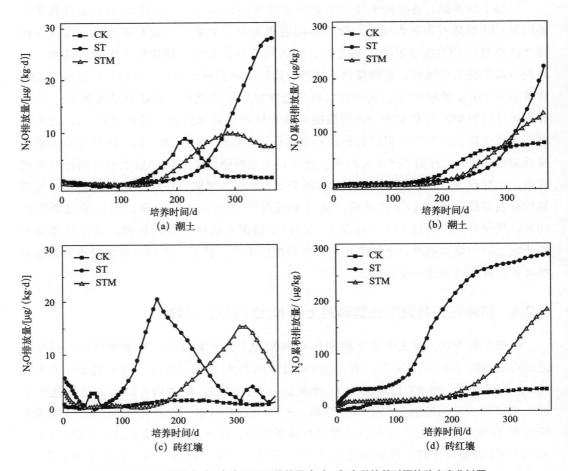

图 6-5 N_2O 排放量（a）、（c）和累积排放量（b）、（d）随培养时间的动态变化过程

分布被认为是影响土壤氮动态的重要因素[45]，此处微塑料的存在导致 SOC 组分变化，进而导致 N_2O 排放的变化。不稳定 SOC 的可用性和土壤 pH 值也是影响土壤 N_2O 排放的重要因素[27,46]，微塑料降低了土壤溶解有机碳含量和 pH 值[47]，这也可能导致 STM 处理的 N_2O 排放低于 ST 处理。

土壤 N_2O 排放量的峰值滞后于 CO_2，这是由于 N_2O 与 TOC 含量和 C/N 值呈负相关。黄耀等[3]发现，当 C/N 值在（25∶1）～（30∶1）的范围内时，微生物活性最高，将促进 N_2O 排放。随着土壤有机碳的降解，土壤中 C/N 值降低，N_2O 排放量增加，这也导致砖红壤的 N_2O 排放量峰值先于潮土。此外，与土壤碳和氮循环相关的微生物基因对微塑料和秸秆的反应不同，导致潮土和砖红壤中土壤 N_2O 和 CO_2 排放的峰值出现时间不同。

6.2.5 微塑料对不同土壤中 SOC 分布及 CO_2 和 N_2O 排放的差异影响

在整个培养期，秸秆和微塑料对潮土和砖红壤中 $SOC_{矿物}$ 和 $SOC_{微生物}$ 含量的影响是一致的（图 6-6，书后另见彩图）。图 6-6 中星号（*）表示两种土壤中的 SOC 含量显著不同（$P<0.05$）。两种土壤中的 $SOC_{微生物}$ 含量均按 ST＞STM＞CK 降低，而 $SOC_{矿物}$ 含量则按 STM＞ST＞CK 降低 [图 6-6（a）]。然而，潮土各处理的 $SOC_{矿物}$ 和 $SOC_{微生物}$ 含量均高于砖红壤。与 CK 处理相比，潮土和砖红壤中 ST 处理的 $SOC_{微生物}$ 浓度分别增加 282.6％和 235.9％，而 $SOC_{矿物}$ 浓度分别增加 59.8％和 55.0％。与 ST 处理相比，潮土和砖红壤中 STM 处理的 $SOC_{微生物}$ 浓度分别降低了 19.1％和 18.7％，而 $SOC_{矿物}$ 浓度分别增加了 47.2％和 57.9％。这些结果表明，秸秆还田对潮土中 $SOC_{微生物}$ 和 $SOC_{矿物}$ 含量的促进作用强于砖红壤；此外，两种类型土壤中的微塑料对 $SOC_{微生物}$ 有类似的不利影响，但对 $SOC_{矿物}$ 含量有促进作用，且对砖红壤中 $SOC_{矿物}$ 的促进作用强于潮土。两种土壤具有不同的地球化学和气候，导致 SOC 的不同分布[32]，这反过来导致两种土壤中 $SOC_{微生物}$ 和 $SOC_{矿物}$ 对秸秆和微塑料的不同响应。

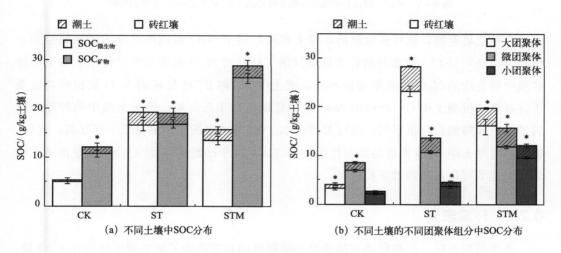

图 6-6 不同土壤类型中微塑料对 SOC 分布的影响

在整个培养期，秸秆和微塑料对两种土壤中 SOC 分布的影响是一致的。然而，潮土中各土壤团聚体的 SOC 含量均高于砖红壤 [图 6-6（b）]。此外，两种土壤中 SOC 在相同土壤团聚体中的分布几乎相同。

秸秆掺入和微塑料对潮土和砖红壤中 CO_2 累积排放量的影响趋势是一致的（图 6-7）。图 6-7 中不同的大写字母表示不同处理之间的 CO_2 或 N_2O 排放量差异显著（$P<0.05$），不同小写字母表示每种处理的潮土和砖红壤之间的 CO_2 或 N_2O 排放量差异显著（$P<0.05$）。由图 6-7 可知，秸秆促进了 CO_2 的生成，而微塑料抑制了 CO_2 的生成。然而，与 CK 处理相比，ST 处理在潮土中的 CO_2 排放增加量高于砖红壤；相比 ST 处理，STM 处理在潮土中 CO_2 排放的减少量高于砖红壤。结果表明，秸秆和微塑料在两种土壤中对 CO_2 排放的促进和抑制程度不同。在潮土中，秸秆对 CO_2 排放的促进作用和微塑料对 CO_2 排放的抑制作用均高于在砖红壤中。此外，潮土中各处理 CO_2 排放量和 CO_2 累积排放量的峰值均高于砖红壤，这可能是因为潮土的 $SOC_{微生物}$ 含量高于砖红壤。

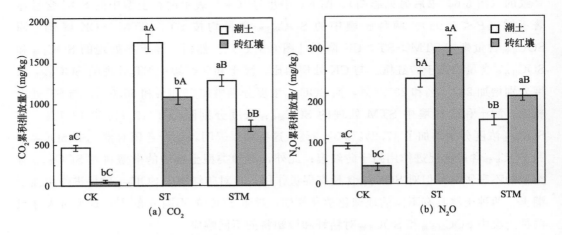

图 6-7 不同土壤类型中微塑料对土壤 CO_2（a）和 N_2O（b）排放的影响

在整个培养期，秸秆和微塑料对潮土和砖红壤中 N_2O 累积排放量的影响趋势是一致的[图 6-7（b）]。微塑料的存在显著抑制了秸秆对 N_2O 生成的促进作用。潮土和砖红壤中各处理的 N_2O 累积排放量不同，潮土中 ST 和 STM 处理的 N_2O 累积排放量低于砖红壤，但潮土中 CK 处理的 N_2O 累积排放量高于砖红壤。两种土壤中秸秆和微塑料的促进和抑制程度也不同，秸秆对潮土 N_2O 排放的促进作用显著低于砖红壤；此外，微塑料对潮土中 N_2O 排放的抑制作用（39.7%）高于砖红壤（35.4%），这是由于土壤类型决定了可用基质的数量和种类。

6.2.6 环境意义

本书研究表明，在秸秆还田的情况下微塑料的存在降低了微生物可利用 SOC 含量，并增加了矿物结合态 SOC 含量，从而抑制了秸秆对 CO_2 和 N_2O 生成的激活作用。此外，微塑料的存在可能有助于 SOC 储存和减少温室气体排放。在本书中，不同土壤类型的这些效应不同。本书的研究结果可以提高对微塑料对土壤温室气体排放影响的认识，微塑料对温室气体排放的抑制程度应考虑土壤类型和气候条件的差异。同时，也应该注意到微塑料通过破坏土壤功能来减少温室气体排放。需要进一步的研究来阐明这种效应及其在不同气候条件（如紫外线和温度）和环境条件（如不同土壤类型）中的普遍性，以及不同秸秆类型和不同类型及剂量微塑料对这种效应的差异性影响，以揭示在微塑料污染的背景下秸秆还田对土壤功能和温室气体排放的全面影响。秸秆和微塑料可以改变微生物群落组成，且不同的土壤类型具有不同的微生物群落组成。未来研究应充分了解微塑料和秸秆结合导致的温室气体排放变化的微生物机制。

地膜覆盖和秸秆还田是中国常见的农业做法，而塑料覆盖是土壤环境中微塑料的重要来源，秸秆掺入对土壤有机碳的储存和温室气体排放有许多影响，但尚未在微塑料污染的情况下研究这些影响。在本书研究中，开展了 365d 的土壤培养试验，以评估玉米秸秆和聚乙烯微塑料对两种不同土壤（潮土和砖红壤）中的 SOC 分布、CO_2 和 N_2O 排放的影响。在秸秆还田背景下，微塑料减少了 SOC 的矿化和分解，导致微生物可利用 SOC 含量降低 18.9%。此外，微塑料富含碳，但相对稳定，难以被微生物使用，因此，矿物结合态 SOC 含量增加了 52.5%。这表明微塑料对微生物可利用 SOC 有不利影响，对矿物结合态 SOC 有积极影响。微塑料还降低了大团聚体组分中 SOC（粒径＞250μm），增加了小团聚体组分中 SOC（粒径＜53μm）。此外，微塑料改变了微生物群落组成，从而导致秸秆还田的 CO_2 和 N_2O 排放量分别减少 26.5%～33.9% 和 35.4%～39.7%。这些结果表明，微塑料部分抵消了秸秆还田导致的 CO_2 和 N_2O 排放的增加。此外，微塑料对潮土中 CO_2 排放的抑制作用高于砖红壤，而对 N_2O 排放的抑制效果也相同。

参考文献

[1] Oertel C, Matschullat J, Zurba K, et al. Greenhouse gas emissions from soils—A review. Geochemistry, 2016, 76 (3): 327-352.
[2] 王丽媛, 孙洁梅, 徐荣. 植物残体施用对土壤排放 N_2O 的影响. 新疆农业大学学报, 2006, 29: 26-30.
[3] 黄耀, 焦燕, 宗良纲, 等. 土壤理化特性对麦田 N_2O 排放影响的研究. 环境科学学报, 2002, 22: 598-602.
[4] 黄福义, 杨凯, 张子兴, 等. 微塑料对河口沉积物抗生素抗性基因的影响. 环境科学, 2019, 40: 2234-2239.
[5] de Souza Machado A A, Lau C W, Kloas W, et al. Microplastics can change soil properties and affect plant performance. Environmental Science & Technology, 2019, 53 (10): 6044-6052.
[6] de Souza Machado A A, Lau C W, Till J, et al. Impacts of microplastics on the soil biophysical environment. Environmental Science & Technology, 2018, 52 (17): 9656-9665.
[7] Zhang D, Ng E L, Hu W, et al. Plastic pollution in croplands threatens long-term food security. Global Change Biology Bioenergy, 2020, 26 (6): 3356-3367.
[8] Huerta Lwanga E, Gertsen H, Gooren H, et al. Incorporation of microplastics from litter into burrows of *Lumbricus terrestris*. Environmental Pollution, 2017, 220 (Pt A): 523-531.
[9] Wan Y, Wu C, Xue Q, et al. Effects of plastic contamination on water evaporation and desiccation cracking in soil. Science of the Total Environment, 2019, 654: 576-582.
[10] Liu H, Yang X, Liu G, et al. Response of soil dissolved organic matter to microplastic addition in Chinese loess soil. Chemosphere, 2017, 185: 907-917.
[11] Ren X, Tang J, Liu X, et al. Effects of microplastics on greenhouse gas emissions and the microbial community in fertilized soil. Environmental Pollution, 2020, 256: 113347.
[12] Rillig M C, Hoffmann M, Lehmann A, et al. Microplastic fibers affect dynamics and intensity of CO_2 and N_2O fluxes from soil differently. bioRxiv—Ecology, 2021, 1: 1-11.
[13] Yin K, Zhao Q, Li X, et al. A new carbon and oxygen balance model based on ecological service of urban vegetation. Chinese Geographical Science, 2010, 20 (2): 144-151.
[14] Greenfield L M, Graf M, Rengaraj S, et al. Field response of N_2O emissions, microbial communities, soil biochemical processes and winter barley growth to the addition of conventional and biodegradable microplastics. Agriculture, Ecosystems & Environment, 2022, 336: 108023.
[15] Yu H, Zhang Z, Zhang Y, et al. Effects of microplastics on soil organic carbon and greenhouse gas emissions in the context of straw incorporation: A comparison with different types of soil. Environmental Pollution, 2021, 288: 117733.
[16] Yu Y, Zhang Z, Zhang Y, et al. Abundances of agricultural microplastics and their contribution to the soil organic carbon pool in plastic film mulching fields of Xinjiang, China. Chemosphere, 2023, 316: 137837.
[17] Sun X, Tao R, Xu D, et al. Role of polyamide microplastic in altering microbial consortium and carbon and nitrogen cycles in a simulated agricultural soil microcosm. Chemosphere, 2023, 312: 137155.

[18] Zhang Z, Yang Z, Yue H, et al. Discrepant impact of polyethylene microplastics on methane emissions from different paddy soils. Applied Soil Ecology, 2023, 181: 104650.

[19] Zhang Y, Li X, Xiao M, et al. Effects of microplastics on soil carbon dioxide emissions and the microbial functional genes involved in organic carbon decomposition in agricultural soil. Science of the Total Environment, 2022, 806: 150714.

[20] Li X, Yao S, Wang Z, et al. Polyethylene microplastic and biochar interactively affect the global warming potential of soil greenhouse gas emissions. Environmental Pollution, 2022, 315: 120433.

[21] Yu Y, Li X, Feng Z, et al. Polyethylene microplastics alter the microbial functional gene abundances and increase nitrous oxide emissions from paddy soils. Journal of Hazardous Materials, 2022, 432: 128721.

[22] Okeke E S, Okoye C O, Atakpa E O, et al. Microplastics in agroecosystems-impacts on ecosystem functions and food chain. Resources, Conservation and Recycling, 2022, 177: 105961.

[23] Mbachu O, Jenkins G, Kaparaju P, et al. The rise of artificial soil carbon inputs: Reviewing microplastic pollution effects in the soil environment. Science of the Total Environment, 2021, 780: 146569.

[24] Green D S, Boots B, Sigwart J, et al. Effects of conventional and biodegradable microplastics on a marine ecosystem engineer (*Arenicola marina*) and sediment nutrient cycling. Environmental Pollution, 2016, 208: 426-434.

[25] Sun Y, Ren X, Pan J, et al. Effect of microplastics on greenhouse gas and ammonia emissions during aerobic composting. Science of the Total Environment, 2020, 737: 139856.

[26] Han L, Zhang B, Li D, et al. Co-occurrence of microplastics and hydrochar stimulated the methane emission but suppressed nitrous oxide emission from a rice paddy soil. Journal of Cleaner Production, 2022, 337: 130504.

[27] Wang N, Yu J G, Zhao Y H, et al. Straw enhanced CO_2 and CH_4 but decreased N_2O emissions from flooded paddy soils: Changes in microbial community compositions. Atmospheric Environment, 2018, 174: 171-179.

[28] Rillig M C. Microplastic disguising as soil carbon storage. Environmental Science & Technology, 2018, 52 (11): 6079-6080.

[29] Huerta Lwanga E, Gertsen H, Gooren H, et al. Microplastics in the terrestrial ecosystem: Implications for *Lumbricus terrestris* (Oligochaeta, Lumbricidae). Environmental Science & Technology, 2016, 50 (5): 2685-2691.

[30] Tan W, Zhang Y, Xi B, et al. Discrepant responses of the electron transfer capacity of soil humic substances to irrigations with wastewaters from different sources. Science of the Total Environment, 2018, 610-611: 333-341.

[31] Stewart C E, Paustian K, Plante A F, et al. Soil carbon saturation: Linking concept and measurable carbon pools. Soil Science Society of America Journal, 2008, 72: 379-392.

[32] Doetterl S, Stevens A, Six J, et al. Soil carbon storage controlled by interactions between geochemistry and climate. Nature Geoscience, 2015, 8 (10): 780-783.

[33] von Lützow M, Kögel-Knabner I, Ekschmitt K, et al. SOM fractionation methods: Relevance to functional pools and to stabilization mechanisms. Soil Biology and Biochemistry, 2007, 39 (9): 2183-2207.

[34] Toosi E R, Doane T A, Horwath W R. Abiotic solubilization of soil organic matter, a less-seen aspect of dissolved organic matter production. Soil Biology and Biochemistry, 2012, 50: 12-21.

[35] Bu R, Ren T, Lei M, et al. Tillage and straw-returning practices effect on soil dissolved organic matter, aggregate fraction and bacteria community under rice-rice-rapeseed rotation system. Agriculture, Ecosystems & Environment, 2020, 287: 106681.

[36] Zhang G S, Zhang F X. Variations in aggregate-associated organic carbon and polyester microfibers resulting from polyester microfibers addition in a clayey soil. Environmental Pollution, 2020, 258: 113716.

[37] Conant R T, Ryan M G, Ågren G I, et al. Temperature and soil organic matter decomposition rates - synthesis of current knowledge and a way forward. Global Change Biology Bioenergy, 2011, 17 (11): 3392-3404.

[38] Six J, Paustian K. Aggregate-associated soil organic matter as an ecosystem property and a measurement tool. Soil Biology and Biochemistry, 2014, 68: A4-A9.

[39] Poeplau C, Katterer T, Leblans N I, et al. Sensitivity of soil carbon fractions and their specific stabiliza-

tion mechanisms to extreme soil warming in a subarctic grassland. Global Change Biology Bioenergy, 2017, 23 (3): 1316-1327.

[40] Zhao Z Y, Wang P Y, Wang Y B, et al. Fate of plastic film residues in agro-ecosystem and its effects on aggregate-associated soil carbon and nitrogen stocks. Journal of Hazardous Materials, 2021, 416: 125954.

[41] Chen Z, Wang H, Liu X, et al. Changes in soil microbial community and organic carbon fractions under short-term straw return in a rice-wheat cropping system. Soil and Tillage Research, 2017, 165: 121-127.

[42] Spohn M, Schleuss P M. Addition of inorganic phosphorus to soil leads to desorption of organic compounds and thus to increased soil respiration. Soil Biology and Biochemistry, 2019, 130: 220-226.

[43] Awet T T, Kohl Y, Meier F, et al. Effects of polystyrene nanoparticles on the microbiota and functional diversity of enzymes in soil. Environmental Sciences Europe, 2018, 30 (1): 11.

[44] Harter J, Krause H M, Schuettler S, et al. Linking N_2O emissions from biochar-amended soil to the structure and function of the N-cycling microbial community. ISME Journal, 2014, 8 (3): 660-674.

[45] Hart S C, Nason G E, Myrold D D, et al. Dynamics of gross nitrogen transformations in an old-growth forest: The carbon connection. Ecology, 1994, 75 (4): 880-891.

[46] Wu D, Senbayram M, Zang H, et al. Effect of biochar origin and soil pH on greenhouse gas emissions from sandy and clay soils. Applied Soil Ecology, 2018, 129: 121-127.

[47] Yu H, Fan P, Hou J, et al. Inhibitory effect of microplastics on soil extracellular enzymatic activities by changing soil properties and direct adsorption: An investigation at the aggregate-fraction level. Environmental Pollution, 2020, 267: 115544.

第7章

微塑料对植物的影响

土壤中的微塑料会逐渐破碎和降解,对环境变量产生长期影响。微塑料的存在和迁移可能直接影响(负面、中性或积极)植物的整个生命周期,包括发芽、生长和代谢过程[1-3]。微塑料的植物毒性会减缓植物生长,导致生长异常,并降低总产量。有研究发现,在塑料残留物和微塑料影响下,植株高度、总生物量、地上部生物量和根系生物量分别降低了13%、12%、12%和14%[4]。然而,不同的作物以不同的方式对微塑料响应,微塑料的植物毒性取决于微塑料颗粒的特性(即聚合物类型、浓度、大小、形态和风化状态)以及作物的种类和生长阶段[5-7]。

7.1 微塑料对植物的影响机制

微塑料可以通过多种不同的机制影响植物生长,主要包括:a. 微塑料对植物的直接毒性;b. 微塑料通过土壤特性和微生物群落的变化对植物生长的间接影响;c. 微塑料中存在的污染物(例如金属、增塑剂)的直接毒性[7]。

① 微塑料对植物的直接毒性。微塑料可延迟植物发芽或降低发芽率、抑制植物生长、改变根系性状、减少生物量、延迟和降低果实产量、干扰光合作用、引起氧化损伤和产生遗传毒性[8-12]。一方面,微塑料可以通过吸附作用对植物产生影响,如微塑料可以附着在植物根系上,改变植物根系性状,从而阻碍植物对水分和养分的吸收,且粒径越小的微塑料对植物的毒性越大[13];另一方面,微塑料(纳米微塑料)可以进入植物体内,进而对植物造成损害,如改变细胞膜状态、胞内分子以及引起氧化应激[14-16]。微塑料可以在植物根的间隙组织中积累,然后转移到叶、茎、花和果实中[17]。此外,微塑料还会影响植物对其他物质(如 Fe、Mn、Cu 和 Zn)的吸收[18],并且微塑料对植物的影响可能因为作物不同而产生一定的差异[15]。

微塑料可能进入植物根部,导致膜脂过氧化、膜完整性受损和有丝分裂细胞分裂受抑制，进而导致根系生长发育下降。同时，微塑料可以阻断根中的细胞连接并破坏营养物质向芽转运，从而抑制植物的生长[13]。微塑料还会抑制和负调控植物生长相关基因表达[19]，以及抑制参与碳水化合物代谢的关键酶的活性，导致植物生长发育受损[20]。在生菜（Lactuca sativa）和小麦（Triticum aestivum）室内暴露试验中，观察到亚微米级（0.2μm）的聚苯乙烯微球比微米级（1.0μm、2.0μm、5.0μm和7.0μm）的微珠更容易通过质外体传输途径进入根系细胞间隙，并进入根系表层甚至中柱中，从而在根压和蒸腾拉力的共同作用下，随着营养流和蒸腾流通过木质部向地上部分的茎和叶部分迁移[21-22]。同时，在小麦和生菜的侧根边缘存在狭小的缝隙，微塑料颗粒可以通过该部位进入根部木质部导管并进一步传输到茎叶组织[23]。此外，微塑料可以附着在植物根系上，改变植物根系性状，从而阻碍植物对水分和养分的吸收，且粒径越小的微塑料对植物的毒性越大[13]。也有研究发现，微塑料颗粒（40nm）在拟南芥和小麦根表面积累，但没有吸收到根部细胞中[24]。微塑料对植物生长的影响因植物品种和暴露剂量而异，如研究聚合物包膜肥料（PCF）微塑料对玉米作物（ZNT 488和ZTN 182）的影响发现，微塑料对ZNT 488的生长没有影响，但在较高剂量下显著提高了ZTN 182的植物性能[25]。

② 植物的性能在很大程度上取决于土壤性质和土壤生物群落及多样性，微塑料引起的土壤理化性质和微生物群落的改变会影响植物的生长。微塑料增加了土壤水的蒸发，进而可能导致土壤干燥[26]，对植物的性能产生潜在的负面影响；微塑料的存在会降低土壤肥力，造成植物的养分流失；微塑料可以降低土壤微生物多样性或根际真菌共生体的丰度，可能引起植物多样性随之降低[27]。

微塑料可以通过改变土壤的物理和化学特性来改变植物的根际、生长条件和养分供应，从而间接影响土壤植物。de Souza Machado等研究了土壤和洋葱（Allium fistulosum）暴露于6种不同类型的微塑料，结果发现土壤和植物体的响应变化具有聚合物类型特异性，且微塑料可以通过改变土壤的特性以及酶和微生物的活性影响植物体的功能[28]。纤维状、薄膜、泡沫和碎片微塑料分别增加了植物生物量27%、60%、45%和54%，因为纤维在土壤中保持水分的时间更长，薄膜会降低土壤容重，泡沫和碎片会增加土壤通气量和大孔隙，从而整体提高植物性能[5]。

③ 塑料中的添加剂（即增塑剂和阻燃剂）或吸附在微塑料表面上的其他环境污染物（有机污染物和重金属）也会对植物产生影响[29-30]。这些化学添加剂可能与聚合物分子结合较弱，或根本不结合，因此很容易渗入土壤，对植物生长产生不利影响。微塑料对植物的不利影响随着微塑料吸附能力的增加而增加[31]。微塑料对植物的影响程度取决于微塑料的形状、聚合物结构、微塑料降解、添加剂、微塑料浓度以及微塑料所处位置[32-33]。

微塑料对土壤植物的影响如表7-1所列。

表 7-1 微塑料对土壤植物的影响

植物类型	微塑料类型、尺寸、浓度	暴露时间	试验方式	影响	参考文献
小麦 (Triticum aestivum L.)	PS，100nm，0.01mg/L、0.1mg/L、1mg/L、10mg/L	3周	水培	PS纳米塑料暴露以组织特异性方式显著改变了小麦基因表达模式；植物激素信号转导、氨基酸代谢和生物合成过程、植物-病原体相互作用以及金属离子转运途径积极参与了PS纳米塑料对小麦的影响	[34]
	PS，100nm，0.01mg/L、0.1mg/L、1mg/L、10mg/L	21d	水培	PS纳米塑料对小麦种子萌发率无影响，增加根长、碳和氮水平以及植物生物量，减少铁、锰、铜和锌的吸收和积累	[18]
小麦 (Triticum aestivum L.) 生菜 (Lactuca sativa L.)	PS，200nm，50mg/L	10d	水培	裂缝进入模式是植物吸收微塑料的重要途径	[23]
生菜 (Lactuca sativa L.)	PS球体，93.6nm，0.1mg/L、1mg/L	1个月	土培	叶面暴露于PS纳米塑料显著降低了生菜的植物生物量、高度和叶面积；且导致植物氧化应激和抗氧化系统受损；降低了植物中微量营养素和必需氨基酸含量；PS纳米塑料可以被生菜叶吸收，然后向下运输到植物根部	[35]
	PVC颗粒，100nm~18μm和18~150μm，0.5%、1%和2%（质量分数）	3周	土培	较小的微塑料对根系形态有正面影响，对抗氧化系统和光合作用有负面影响	[36]
	PE，23μm，0.25mg/L、0.5mg/L、1mg/L	28d	水培	抑制植物生长，降低光合参数和叶绿素含量	[37]
玉米 (Zea mays L.)	PS球体（正电PS-NH$_2$，负电PS-COOH），21~26nm，100mg/L	28d	土培	与带负电的微塑料相比，带正电的微塑料在更大程度上损害了叶片光合作用，并显示出更明显的氧化防御机制激活	[23]
	PE微珠，3μm，0.0125mg/L、100mg/L	10d，15d	水培	植物根际中约30%的碳来自PE微塑料；微塑料仅在植物根中积累，没有到达维管系统或芽；根际微塑料的积累导致植物蒸腾作用、氮含量和生长显著下降	[38]

续表

植物类型	微塑料类型、尺寸、浓度	暴露时间	试验方式	影响	参考文献
玉米 (Zea mays L.)	PP、PET、PVC、PS 和 PE，75～150μm，150～212μm，0.013%（质量分数）	21d	土培	较小的微塑料导致较低水平的光合色素和较高水平的内源性 H_2O_2；较大的微塑料可以更好地改善细胞损伤恢复	[39]
	PS 球，100nm、300nm 和 500nm，50mg/L	15d	水培	微塑料导致细胞壁损伤，显著改变了玉米根系的微观形态，并干扰了有机酸和衍生物的正常代谢；丙氨酸、天冬氨酸和谷氨酸代谢途径富集	[40]
水稻 (Oryza sativa L.)	PS 球，19nm±0.16nm，10mg/L、50mg/L、100mg/L	16d	水培	聚苯乙烯纳米塑料增强了植物抗氧化活性并激活碳代谢，抑制了茉莉酸和木质素生物合成；降低了根长，增加了侧根数	[19]
	PS 颗粒，135.9～530μm（平均306.4μm），0%、0.01%、0.5%（质量分数）	142d	田间试验	微塑料暴露影响代谢产物积累和能量消耗，干扰三羧酸（TCA）循环以及稻米品质差异	[41]
大麦 (Hordeum vulgare L.)	PS 颗粒（5.64μm±0.07μm），PMMA 颗粒（96.75nm±0.58nm），2g/mL	14d	水培	微塑料颗粒被大麦根部吸收，抑制了碳水化合物代谢和植物生长	[20]
大白菜 (Brassica chinensis L.)	HDPE、PS，<25μm、25～48μm、48～150μm 和 150～850μm，2.5g/kg、5g/kg、10g/kg 和 20g/kg	1个月	土培	较小的微塑料不利于大白菜叶片中可溶性糖、淀粉的积累或叶绿素的合成	[42]
洋葱 (Allium cepa L.)	PS 球，50nm，0.01g/L、0.1g/L、1g/L	3d	水培	微塑料暴露降低了洋葱幼苗在发芽过程中的根部伸长率；随着微塑料剂量的增加，诱导的细胞毒性、遗传毒性和氧化损伤加剧	[43]
花园水芹 (Lepidium sativum L.)	PP、PVC、PE 和 PE+PVC，0.125mm，0.02%（质量分数）	6d，21d	土培	PVC 微塑料对植物的毒性比其他微塑料大	[2]
	PC，3mm±1mm，0.1%、1%和10%（质量分数）	7d	土培	较高的剂量降低了发芽率、根和芽的长度；微塑料的浸出液对植物具有显著的不利影响	[44]

续表

植物类型	微塑料类型、尺寸、浓度	暴露时间	试验方式	影响	参考文献
花园水芹 (Lepidium sativum L.)	微塑料颗粒，50nm、500nm 和 4800nm，10^3 个/mL、10^4 个/mL、10^5 个/mL、10^6 个/mL 和 10^7 个/mL	3d	水培	对植物发芽率和根系生长有短期和瞬时影响，可能是由于微塑料对种子胶囊中孔的物理堵塞	[8]
菜豆 (Phaseolus vulgaris L.)	LDPE、PBAT＋PLA，250～500μm，0.5%、1.0%、1.5%、2.0%和2.5%（质量分数）	105d	土培	生物可降解微塑料抑制地上部、根系生物量和果实生物量并导致更长的根；而传统微塑料无此效果	[45]
蚕豆 (Vicia faba L.)	PS球，100nm、5μm，0、10mg/L、50mg/L和100mg/L	4d	水培	较小的微塑料进入植物根，可能阻塞细胞连接或细胞壁孔，影响营养物质运输，构成更大的遗传毒性威胁	[13]
拟南芥 (Arabidopsis thaliana)	PS 颗粒，负电 PS-SO_3H (55nm±7nm)，正电 PS-NH_2 (71nm±6nm) 0.3g/kg、1g/kg	7周	土培	增加侧根长度，降低初生根生长和地上鲜重。带正电荷的纳米塑料在根尖中积累的水平相对较低，但诱导了更高的活性氧积累，且比带负电荷的纳米塑料更能抑制植物生长和幼苗发育	[46]

7.2 微塑料对植物种子发芽和根系发育的影响

  微塑料在作物种子和根部的积累和吸附是其对作物作用的第一步，这主要与塑料在农业土壤中的应用和随后的分解有关，其导致土壤中微塑料的积累及在作物根系上的吸附[47]。土壤中积累的微塑料也会黏附在发芽种子的表面，并对种子囊中的孔隙造成物理障碍，从而阻止发芽期间的水分和养分摄入，这是微塑料对根系发育影响的最基本过程[8]。此外，在农业土地上广泛使用塑料地膜，以保持作物发芽的正常温度并提高产量，这也会导致土壤中微塑料的积累，因为地膜可以被阳光和耕作破碎，特别是在地膜回收率低的地区。

  暴露于微塑料会延迟或抑制作物的种子发芽，如水芹（Lepidium sativum L.）、黑麦草（Lolium perenne L.）和水蕨（Ceratopteris pteridoides）[44,48-50]种子。相比之下，Lian等[18]发现，纳米级聚苯乙烯微塑料不会影响小麦（Triticum aestivum L.）种子发芽。因此，微塑料对发芽种子的特定植物毒性可能因微塑料特性和作物种类而显著不同[5,51]。

由于细胞壁和微塑料之间的黏性疏水连接，微塑料在种子发芽后也可以附着在胚根和根毛上[8]。例如，已经报道了微塑料（50nm 和 100nm）在大浮萍（*Spirodela polyrhiza* L.）根的外部附着[52]，以及 PVC 球（40nm 和 1μm）在拟南芥（*Arabidopsis thaliana* L.）和小麦的根表面积累，但在植物健康方面没有明显差异[24]。附着在根毛和细胞壁孔上的微塑料会降低蒸腾作用、阻碍水分和养分摄入，并影响根呼吸[38]，这反过来会影响根系发育（如生物量和长度）[53-54]。此外，微塑料会对根产生不利影响，因为微塑料可以通过水分吸收和内吞作用被根吸收[43,55]。微塑料对植物的毒性作用在很大程度上取决于表面官能团的类型，而不是取决于其累积含量[56]。

微塑料还可能对作物的根部产生细胞毒性和遗传毒性作用，附着和吸收的微塑料可能导致根细胞膜和细胞外基质的分层和异常[18,20,57]。已经观察到，微塑料降低了有丝分裂指数，提高了微核率，并影响了根细胞中的染色体和核畸变频率[43]。同样，微塑料（30~600μm）可以降低小浮萍（*Lemna minor* L.）的根细胞活力[58]。这可能是微塑料对作物根系中活性氧（ROS）产生了影响，从而影响根系的抗氧化防御系统，导致细胞器和过程的损伤或改变（例如脂质过氧化、苯丙醇生物合成和基因表达）[57]。此外，吸收的微塑料可能损伤细胞壁并产生更宽的孔，从而允许更大的微塑料穿过细胞壁，并加剧损伤[59]，因此，这种损伤对根部比任何其他组织都更严重。这些对根系发育的负面影响最终可能导致产量损失，尤其是对萝卜（*Raphanus sativus* L.）、洋葱（*Allium cepa* L.）和马铃薯（*Solanum tuberosum* L.）等根系作物[20,24]。

此外，微塑料还可能对作物根系的发育造成损害，如影响生物量、长度、活性、生存能力和侧根形成。已经观察到，暴露于微塑料降低了作物的根生物量和长度，如生菜（*Lactuca sativa* L. var. *ramosa* Hort）、大豆（*Glycine max*）、小麦、春大麦（*Hordeum vulgare*）和玉米（*Zea mays* L.）[20,60]。然而，之前的一些研究也报告称，微塑料对大浮萍、小浮萍、水芹和小麦没有影响[24,61]。同时，微塑料对根系功能也有多种影响，包括降低蒸腾作用、阻碍水分和养分摄入，因此，从根部转移的微塑料颗粒对相邻组织或整个作物会产生有害影响[18,20]。例如，微塑料类的塑料地膜残留物可能通过影响根系分布[54]或影响胚根形态[53]来影响营养吸收。因此，由于材料组成、制造技术和化学添加剂的差异，微塑料对根系发育的特定植物毒性也可能因微塑料特性和作物种类的不同而有很大差异[45]。此外，各种来源的微塑料的形式、类型和添加剂含量通过影响作物的生长和产量，直接影响其在农业土壤中的退化、移动和随之而来的生态问题[62-63]。

7.3 微塑料对植物生长和组织发育的影响

微塑料对生菜、蚕豆（*Vicia faba* L.）、大豆、洋葱、小麦、玉米和水稻（*Oryza*

sativa L.）等作物的生长和组织发育有负面影响[40,60,64]。根中吸收的微塑料颗粒可以通过质外体和共质体途径转移到作物的地上组织，然后在维管系统中聚集[55]。同时，微塑料颗粒可以通过大气沉积附着在叶片上[65]，这可能会影响气孔的功能，从而影响光合作用蒸腾。微塑料还可以穿透作物的根系，从而抑制作物生长和组织发育，例如，当暴露于 PVC 微塑料时，水芹芽生长受到抑制[2]。此外，微塑料还可能通过影响作物嫩枝或叶片中叶绿素的产生来限制光合作用[66]。积累在茎维管束和叶脉中的微塑料会抑制水分和养分的吸收和运输，从而阻碍茎的生长和组织发育[59]。例如，Hu 等[67]发现土壤的水分利用效率以微塑料浓度依赖的方式降低，这可能导致玉米生长下降。此外，暴露于微塑料降低了葫芦和水稻等作物中营养元素和可溶性分子以及有机物质（如可溶性糖、维生素 C 和可溶性蛋白）的浓度[41,68]。Zhang 等[40]发现纳米级聚苯乙烯微塑料（100nm、300nm 和 500nm）降低了玉米的总糖含量，这可能解释了作物茎生物量下降的原因。光合作用的抑制以及水分和养分吸收的减少，在一定程度上可以证明微塑料可能会抑制作物生长和组织发育。此外，微塑料/纳米塑料（50μm～1mm）可以延迟小麦（T. *aestivum*）的分蘖期并减少果实数量，从而对作物的谷物产量产生负面影响[11]。

然而，微塑料对不同的植物物种产生不同的影响。van Weert 等[69]研究发现纳米塑料（50～190nm）增加了伊乐藻（*Elodea* sp.）的地上部和根部生物量、相对生长速率和侧枝长度。在 Yang 等[70]的研究中，HDPE 微塑料（100～154μm）增加了玉米（Z. *mays*）根部和地上部分生物量，促进了植物生长。然而也有研究发现微塑料对拟南芥和小麦生长无显著影响[24,71]。

此外，微塑料的细胞毒性和遗传毒性也可能影响作物生长和组织发育，因为微塑料会导致细胞壁破坏和细胞成熟干扰[72]。组织中的微塑料通过影响细胞分裂（有丝分裂）和阻断细胞壁孔对细胞造成物理损伤[55]。此外，微塑料在作物体内的移动可能会限制作物的发展，特别是对作物生长指标产生负面影响[73]。此外，一旦微塑料进入并转移到作物组织中，在作物组织特定的生理环境下，微塑料释放的化学物质可能会显著增加，导致其被作物组织外周或内部吸附，从而导致化学细胞毒性和遗传毒性[74]。然而，微塑料对作物的这种独特影响可能因微塑料特性（即粒径、形状、类型以及表面官能团）和作物种类而异。例如，聚乙烯微塑料对玉米叶片中的叶绿素含量几乎没有影响，而较高剂量（10%）的聚乳酸微塑料显著降低了叶绿素含量[30]。表面具有—COOH 官能团的 PS 纳米塑料比具有—NH_2 官能团的有利于其组织/细胞易位。PS 纳米塑料的内化受颗粒粒径和表面官能团的控制，粒径应是主要因素[75]。因此，微塑料影响作物的机制是多维度的。

7.4 微塑料对植物光合作用的影响

光合作用是植物的一种重要生命活动，容易受到环境中污染物的影响。PLA 微塑料和 PS 纳米塑料分别显著降低了拟南芥和玉米的叶绿素含量，阻碍了它们的光合作用[30,46]。Pignattelli 等[48-49]发现家独荇菜（L. sativum）暴露于 PET 微塑料后，叶绿素 a（Chla）/叶绿素 b（Chlb）比例不平衡，表明光合效率降低。黑麦草（L. perenne）暴露于 HDPE 和 PLA 微塑料后，Chla 和 Chlb 含量没有升高，但 Chla/Chlb 值随着微塑料暴露浓度的增加而增加[9]。然而，也有研究发现，PS 纳米塑料（100nm）显著增加了小麦叶片中的叶绿素含量，促进了小麦的光合作用和生长[18]；微塑料还降低了生菜叶片中光合速率、气孔导度、瞬时蒸腾速率、电子传输速率和光系统Ⅱ的电子传输活性，增加了细胞间 CO_2 浓度，这表明微塑料降低了植物光合作用[37]。植物可以作为大气中微塑料的重要的汇，植物叶片表面附着的微塑料可能会阻挡阳光，阻碍植物光合作用；附着在叶片表面的微塑料也可以作为环境污染物的吸收层，增强挥发性有机物或重金属在叶片表面上的积聚，这对植物健康也是有害的[76]。微塑料导致的植物光合作用降低将进一步影响植物的发育和生长。

7.5 微塑料对植物群落结构的影响

微塑料可以通过促进不同物种之间的化感作用来影响群落结构。Lozano 和 Rillig[33]发现微塑料可以促进山柳菊（Hieracium）的生长，而其邻近羊茅（Festuca）的生长因化感作用而受到抑制。这表明，由于微塑料的影响，土壤容重的降低促进了山柳菊的生长，但对羊茅具有有害的化感作用。因此，微塑料可以通过促进同种植物的聚集，从而影响植物群落的水平结构。此外，微塑料还可以影响土壤的物理化学性质，如土壤 pH 值、土壤有机质、水稳团聚体等，导致形成不利于植物生长的土壤环境，从而影响植物群落的水平结构[9,77]。Boots 等[9]发现，不同微塑料处理之间，土壤水稳团聚体的分布存在显著差异，与对照组相比，暴露于 HDPE 和 PLA 微塑料（0.1%，质量分数）的土壤微团聚体数量（<63μm）显著减少。良好的土壤结构和高水稳性土壤团聚体对于改善土壤肥力和促进水分运动非常重要，因此，微塑料的这种负面影响将对土壤有机质含量和土壤湿度产生潜在影响。同样，微塑料的高碳含量可能影响微生物氮固定，从而影响植物群落生产力和组成[78]。傅致远等[77]发现，土壤水分是影响半干旱地区草地植物群落结构变化的最重要因素，其次是土壤有机质、全氮和总磷。对于湿地草原植物群落，土壤含水量是影响鄱阳湖湿地草原植物群落分布格局的主要因素，土壤养分含量是次要因素。对于砂质旱地土壤，土壤养分梯度是砂地草原植物群落分布格局的主要限制因素[79]。因此，微塑料引起的土壤物理化学性质变化将对某些植物群落的群落结构产生潜在影响，特别是那些物种丰富度低或生长环境较差的物种。

微塑料的存在引起土壤微生物组成或根定植共生体的变化可能会进一步影响植物群落组成[27]。微塑料为不同微生物类群施加选择压力，如当暴露于低密度聚乙烯塑料时，属于糖杆菌属（Saccharibacteria）的细菌类群的丰度相对较高[80]。此外，可生物降解的微塑料可以在根际土壤中诱导大量的十二烷醇，这将对植物根真菌的生长产生负面影响[30]。因此，添加微塑料可能会降低土壤微生物多样性或根系定植共生体的丰度以及其他有利于植物群落多样性的因素，从而影响植物群落的物种多样性。

微塑料还可以通过促进入侵植物物种［如拂子茅（Calamagrostis）］的生长来影响植物群落结构，尤其是在水资源丰富的环境中[81]。Calamagrostis 是一个广泛分布于欧亚大陆温带地区的物种，由于其克隆生长特性，已入侵中欧的几个高价值半天然草原，并导致草原植物群落的生物多样性下降。绒毛草（Holcus）是一种欧洲本土物种，与 Calamagrostis 一样均具有快速生长特征[82]，它们的共存可能会通过创造一个更具竞争性的环境来降低 Calamagrostis 物种的入侵性。然而，研究发现，微塑料倾向于抑制 Holcus 的生长，这间接促进了 Calamagrostis 的生长[33]。虽然没有研究证明微塑料可以直接促进一些入侵物种的生长并影响植物群落多样性，但这种通过抑制本地竞争物种而间接促进入侵物种的方式也值得关注。外来入侵植物将对当地生态系统产生显著影响，特别是对生物多样性和群落稳定性。

微塑料对植物群落结构的影响局限于草本植物群落，对木本植物和更复杂的植物群落的影响仍然未知。例如，对于一些复杂的木本植物群落，由于微塑料在不同条件下对几种植物物种的各种潜在影响，群落的垂直结构也可能受到微塑料污染的影响。

7.6　微塑料诱导的植物氧化应激

生物体在环境压力下会产生大量的活性氧（ROS），称为氧化应激；同时，抗氧化防御系统（抗氧化酶和抗氧化剂）也被激活，以消除过量的 ROS，并减少 ROS 对生物分子、细胞和组织的损害。微塑料可以增加许多作物（如水稻、生菜、豆类和洋葱）中 ROS 的产生和抗氧化酶的活性，这表明微塑料可以诱导作物中的氧化损伤[43,68,74,83]。通常，植物根中 ROS 的增加程度高于叶片和嫩枝中，表明微塑料/纳米塑料对植物根造成的损害大于叶[37]。与带负电的纳米塑料相比，带正电的纳米塑料更难到达拟南芥的根部，但它能产生更多的 ROS，并更有效地阻碍植物发育[46]。急性暴露微塑料处理的家独行菜（L. sativum）中 H_2O_2 浓度高于慢性暴露微塑料处理[2]。ROS 的产生增加可能会减少氨基酸、核酸、脂质和其他次级代谢产物的产生，有研究表明，超过抗氧化系统清除能力的过量 ROS 生成会导致膜功能减弱[84]。事实上，微塑料会迫使作物产生更多的 ROS，并更有效地阻碍作物生长[59]。作为一种保护机制，作物分泌更多的抗氧化酶来抵消过度 ROS 介导的压力[57]。随着微塑料/纳米塑料浓度的增加，植物根和叶中 ROS 含量显著增加，抗氧化酶如超氧化物歧化酶（SOD）、过氧化氢酶（CAT）、谷胱甘肽过氧化物酶（GSH-Px）、脱氢抗坏血酸还原酶（DHAR）、谷胱甘肽还原酶（GR）

和抗坏血酸（AsA）的活性也显著增加[19,31,37]。植物中 DHAR 和 GR 活性的增强促进了 AsA-GSH 循环，以消除过量的 ROS[20,48]。然而，抗氧化酶的活性并没有持续上升，在两次取样时其水平的变化也无规律。例如，当暴露浓度为 250mg/L 和 500mg/L 时，PS 微塑料显著抑制水稻叶片中的 SOD 和过氧化物酶（POD）活性，并导致 CAT 活性降低。研究中使用高剂量微塑料诱导了过量的 ROS，超出了抗氧化系统的清除能力，导致细胞氧化损伤，POD、SOD 和 CAT 活性降低[84]。因此，微塑料诱导的作物非生物胁迫可能通过降低合成代谢规律性和破坏细胞脂质、蛋白质和核酸来影响作物能量代谢[61]，这种对细胞的物理损伤可能会损害细胞的完整性和功能性，导致作物发生各种反应。

微塑料的植物毒性取决于其聚合物类型，根据聚合物的不同，微塑料对植物的抗氧化系统、形态和光合作用表现出正面、负面和中性影响。这可能与塑料的微结构、结晶度和反应性、制造过程中添加的化学添加剂以及表面性质的差异有关。微塑料可作为有害物质的载体，并在植物接触到它们时产生植物毒性效应。如 PP 是橡胶和非极性塑料，具有高弹性和较小的结晶度，以及较大的表面疏水性，其甲基和各种聚合物稳定剂的添加可以保护 PP 免于生物降解或老化。因此 PP 微塑料有利于植物的性能，因为它可以在不引发抗氧化反应的情况下刺激植物的形态优势和光合作用。此外，PP 的化学结构和性质可能阻碍土壤团聚体的形成，从而降低土壤容重，改善土壤孔隙度和水力性质，间接引发对植物性状和光合作用的积极影响[85]。

植物物种对微塑料的敏感性取决于其性能与对微塑料直接影响（即生物累积和物理堵塞）和间接影响（即土壤生物物理环境的变化）的反应。抗氧化系统是植物的自卫武器，一旦植物受到外部和内部环境压力的氧化损伤，它拥有的多种酶和抗氧化剂就会作用来对抗氧化损伤。微塑料对植物形态和光合作用的植物毒性影响主要来自微塑料引起的氧化应激和限制养分/水分摄入。抗氧化系统介导的自我防卫和解毒作用决定了植物在微塑料胁迫下的表现。

在物种水平上，没有植物对微塑料暴露的反应类似，主要是因为它们对抗氧化应激的自卫系统不同。生菜和小麦似乎对微塑料的负面影响不敏感，因为在形态和光合作用方面没有观察到负面影响。研究表明，除微塑料外生菜对其他有机污染物如蓝藻毒素和重金属的毒性具有抗性[86-87]。生菜具有比其他植物更有效的抗氧化系统，通过富集活性化合物［如谷胱甘肽-S-转移酶（GST）］来消除过量的活性氧化物，并触发与植物生理和化学发育相关的各种代谢途径。此外，生菜的叶子氮元素含量高，这赋予了生菜优异的光合作用能力，具有良好光合作用性能的生菜可以产生足够的能量，用于生产生物活性化合物以抵抗抗氧化应激。对于禾本科植物，微塑料对玉米的影响比对水稻和小麦的大。在高抗氧化系统反应的背景下，微塑料存在条件下玉米光合效率降低，代表形态学的优点也降低。玉米是 C4 植物，其光合作用途径不同于 C3 植物的水稻和小麦，玉米可以在不利条件下生物浓缩 CO_2 以保持光合作用功能。然而，也有研究表明纳米颗粒胁迫可以通过抑制固定碳来降低 C4 植物的光合作用，同时通过抑制光利用效率来降低 C3 植物的光合作用[88]。在这种情况下，叶绿体基质可能积累额外的电子，从而诱导玉米产生额外的活性氧；玉米的 CO_2 浓度机制可能会降低其光呼吸，从而降低其排出额外活性氧的能力。此外，玉米更复杂、更密集的根系网络可能比水稻和小麦造成更严重的土壤干旱[39]。因此，估计玉米比水稻和小麦受微塑料的影响更大。大米抗氧化性能的降低表明其抗氧化系统可能在微塑料胁迫下受损；小麦较高的抗性可能归因于微塑料可以调节特定的小麦营养状态，并调节其生长过程多种代谢途径[18,89]。总之，禾本科植物对微塑料暴露的抵抗力因植物种类而异。

7.7 微塑料对植物代谢过程的影响

微塑料可以干扰作物中碳水化合物、氨基酸、丙氨酸、天冬氨酸和谷氨酸的代谢途径，并通过促进或抑制相关基因表达来改变这些途径的规律性，从而提高作物对微塑料应激原的适应性，并影响作物的生长和发育[1,18,40-41,53]。Lian 等[18]发现，PS 纳米塑料主要通过调节能量代谢和氨基酸代谢（如三羧酸循环、淀粉和蔗糖代谢、半乳糖代谢及丙氨酸、天冬氨酸和谷氨酸代谢）来改变小麦叶片代谢谱。聚苯乙烯微塑料显著改变了水稻籽粒中的基因转录，从而影响了作物代谢，诱导了作物氧化应激[19,41]。水稻（*Oryza sativa* L.）幼苗暴露于 PS 纳米塑料（0、10mg/L、50mg/L 和 100mg/L）时，碳代谢被激活（如碳和可溶性糖含量增加），而茉莉酸和木质素生物合成被抑制[19]。微塑料在作物中诱导的基因转录可刺激或抑制植物激素和细胞增殖，并进一步影响养分吸收[41]。此外，微塑料可能导致某些作物中半乳糖、磷酸戊糖、淀粉和蔗糖代谢的显著失衡，这可能会引发作物的应激反应。例如，可以刺激玉米半乳糖的产生，以提高其对 150～180μm 聚乙烯微塑料引起的外部应力的耐受性[90]。植物代谢受植物激素的调节，植物激素可以响应微塑料胁迫调节酶活性[20]。事实上，碳水化合物含量的变化可能影响与碳水化合物代谢相关的途径，如柠檬酸盐循环途径和葡萄糖-6-磷酸脱氢酶，导致能量摄入和生物量积累受到抑制[40]。因此，这将影响能量代谢和合成，导致氨基酸和脂质代谢的改变[41]。同时，微塑料诱导的大多数初级和次级代谢产物的变化显示出随着微塑料浓度的增加成分减少的趋势，这可能会削弱作物的抗胁迫能力，并抑制细胞壁的构建[84]。此外，在一些植物激素和碳水化合物代谢酶之间发现了负相关，这意味着植物激素通过限制某些特定酶的功能来调节植物代谢[20]。宏观和微观营养素以及作物中溶解的小分子有机物质的变化也可能导致抗氧化反应或代谢紊乱。因此，代谢过程的变化可以与作物营养素的有效性、抗氧化防御系统、能量产生和生物合成途径相互作用，从而潜在地抑制作物生长、组织发育和产量。

微塑料可以影响植物的营养水平。由于微塑料诱导的水分吸收减少和相关转运体基因表达的抑制，PS 纳米塑料降低了水稻根系中的 Fe、Mn、Cu 和 Zn 含量，也降低了黄瓜植株中的 Mg、Ca 和 Fe 含量[17]。然而，HDPE 和 PLA 微塑料都提高了玉米根系中的 Zn 水平，这是因为微塑料增加了 Zn 的可利用性，但由于抑制根系活动（如水分吸收和蒸腾），减少了 Zn 向其他组织的转运[70]。此外，生物可降解微塑料增加了豆类的根长和根瘤数量，这表明微塑料促进了土壤中的氮吸收[45]。

7.8 微塑料对植物遗传毒性的影响

微塑料可以诱导植物细胞毒性和遗传毒性。Jiang 等[13]发现，蚕豆（*Vicia faba*）根尖暴露于 PS 纳米塑料（100mg/L）后，细胞的有丝分裂指数（MI）显著降低，微核（MNs）的频率也有所提高，表明纳米塑料影响蚕豆细胞的有丝分裂。洋葱（*Allium cepa*）暴露于 400mg/L 的 PS 纳米塑料后，纳米塑料通过阻断 G2 阶段细胞，显著降低了洋葱的 MI[91]，并抑制了某些细胞的有丝分裂周期。此外，微塑料/纳米塑料还可导致染色体异常（CA）和核异常（NA），包括丛生染色体（CC）、落后染色体（LC）、环状染色体（RC）、紊乱的中期/后期（DM/A）、游离染色体（VC）、多极性（MP）、早熟运动（PM）、黏桥（SB）、定向纺锤极（DO）、双核细胞（BC）、核芽（NBs）和微核（MNs）。微塑料的存在诱导了洋葱细胞中更高的染色体异常指数和核异常，这表明塑料颗粒对洋葱具有细胞毒性和遗传毒性[74]。同时，重要的细胞周期调节因子 cdc2 的基因表达随着微塑料浓度的增加而显著降低，cdc2 表达的抑制影响了洋葱的细胞周期，这与 CA 和 NA 的发生一致。

参考文献

[1] Zeb A, Liu W, Meng L, et al. Effects of polyester microfibers (PMFs) and cadmium on lettuce (*Lactuca sativa*) and the rhizospheric microbial communities: A study involving physio-biochemical properties and metabolomic profiles. Journal of Hazardous Materials, 2022, 424: 127405.

[2] Pignattelli S, Broccoli A, Renzi M. Physiological responses of garden cress (L. *sativum*) to different types of microplastics. Science of the Total Environment, 2020, 727: 138609.

[3] Khalid N, Aqeel M, Noman A. Microplastics could be a threat to plants in terrestrial systems directly or indirectly. Environmental Pollution, 2020, 267: 115653.

[4] Zhang J, Ren S, Xu W, et al. Effects of plastic residues and microplastics on soil ecosystems: A global meta-analysis. Journal of Hazardous Materials, 2022, 435: 129065.

[5] Lozano Y M, Lehnert T, Linck L T, et al. Microplastic shape, concentration and polymer type affect soil properties and plant biomass. Frontiers in Plant Science, 2021, 27: 223768.

[6] Chen S, Feng Y, Han L, et al. Responses of rice (*Oryza sativa* L.) plant growth, grain yield and quality, and soil properties to the microplastic occurrence in paddy soil. Journal of Soils and Sediments, 2022, 22 (8): 2174-2183.

[7] Rillig M C, Lehmann A, de Souza Machado A A, et al. Microplastic effects on plants. New Phytologist, 2019, 223 (3): 1066-1070.

[8] Bosker T, Bouwman L J, Brun N R, et al. Microplastics accumulate on pores in seed capsule and delay germination and root growth of the terrestrial vascular plant *Lepidium sativum*. Chemosphere, 2019, 226: 774-781.

[9] Boots B, Russell C W, Green D S. Effects of microplastics in soil ecosystems: Above and below ground. Environmental Science & Technology, 2019, 53 (19): 11496-11506.

[10] Yu H, Qi W, Cao X, et al. Microplastic residues in wetland ecosystems: Do they truly threaten the plant-microbe-soil system? Environment International, 2021, 156: 106708.

[11] Qi Y, Yang X, Pelaez A M, et al. Macro-and micro-plastics in soil-plant system: Effects of plastic mulch film residues on wheat (*Triticum aestivum*) growth. Science of the Total Environment, 2018, 645: 1048-1056.

[12] Hernandez-Arenas R, Beltran-Sanahuja A, Navarro-Quirant P, et al. The effect of sewage sludge containing microplastics on growth and fruit development of tomato plants. Environmental Pollution, 2021, 268 (Pt B): 115779.

[13] Jiang X, Chen H, Liao Y, et al. Ecotoxicity and genotoxicity of polystyrene microplastics on higher plant *Vicia faba*. Environmental Pollution, 2019, 250: 831-838.

[14] Yin L, Wen X, Huang D, et al. Interactions between microplastics/nanoplastics and vascular plants. Environmental Pollution, 2021, 290: 117999.

[15] Gong W, Zhang W, Jiang M, et al. Species-dependent response of food crops to polystyrene nanoplastics and microplastics. Science of the Total Environment, 2021, 796: 148750.

[16] Gao H, Liu Q, Yan C, et al. Macro-and/or microplastics as an emerging threat effect crop growth and soil health. Resources Conservation and Recycling, 2022, 186: 106549.

[17] Li Z, Li Q, Li R, et al. The distribution and impact of polystyrene nanoplastics on cucumber plants. Environmental Science and Pollution Research International, 2021, 28 (13): 16042-16053.

[18] Lian J, Wu J, Xiong H, et al. Impact of polystyrene nanoplastics (PSNPs) on seed germination and seedling growth of wheat (*Triticum aestivum* L.). Journal of Hazardous Materials, 2020, 385: 121620.

[19] Zhou C Q, Lu C H, Mai L, et al. Response of rice (*Oryza sativa* L.) roots to nanoplastic treatment at seedling stage. Journal of Hazardous Materials, 2021, 401: 123412.

[20] Li S, Wang T, Guo J, et al. Polystyrene microplastics disturb the redox homeostasis, carbohydrate metabolism and phytohormone regulatory network in barley. Journal of Hazardous Materials, 2021, 415: 125614.

[21] Li L, Luo Y, Peijnenburg W, et al. Confocal measurement of microplastics uptake by plants. MethodsX, 2019, 7: 100750.

[22] 李连祯, 周倩, 尹娜, 等. 食用蔬菜能吸收和积累微塑料. 科学通报, 2019, 64 (9): 928-934.

[23] Li L, Luo Y, Li R, et al. Effective uptake of submicrometre plastics by crop plants via a crack-entry mode. Nature Sustainability, 2020, 3 (11): 929-937.

[24] Taylor S E, Pearce C I, Sanguinet K A, et al. Polystyrene nano-and microplastic accumulation at Arabidopsis and wheat root cap cells, but no evidence for uptake into roots. Environmental Science: Nano, 2020, 7: 1942-1953.

[25] Lian J, Liu W, Meng L, et al. Effects of microplastics derived from polymer-coated fertilizer on maize growth, rhizosphere, and soil properties. Journal of Cleaner Production, 2021, 318: 128571.

[26] Wan Y, Wu C, Xue Q, et al. Effects of plastic contamination on water evaporation and desiccation cracking in soil. Science of the Total Environment, 2019, 654: 576-582.

[27] van der Heijden M G, de Bruin S, Luckerhoff L, et al. A widespread plant-fungal-bacterial symbiosis promotes plant biodiversity, plant nutrition and seedling recruitment. ISME Journal, 2016, 10 (2): 389-399.

[28] de Souza Machado A A, Lau C W, Kloas W, et al. Microplastics can change soil properties and affect plant performance. Environmental Science & Technology, 2019, 53 (10): 6044-6052.

[29] Wang W, Ge J, Yu X, et al. Environmental fate and impacts of microplastics in soil ecosystems: Progress and perspective. Science of the Total Environment, 2020, 708: 134841.

[30] Wang F, Zhang X, Zhang S, et al. Interactions of microplastics and cadmium on plant growth and arbuscular mycorrhizal fungal communities in an agricultural soil. Chemosphere, 2020, 254: 126791.

[31] Zhou J, Wen Y, Marshall M R, et al. Microplastics as an emerging threat to plant and soil health in agroecosystems. Science of the Total Environment, 2021, 787.

[32] Okeke E S, Okoye C O, Atakpa E O, et al. Microplastics in agroecosystems-impacts on ecosystem functions and food chain. Resources, Conservation and Recycling, 2022, 177: 105961.

[33] Lozano Y, Rillig M. Effects of microplastic fibers and drought on plant communities. Environmental Science & Technology, 2020, 54: 6166-6173.

[34] Lian J, Liu W, Sun Y, et al. Nanotoxicological effects and transcriptome mechanisms of wheat (*Triticum aestivum* L.) under stress of polystyrene nanoplastics. Journal of Hazardous Materials, 2022, 423: 127241.

[35] Lian J, Liu W, Meng L, et al. Foliar-applied polystyrene nanoplastics (PSNPs) reduce the growth and nutritional quality of lettuce (*Lactuca sativa* L.). Environmental Pollution, 2021, 280: 116978.

[36] Gao M, Liu Y, Dong Y, et al. Effect of polyethylene particles on dibutyl phthalate toxicity in lettuce (*Lactuca sativa* L.). Journal of Hazardous Materials, 2021, 401: 123422.

[37] Gao M, Liu Y, Song Z. Effects of polyethylene microplastic on the phytotoxicity of di-*n*-butyl phthalate in lettuce (*Lactuca sativa* L. var. ramosa Hort). Chemosphere, 2019, 237: 124482.

[38] Urbina M A, Correa F, Aburto F, et al. Adsorption of polyethylene microbeads and physiological effects on hydroponic maize. Science of the Total Environment, 2020, 741: 140216.

[39] Pehlivan N, Gedik K. Particle size-dependent biomolecular footprints of interactive microplastics in maize. Environmental Pollution, 2021, 277: 116772.

[40] Zhang Y, Yang X, Luo Z X, et al. Effects of polystyrene nanoplastics (PSNPs) on the physiology and molecular metabolism of corn (*Zea mays* L.) seedlings. Science of the Total Environment, 2022, 806: 150895.

[41] Wu X, Hou H, Liu Y, et al. Microplastics affect rice (*Oryza sativa* L.) quality by interfering metabolite accumulation and energy expenditure pathways: A field study. Journal of Hazardous Materials, 2022, 422: 126834.

[42] Yang M, Huang D Y, Tian Y B, et al. Influences of different source microplastics with different particle sizes and application rates on soil properties and growth of Chinese cabbage (*Brassica chinensis* L.). Ecotoxicology and Environmental Safety, 2021, 222: 112480.

[43] Giorgetti L, Spanò C, Muccifora S, et al. Exploring the interaction between polystyrene nanoplastics and *Allium cepa* during germination: Internalization in root cells, induction of toxicity and oxidative stress. Plant Physiology and Biochemistry, 2020, 149: 170-177.

[44] Pflugmacher S, Sulek A, Mader H, et al. The influence of new and artificial aged microplastic and leachates on the germination of *Lepidium sativum* L. Plants, 2020, 9 (3): 339.

[45] Meng F, Yang X, Riksen M, et al. Response of common bean (*Phaseolus vulgaris* L.) growth to soil contaminated with microplastics. Science of the Total Environment, 2021, 755 (Pt 2): 142516.

[46] Sun X D, Yuan X Z, Jia Y, et al. Differentially charged nanoplastics demonstrate distinct accumulation in *Arabidopsis thaliana*. Nature Nanotechnology, 2020, 15 (9): 755-760.

[47] Zhang B, Yang X, Chen L, et al. Microplastics in soils: A review of possible sources, analytical methods and ecological impacts. Journal of Chemical Technology & Biotechnology, 2020, 95 (8): 2052-2068.

[48] Pignattelli S, Broccoli A, Piccardo M, et al. Short-term physiological and biometrical responses of *Lepidium sativum* seedlings exposed to PET-made microplastics and acid rain. Ecotoxicology and Environmental Safety, 2021, 208: 111718.

[49] Pignattelli S, Broccoli A, Piccardo M, et al. Effects of polyethylene terephthalate (PET) microplastics and acid rain on physiology and growth of *Lepidium sativum*. Environmental Pollution, 2021, 282: 116997.

[50] Gan Q, Cui J, Jin B. Environmental microplastics: Classification, sources, fates, and effects on plants. Chemosphere, 2023, 313: 137559.

[51] Chang X, Fang Y, Wang Y, et al. Microplastic pollution in soils, plants, and animals: A review of distributions, effects and potential mechanisms. Science of the Total Environment, 2022, 850: 157857.

[52] Dovidat L C, Brinkmann B W, Vijver M G, et al. Plastic particles adsorb to the roots of freshwater vascular plant *Spirodela polyrhiza* but do not impair growth. Limnology and Oceanography Letters, 2020, 5 (1): 37-45.

[53] López M D, Toro M T, Riveros G, et al. Brassica sprouts exposed to microplastics: Effects on phytochemical constituents. Science of the Total Environment, 2022, 823: 153796.

[54] Liu Y, Huang Q, Hu W, et al. Effects of plastic mulch film residues on soil-microbe-plant systems under different soil pH conditions. Chemosphere, 2021, 267: 128901.

[55] Dong Y, Gao M, Qiu W, et al. Uptake of microplastics by carrots in presence of As (Ⅲ): Combined toxic

effects. Journal of Hazardous Materials, 2021, 411: 125055.

[56] Xu Z, Zhang Y, Lin L, et al. Toxic effects of microplastics in plants depend more by their surface functional groups than just accumulation contents. Science of the Total Environment, 2022, 833: 155097.

[57] Wang W, Yuan W, Xu E G, et al. Uptake, translocation, and biological impacts of micro (nano) plastics in terrestrial plants: Progress and prospects. Environmental Research, 2022, 203: 111867.

[58] Kalčíková G, Žgajnar Gotvajn A, Kladnik A, et al. Impact of polyethylene microbeads on the floating freshwater plant duckweed *Lemna minor*. Environmental Pollution, 2017, 230: 1108-1115.

[59] Chen G, Li Y, Liu S, et al. Effects of micro (nano) plastics on higher plants and the rhizosphere environment. Science of the Total Environment, 2022, 807: 150841.

[60] Li B, Huang S, Wang H, et al. Effects of plastic particles on germination and growth of soybean (*Glycine max*): A pot experiment under field condition. Environmental Pollution, 2021, 272: 116418.

[61] Mateos-Cárdenas A, van Pelt F N A M, O'Halloran J, et al. Adsorption, uptake and toxicity of micro-and nanoplastics: Effects on terrestrial plants and aquatic macrophytes. Environmental Pollution, 2021, 284: 117183.

[62] Braun M, Mail M, Heyse R, et al. Plastic in compost: Prevalence and potential input into agricultural and horticultural soils. Science of the Total Environment, 2021, 760: 143335.

[63] Koelmans A A, Redondo-Hasselerharm P E, Nor N H M, et al. Risk assessment of microplastic particles. Nature Reviews Materials, 2022, 7 (2): 138-152.

[64] Liu Y, Guo R, Zhang S, et al. Uptake and translocation of nano/microplastics by rice seedlings: Evidence from a hydroponic experiment. Journal of Hazardous Materials, 2022, 421: 126700.

[65] Liu K, Wang X, Song Z, et al. Terrestrial plants as a potential temporary sink of atmospheric microplastics during transport. Science of the Total Environment, 2020, 742: 140523.

[66] Li H, Wang J Q, Liu Q. Photosynthesis product allocation and yield in sweet potato with spraying exogenous hormones under drought stress. Journal of Plant Physiology, 2020, 253: 153265.

[67] Hu Q, Li X, Gonçalves J M, et al. Effects of residual plastic-film mulch on field corn growth and productivity. Science of the Total Environment, 2020, 729: 138901.

[68] Colzi I, Renna L, Bianchi E, et al. Impact of microplastics on growth, photosynthesis and essential elements in *Cucurbita pepo* L. Journal of Hazardous Materials, 2022, 423: 127238.

[69] van Weert S, Redondo-Hasselerharm P E, Diepens N J, et al. Effects of nanoplastics and microplastics on the growth of sediment-rooted macrophytes. Science of the Total Environment, 2019, 654: 1040-1047.

[70] Yang W, Cheng P, Adams C A, et al. Effects of microplastics on plant growth and arbuscular mycorrhizal fungal communities in a soil spiked with ZnO nanoparticles. Soil Biology and Biochemistry, 2021, 155: 108179.

[71] Judy J D, Williams M, Gregg A, et al. Microplastics in municipal mixed-waste organic outputs induce minimal short to long-term toxicity in key terrestrial biota. Environmental Pollution, 2019, 252: 522-531.

[72] Mao Y, Ai H, Chen Y, et al. Phytoplankton response to polystyrene microplastics: Perspective from an entire growth period. Chemosphere, 2018, 208: 59-68.

[73] Li Z, Li Q, Li R, et al. Physiological responses of lettuce (*Lactuca sativa* L.) to microplastic pollution. Environmental Science and Pollution Research, 2020, 27 (24): 30306-30314.

[74] Maity S, Chatterjee A, Guchhait R, et al. Cytogenotoxic potential of a hazardous material, polystyrene microparticles on *Allium cepa* L. Journal of Hazardous Materials, 2020, 385: 121560.

[75] Zhu J, Wang J, Chen R, et al. Cellular process of polystyrene nanoparticles entry into wheat roots. Environmental Science & Technology, 2022, 56 (10): 6436-6444.

[76] Bi M, He Q, Chen Y. What roles are terrestrial plants playing in global microplastic cycling? Environmental Science & Technology, 2020, 54 (9): 5325-5327.

[77] 傅致远, 姜宏, 王国强, 等. 半干旱草原区土壤性质对植物群落结构的影响. 生态学杂志, 2018, 37 (03): 823-830.

[78] Iqbal S, Xu J, Allen S D, et al. Unraveling consequences of soil micro-and nano-plastic pollution on soil-plant system: Implications for nitrogen (N) cycling and soil microbial activity. Chemosphere, 2020, 260: 127578.

[79] 左小安, 赵学勇, 赵哈林, 等. 科尔沁沙质草地群落物种多样性、生产力与土壤特性的关系. 环境科学, 2007, 28 (5): 945-951.

[80] Qi Y, Ossowicki A, Yang X, et al. Effects of plastic mulch film residues on wheat rhizosphere and soil properties. Journal of Hazardous Materials 2020, 387: 121711.

[81] Rebele F. Species composition and diversity of stands dominated by *Calamagrostis epigejos* on wastelands and abandoned sewage farmland in Berlin. Tuexenia, 2014, 34 (1): 247-270.

[82] Těšitel J, Mládek J, Horník J, et al. Suppressing competitive dominants and community restoration with native parasitic plants using the hemiparasitic *Rhinanthus alectorolophus* and the dominant grass *Calamagrostis epigejos*. Journal of Applied Ecology, 2017, 54 (5): 1487-1495.

[83] Iqbal B, Zhao T, Yin W, et al. Impacts of soil microplastics on crops: A review. Applied Soil Ecology, 2023, 181: 104680.

[84] Wu X, Liu Y, Yin S, et al. Metabolomics revealing the response of rice (*Oryza sativa* L.) exposed to polystyrene microplastics. Environmental Pollution, 2020, 266: 115159.

[85] Zhang Y, Cai C, Gu Y, et al. Microplastics in plant-soil ecosystems: A meta-analysis. Environmental Pollution, 2022, 308: 119718.

[86] Zhang S, Wang J, Yan P, et al. Non-biodegradable microplastics in soils: A brief review and challenge. Journal of Hazardous Materials, 2021, 409: 124525.

[87] Zhang Y, Husk B R, Duy S V, et al. Quantitative screening for cyanotoxins in soil and groundwater of agricultural watersheds in Quebec, Canada. Chemosphere, 2021, 274: 129781.

[88] Liu Y, Yue L, Wang C, et al. Photosynthetic response mechanisms in typical C3 and C4 plants upon La_2O_3 nanoparticle exposure. Environmental Science: Nano, 2020, 7 (1): 81-92.

[89] Lian J, Wu J, Zeb A, et al. Do polystyrene nanoplastics affect the toxicity of cadmium to wheat (*Triticum aestivum* L.)? Environmental Pollution, 2020, 263 (Pt A): 114498.

[90] Fu Q, Lai J L, Ji X H, et al. Alterations of the rhizosphere soil microbial community composition and metabolite profiles of *Zea* mays by polyethylene-particles of different molecular weights. Journal of Hazardous Materials, 2022, 423: 127062.

[91] Koelmans A A, Hasselerharm P, Nor N, et al. Solving the non-alignment of methods and approaches used in microplastic research in order to consistently characterize risk. Environmental Science & Technology, 2020, 54: 12307-12315.

第8章

微塑料对土壤动物和人类的影响

8.1 微塑料对土壤动物和人类的影响研究进展

土壤动物群通常可用于监测污染物的影响,因为土壤污染会在个体和群落层面上导致土壤动物群的一系列变化。当土壤动物接触到微塑料时,它们的新陈代谢和健康可能会受到许多方面的影响:a. 附着在陆生动物表面的微塑料会造成动物表面损伤并阻碍运动[1-2];b. 微塑料可被一些大型动物摄入,直接或间接导致各种毒性,主要是由于肠道结构和代谢途径受损[3];c. 微塑料难降解,可积聚在动物的各种组织中,对动物和其他食用动物的捕食者或人类构成长期威胁[4]。

8.1.1 微塑料对小型土壤动物的影响

微塑料对陆地生态系统中土壤动物的影响研究是当前研究的热点,例如,监测生物指标土壤动物的生物量或活动可作为土壤污染水平的评价指标[1]。土壤为污染物提供了进入食物网的途径,污染可以持续几十年。蚯蚓和线虫通常被用作描述土壤生物量、健康和污染等特征的"模式生物",因为蚯蚓通过捕食、消化、排泄、分泌(黏液)和挖洞,促进土壤中的物质循环和能量传递[4]。这些土壤无脊椎动物对调控土壤肥力的许多过程具有重要影响,被视为"生态系统工程师"[5]。此外,线虫作为最丰富的土壤动物之一,在土壤分解和形成中发挥着重要作用。各种节肢动物,包括跳虫和微节肢动物,由于其丰富性和对重要生态功能(如有机物分解和营养循环)的贡献,已被广泛研究。

土壤动物摄入微塑料会导致多种不利影响,如氧化应激、组织病理学损伤、代谢紊乱、肠道菌群失调、DNA损伤、生殖毒性、遗传毒性和神经毒性,进而对土壤动物的生长发育、繁殖和生存产生不利影响。微塑料还可以与其他污染物结合并相互作用,对土壤动物产生联合毒性。反过来,土壤动物也可以促进塑料分解为微塑料,促进微塑料向深层土壤迁移,甚至通过捕食将土壤动物中积累的微塑料转移到更高水平[4]。因此,虱子、蜗牛、盲肠蠕虫和其他具有类似捕食机制的土壤生物是研究重点。尽管缺乏关于微塑料在土壤生物中的生物利用度和生物累积性的信息，但目前研究已经证实，纳米塑料可以通过吞噬作用进入哺乳动物细胞[2,6]。

(1) 土壤动物群中微塑料的摄入和生物累积

生活在土壤表面的蚯蚓、蜗牛和其他土壤动物通过将微塑料颗粒与食物混淆或食用携带微塑料的食物摄入微塑料颗粒[3,7-8]。使用先进的荧光成像技术发现，蚯蚓（*Eisenia fetida*）摄入了大量PE和PS微塑料，这为土壤动物摄入微塑料提供了有力证据[9]。当线虫（*Caenorhabditis elegans*）暴露于荧光标记的PS微塑料2d后，在肠道的所有区段中可以检测到标记的微塑料[10]。此外，在人类通常食用的3种蜗牛中也检测到微塑料颗粒[3]。微塑料可以在营养水平之间转移，通过摄食活动促进土壤动物体内塑料颗粒的移动和积累。在被摄入并生物累积后，微塑料颗粒不仅会导致一系列毒理学效应（如肠道菌群失衡、氧化应激、肠道损伤等），还会通过食物链威胁人类健康[11]。但Fueser等[12]发现，当线虫暴露于标记的微塑料时，5min内可以检测到线虫摄入了微塑料，20~40min内线虫将PS微塑料全部排出，表明微塑料的生物富集系数非常低。研究表明蚯蚓可以分解微塑料，其中生物基PLA微塑料比化石基PET微塑料更容易被蚯蚓分解，在第10天，亚微米和纳米级PLA分别占排泄PLA的57%和13%；PET和PLA微塑料的排泄半衰期分别为9.3h和45h[13]。微塑料的摄入和生物累积可能因动物喂养策略、饮食、暴露时间以及微塑料的粒径和剂量而异，需要进一步研究。

蚯蚓可以耐受低浓度的微塑料，它们可以分解摄入的微塑料，潜在机制尚不清楚，但高浓度的微塑料会导致蚯蚓体重下降甚至死亡。当蚯蚓（*Lumbricus terrestris*）暴露于28%（质量分数）的PE微塑料时，其生长受到强烈抑制（与每日增加10.3mg的对照组相比，每日增加<1.4mg），8%~25%的蚯蚓死亡[8]。微塑料对土壤动物的影响与其浓度密切相关，如暴露于浓度≥0.01%的PE微塑料会引发蚯蚓的肠道炎症，但低于0.1%的浓度对其生存、繁殖或生长性能没有显著影响[14]；而暴露于浓度>1%的PS微塑料会抑制蚯蚓生长[1]。

微塑料对土壤动物的影响如表8-1所列。

表8-1 微塑料对土壤动物的影响

物种	微塑料类型、粒径、浓度	暴露时间	污染物	生物效应	影响因素	参考文献
蚯蚓（*Lumbricus terrestris*）	PE，<150μm，7%、28%、45%和60%	60d	—	死亡率增加；生长率下降	暴露浓度，颗粒粒径	[8]
蚯蚓（*Lumbricus terrestris*）	HDPE，(0.92±1.09) mm²，3.5g/kg	28d	Zn	增加蚯蚓对锌的暴露	环境条件	[15]

续表

物种	微塑料类型、粒径、浓度	暴露时间	污染物	生物效应	影响因素	参考文献
蚯蚓 (Eisenia andrei Bouché)	PE，250～1000μm，62.5～1000mg/kg	28d	—	肠道损伤；免疫反应	暴露浓度	[16]
蚯蚓 (Enchytraeus crypticus)	PS，0.05～0.1μm，0、0.025%、0.5%和10%	7d	—	体重减轻；肠道微生物改变；繁殖能力增加	暴露浓度	[17]
蚯蚓 (Metaphire californica)	PVC，2g/kg	28d	砷酸盐	减少总砷的积累和砷向亚砷酸盐的转化；减轻砷对肠道微生物的毒性	环境条件	[18]
蚯蚓 (Eisenia fetida)	PS，58μm，0、0.25%、0.5%、1%、2%	30d	—	生长抑制；死亡率增加	暴露浓度	[19]
蚯蚓 (Eisenia fetida)	LDPE，<400μm，0.1g/kg、0.25g/kg、0.5g/kg、1.0g/kg、1.5g/kg	28d	—	表面损伤；氧化应激并刺激神经毒性反应	暴露浓度	[1]
蚯蚓 (Eisenia andrei)	PE，180～212μm、250～300μm，1000mg/kg	21d	—	微塑料对体腔细胞的活性有影响，对雄性生殖器官的损害比雌性更严重	生物条件	[20]
蚯蚓 (Eisenia fetida)	PE≤300μm，PS≤250μm，0、1%、5%、10%、20%	14d	多环芳烃和多氯联苯	增加过氧化氢酶和过氧化物酶的活性；增加脂质过氧化水平；降低超氧化物歧化酶和谷胱甘肽-S-转移酶的活性；减少多环芳烃和多氯联苯的生物积累	暴露浓度	[21]
蚯蚓 (Eisenia fetida)	聚酯纤维，361.6μm，0、0.1%、1.0%	35d	—	无致命影响和回避影响；降低了铸件产量；改变了应激生物标志物 $mt\text{-}2$ 和 $hsp70$ 的表达	暴露浓度	[22]
蚯蚓 (Eisenia fetida)	LDPE，<150μm，7%	60d	—	从蚯蚓肠道中分离出的细菌可以降解60%的微塑料并产生纳米塑料	暴露时间	[23]
蚯蚓 (Eisenia fetida)	LDPE，250～1000μm，62mg/kg、125mg/kg、250mg/kg、500mg/kg、1000mg/kg	28d	—	接触微塑料导致蚯蚓氧化应激和能量代谢发生变化	暴露浓度	[14]

续表

物种	微塑料类型、粒径、浓度	暴露时间	污染物	生物效应	影响因素	参考文献
蚯蚓 (Eisenia fetida)	轮胎微塑料；2mm～350μm、50～350μm、25～50μm、<25μm；0、1%、5%、10%和20%	28d	—	改变蚯蚓体内POD、CAT、SOD和GST的活性，引起氧化应激和组织损伤	暴露浓度，颗粒粒径，环境条件	[24]
蚯蚓 (Eisenia foetida)	PP、<150μm、0.03%、0.3%、0.6%、0.9%	42d	镉	诱导氧化损伤，降低蚯蚓的生长速度，增加其死亡率；微塑料的存在可以增加镉在蚯蚓中的积累，并且镉含量随微塑料暴露时间的增加而增加	暴露浓度，暴露时间	[25]
蚯蚓 (Eisenia fetida)	PLA、PPC、PE，120μm，0、0.125g/kg、1.25g/kg、12.5g/kg、125g/kg、250g/kg 和 500g/kg	28d	—	回避行为，降低生物量和繁殖	暴露浓度	[26]
蚯蚓 (Eisenia andrei)	PE、PP、PBAT、PEVA、PLA、<100μm、100μg/kg	14d	—	诱导氧化应激反应，细胞毒性损伤	暴露环境	[27]
蚯蚓 (Metaphire vulgaris)	PE、纳米级、200mg/kg、45mg/kg	28d	砷	增加重金属生物累积，影响肠道砷生物转化基因（ABG）谱	暴露环境	[28]
蚯蚓 (Eisenia fetida)	HDPE 28～145μm、133～415μm 和 400～1464μm，PP 8～125μm、71～383μm 和 761～1660μm；0.25%	28d	—	诱导氧化应激；扰乱参与神经变性、氧化应激和炎症的通路	颗粒粒径，塑料类型	[29]
蚯蚓 (Eisenia fetida)	PE，30μm 和 100μm，0.1mg/g、0.5mg/g 和 1mg/g	21d	铜、镍	增加生物体对重金属的积累；蚯蚓身体损伤，引起脂质过氧化	颗粒粒径，暴露浓度	[30]
蠕虫 (Enchytraeus crypticus)	轮胎磨损形成的微塑料，<500μm、0.0048%、0.024%、0.12%、0.6%和3%	21d	—	降低存活率和繁殖，影响肠道和周围土壤的微生物群	暴露浓度	[31]
螨虫 (Enchytraeus crypticus)、跳虫 (Folsomia candida)、等足类动物 (Porcellio scaber) 和线螨 (Oppia nitens)	聚酯纤维，12μm～2.87mm，4～24mm，0.02%、0.06%、0.17%、0.5%和1.5%	28d	—	对动物的影响很小	颗粒粒径	[32]

续表

物种	微塑料类型、粒径、浓度	暴露时间	污染物	生物效应	影响因素	参考文献
蠕虫 (*Enchytraeus crypticus*)	PA、PVC,13~18μm、63~90μm、90~150μm、106~150μm,20g/kg、50g/kg、90g/kg和120g/kg	21d	—	降低了繁殖	颗粒粒径,塑料类型	[33]
跳虫 (*Lobella sokamensis*)	PE、PVC,0.47~0.53μm、27~32μm和250~300μm,4~1000mg/kg	1h	—	运动量减少	暴露浓度	[34]
跳虫 (*Folsomia candida*)	PE,<500μm,0.1%~1%	28d	—	增加回避率；繁殖抑制；改变了肠道微生物群落,减少了细菌的多样性	暴露浓度	[35]
跳虫 (*Folsomia candida*)	PVC,80~250μm,1g/kg	56d	—	增加细菌的多样性,改变肠道微生物群；抑制生长和繁殖	—	[36]
线虫 (*Caenorhabditis elegans*)	PVC,50nm、200nm,1~86.8mg/L	24h	—	能量代谢中断；氧化损伤；导致毒性作用,减少运动和繁殖	暴露浓度,颗粒粒径	[37]
木虱 (*Porcellio scaber*)、粉虫幼虫 (*Tenebrio molitor*)、蚯蚓 (*Enchytraeus crypticus*)	医用口罩,正面内层：45.1μm±21.5μm(纤维)；中间过滤层：55.6μm±28.5μm(碎片)；外层：42.0μm±17.8μm(纤维)。0.06%、0.5%、1.5%	21d	—	观察到木虱的短暂免疫反应和粉虫能量相关特征的变化,且在医用口罩外层的微塑料中最为明显；反映在粉虫的电子传递系统活性增加和木虱不同的免疫反应动力学上	暴露浓度,塑料类型	[38]
线虫 (*Caenorhabditis elegans*)	PVC,42nm、530nm,0~100mg/kg	1d	—	后代数量减少,且对大颗粒(530nm)比小颗粒(42nm)更敏感	颗粒粒径,暴露环境	[39]
蜗牛 (*Achatina fulica*)	PET,1257.8μm,0.014g/kg、0.14g/kg、0.71g/kg	28d	—	减少食物摄入和排泄；胃肠壁绒毛损伤；降低肝脏中谷胱甘肽过氧化物酶和总抗氧化能力；肝脏中丙二醛水平升高	暴露浓度	[7]
等足类动物 (*Porcellio scaber*)	PE,60~800μm,4mg/g食物	14d	—	对摄食行为和能量储备没有显著影响	暴露浓度,暴露时间	[40]

续表

物种	微塑料类型、粒径、浓度	暴露时间	污染物	生物效应	影响因素	参考文献
飞蛾（*Folsomia candida*）	PVC，80～250μm，5000粒/板	7d	—	回避行为	暴露时间	[41]
老鼠	PVC，5μm，100μg/L水、1000μg/L水	6周	—	减少肠道黏液分泌，破坏肠道屏障；肠道菌群失调；代谢紊乱	暴露浓度	[42]
老鼠	PVC，0.5μm、50μm，100μg/L水、1000μg/L水	5周	—	减少身体、肝脏和附睾脂肪的重量；肠道黏液分泌减少；肠道菌群失调；肝脏脂质代谢紊乱	暴露浓度	[43]
老鼠	PE、PS，0.5～1.0μm，2mg/L	90d	有机磷阻燃剂	氧化应激和神经毒性，破坏了小鼠氨基酸代谢和能量代谢	暴露环境	[44]
库蚊（*Culex mosquito*）	PVC，2μm、15μm，0、50个/mL、100个/mL和200个/mL	12d	—	库蚊的生长和死亡率不受微塑料的影响	暴露浓度	[45]
蜗牛（*Achatina fulica*）	PVC，28nm	14d	—	降低肠道微生物活性；消化器官组织学损伤	暴露浓度	[46]

(2) 微塑料对土壤动物组织病理学损伤的影响

通过组织病理学检测到微塑料会对土壤动物的组织结构造成结构性损伤[1,47]。由于微塑料的体积和质量小，很容易被动物身体吸附或被摄入动物器官和组织，从而产生毒性作用。将蚯蚓暴露于1.5g/kg LDPE 微塑料（<400μm）28d 会导致皮肤表面损伤[1]；暴露于微塑料 [250μm，2.5%～7%（质量分数）] 2d 后，蚯蚓（*L. terrestris*）皮肤和黏膜出现裂缝和皱纹等物理损伤。

此外，微塑料可以对土壤动物肠道造成组织病理学损伤。在一项为期28d的暴露试验中，PET 微塑料（76.3～1257.8μm，0.71g/kg）损伤了蜗牛胃肠道壁的绒毛[7]。蚯蚓暴露于 PE 微塑料（25～1000μm，62.5～1000mg/kg）28d，导致严重组织学损伤和一系列炎症反应[14]。因此，微塑料对土壤动物的关键毒性作用可能是肠道损伤，可通过组织病理学进行评估[10]。

(3) 微塑料对土壤动物抗氧化能力的影响

生物体内的氧化应激通常由自由基产生，氧化过度和抗氧化相对不足，会导致中性粒细胞炎症、蛋白酶分泌增加和大量氧化中间体的产生。氧化应激是一种负面影响，被认为是引起衰老和疾病的重要因素，氧化应激可以通过土壤动物抗氧化系统的一系列变化来证明[1,10,14,47]。将蚯蚓暴露于 LDPE 微塑料（<400μm，1.0mg/kg）28d 后，蚯

蚓体内的过氧化氢酶（CAT）活性和丙二醛（MDA）含量显著增加，表明蚯蚓正在经历氧化应激[1]。Xu等[48]研究了不同粒径（0.1μm、1μm、10μm和100μm，10mg/kg）的聚苯乙烯微塑料对蚯蚓（Eisenia foetida）的影响，发现微塑料尤其是较大粒径的微塑料对蚯蚓造成更严重的损伤，降低CAT和谷胱甘肽-S-转移酶（GST）基因表达。此外，暴露于100nm或1300nm PS微塑料的蚯蚓体内的超氧化物歧化酶（SOD）活性显著降低，谷胱甘肽（GSH）含量增加[49]。蚯蚓（Eisenia fetida）暴露于LDPE膜（550～1000μm，0.25%）导致ROS积累，SOD、CAT和GST活性降低，MDA含量增加[50]。参与抗氧化防御系统的这些酶（如SOD和CAT）和非酶抗氧化剂（如GSH）的变化表明，微塑料能激活蚯蚓的抗氧化防御系统，清除自由基以保护蚯蚓免受氧化损伤。然而，过量的有毒化合物会导致自由基产生和抗氧化防御系统之间的失衡，进而导致氧化应激和损伤。

(4) 微塑料对土壤动物的神经毒性

神经毒性是微塑料对土壤动物群的常见毒性作用之一，乙酰胆碱酯酶是一种常见的神经毒性生物标志物。蚯蚓（Eisenia fetida）暴露于LDPE微塑料（<400μm，1～1.5g/kg）21d或28d后，显著刺激了乙酰胆碱酯酶活性，表明微塑料诱导了蚯蚓的神经毒性[1]。暴露于微塑料会导致线虫的神经元损伤，从而改变其运动行为[51-52]和排便节律[53]。Lei等[52]发现，暴露于PS纳米塑料或微塑料会对线虫产生神经毒性，导致兴奋性运动行为，如身体弯曲和头部抖动频率增加、爬行速度加快，以及1μm微塑料对运动相关神经元造成明显损伤。Qu和Wang[51]发现，PS纳米塑料（35nm）会对线虫（C. elegans）的运动行为、感觉感知行为和多巴胺能神经元的发育产生神经毒性。此外，暴露于PS微塑料（1μm，10mg/L和100mg/L）48h，线虫（C. elegans）的头部抖动和身体弯曲显著减少，并且在后代中也观察到这种效应，这表明微塑料诱导的神经毒性可以遗传到下一代[54]。运动行为的变化可能是土壤动物为避免损害而采取的策略，如跳虫（Folsomia candida）对土壤中PE微塑料表现出强烈的回避行为[35]。

(5) 微塑料对土壤动物DNA损伤的影响

DNA损伤是复制过程中发生的DNA核苷酸序列的永久性变化，会导致遗传特征的改变。不同粒径和浓度的微塑料会对蚯蚓的DNA造成不同程度的损伤[48-49]。例如，蚯蚓（E. fetida）在暴露于PS微塑料（100nm和1300nm，100μg/kg和1000μg/kg）后，尤其是在微塑料粒径较大和浓度较高的处理组中，具有广泛的DNA损伤[49]。粒径较大（10μm和100μm）的微米级PS微塑料比纳米级PS（100nm）对蚯蚓体腔细胞的DNA损伤更严重[48]。蚯蚓组织中DNA损伤的主要原因可能是过度的ROS积累。

(6) 微塑料对土壤动物遗传毒性和生殖毒性的影响

遗传毒性是指污染物（如微塑料）直接或间接损害细胞DNA，导致诱变和致癌效应。蚯蚓（L. terrestris）暴露于聚酯微纤维（1%，质量分数），增加了应激生物标记基因mt-2和hsp70的表达[22]。此外，Xu等[48]研究了不同粒径（0.1μm、1μm、10μm和100μm，浓度为10mg/kg）的微塑料对蚯蚓（Eisenia Foetida）的影响，结果表明微塑料诱导了几个基因（$hsp70$、$tctp$、sod 和 mt）的表达，但降低了 cat 和 gst 基因的表达，粒径更大的微塑料导致更严重的遗传毒性。在蚯蚓（$Eisenia\ fetida$）暴露于LDPE 微塑料的试验中，催产素、热休克蛋白70、肿瘤蛋白控制和钙网织蛋白基因的表达增加[50]。线虫暴露于微塑料后 gst-4 表达显著增加[10]。这些发现证实了微塑料可以调节应激反应的基因表达，这可能与土壤动物面对微塑料污染物的适应性应激机制有关。

微塑料可以降低土壤动物（如蚯蚓和线虫）的繁殖率。Kwak 和 An[20]研究了两种粒径（180～212μm 和 250～300μm）的 PE 球（1000mg/kg）对蚯蚓（E. andrei）生殖系统的影响，发现暴露于微塑料的蚯蚓成熟精子束和精子密度降低，且生殖细胞排列紊乱、组织结构松散和间质组织增加，还损伤了精囊中的精子质膜。线虫暴露于 PS 纳米塑料（35nm，≥10μg/L）后，损害了性腺发育，降低了线虫的繁殖能力[55]。更重要的是，这种毒性可以遗传到下一代[56]。微塑料会损害动物的生殖系统，并导致生殖毒性，这可能部分解释了微塑料导致的繁殖率降低。

(7) 微塑料对土壤动物代谢的影响

土壤动物摄入微塑料会干扰养分获取并进一步导致代谢紊乱。Yang 等[57]发现，PS 纳米塑料（100nm，≥1μg/L）引起了线虫体内严重的脂质积累，并增加了参与脂质代谢的 mdt-15 和 sdp-1 基因的表达。代谢组学研究发现，暴露于 PS 纳米塑料（50nm 和 200nm）显著影响线虫的 12 种代谢产物，包括三羧酸循环中间体、参与能量代谢的代谢产物、氨基酸和神经递质的前体[37]。更重要的是，干扰能量代谢的代谢紊乱可能会进一步导致线虫的表型改变，如运动行为和生殖能力。土壤原生动物变形虫（$Dictyostelium\ discoideum$）暴露于纳米塑料和微塑料后，微塑料破坏了变形虫的营养和能量代谢，并影响了与形态发生和吞噬作用相关的关键基因（如 $cf45$-1、$dcsA$、$aprA$、$dymB$ 和 $gefB$）的表达[58]。此外，暴露于 PVC 微塑料（80μm 和 250μm），干扰了跳虫（$Folsomia\ candida$）的代谢周转和 C 和 N 元素吸收[36]，这是由于微塑料改变了摄食行为和肠道微生物群。

(8) 微塑料对土壤动物肠道菌群失调的影响

肠道菌群是动物肠道中数量庞大的微生物群体的总称，可以帮助动物维持正常的生理、生化功能。肠道微生物群的多样性和组成与宿主消化能力和其他方面有关。由于肠道微生物群对环境污染物的敏感性，它们通常被用作判断土壤动物是否受到环境污染物影响的指标[31]。研究表明微塑料可以改变蚯蚓、跳虫等动物的肠道微生物群[9, 31]。跳虫是土壤动物群的关键组成部分，是微小的节肢动物。当跳虫（$Folsomia\ candida$）暴露于浓度为 1g/kg 干土壤的 PVC 微塑料（80μm 和 250μm）56d 时，由于暴露于 PVC 颗粒后跳虫摄食行为发生了变化，其肠道微生物群组成受到干扰，细菌多样性增强[36]。此外，摄入轮胎胎面颗粒（13～1400μm）的隐孢子虫的存活率（＞25%）和繁殖率（＞50%）均显著降低，这是由于微生物多样性紊乱，尤其是在一些具有强降解性和参与氮循环的关键物种中[31]。因此，微塑料可能通过改变肠道菌群的组成影响土壤动物的食物吸收和利用,并对土壤动物的生长、代谢、繁殖和遗传产生不利影响。

8.1.2 微塑料对大型陆生动物和人类的影响

关于微塑料对大型陆生动物的影响的研究相对较少,但据报道,微塑料在绵羊[59]、鸡[11,60]、大鼠[42]和人体[61]中也有积累。

无论通过直接吸收(通过暴露/受污染的食物和饮料,尤其是通过食用动物和塑料瓶饮料、空气和皮肤接触)还是间接吸收(通过受污染的可食用动植物食物),微塑料颗粒都会从一个营养级移动到另一个营养级,直到到达人类——食物链的顶端[62]。在人们的日常饮食中,各种食物/饮料中都检测到了大量微塑料,包括海鲜[63-64]、鱼类[65-66]、海盐[67-69]、蜂蜜和糖[70]、啤酒[71]、饮用水[72-74]和塑料水杯[75]。此外,外卖食品由于包装原因也含有大量微塑料,每周订购1~2次外卖食品的人可能会摄入170~638个微塑料[76]。室内和室外空气中存在大量微塑料,通过呼吸也会摄入微塑料[77]。微塑料(尤其是纳米塑料)可能会进入农作物的种子或果实[78],并通过食物摄入进入人体。在第26届欧洲胃肠病学联合会会议上,公布了一项监测人类微塑料的研究结果。在这项研究中,从芬兰、奥地利、波兰、意大利、日本、荷兰、俄罗斯和英国招募的8名个体,被要求在1周内保持食用食物乳制品,然后进行粪便采样。粪便分析表明,平均每10g样品中鉴定出20个微塑料颗粒;鉴定了多达9种不同的微塑料,主要是PP和PET,直径为50~500μm。有研究发现人类肺组织微塑料浓度平均为(1.42 ± 1.50)个/g,并且男性的微塑料含量[(2.09 ± 1.54)个/g]比女性[(0.36 ± 0.50)个/g]更高[79]。在人类粪便[80]、肺部[79,81]、结肠[82]、胎盘[83]甚至血液[84]中连续检测到微塑料。即使在婴儿阶段,人们也会接触到微塑料,因为奶瓶的橡胶奶嘴经常被高温消毒,导致奶嘴变质并产生微米和纳米级塑料颗粒(全球每年总共产生5.2×10^{13}个塑料颗粒)[85]。由于塑料中的有毒化学成分和添加剂、污染物载体和物理损伤,微塑料暴露对人类的潜在危害发生在化学、细胞、组织、器官和系统水平[61]。

在家畜中,摄入微塑料的主要途径是土壤、水和被塑料污染的植物。作物收获后,塑料覆盖物通常不会完全从田间移除,剩余的塑料覆盖物可以降解成微塑料,通过风或径流迁移。而绵羊可以被放归田间,以作物残渣为食。Beriot等[59]报告称,使用塑料薄膜覆盖的农场所有土壤样品都含有微塑料,且牧羊的粪便样品中92%含有微塑料。然而,还没有关于摄入微塑料对绵羊的潜在影响的研究。Huerta Lwanga等[11]首次报道了微塑料(<5mm)和大塑料(5~150mm)从土壤转移到鸡,他们选择了10个植被和土壤相似的家庭花园,从土壤、蚯蚓和鸡粪便中采样,所有样本中均鉴定出微塑料和大塑料。已发现摄入的PS微塑料会导致鸡心脏严重的病理损伤和超微结构变化,导致心脏下垂、炎性细胞侵入和线粒体损伤[60]。

微塑料可以对啮齿类动物的肠道、器官和神经系统产生有害影响。小鼠暴露于5μm PS微塑料6周后会导致肠道失调、肠道功能障碍和代谢紊乱,肠道黏液分泌减少和肠屏障功能受损[42]。事实上,生物体倾向于摄入多种微塑料,其毒性作用通常是累积的，例如，PS（0.120mg/kg）和环氧环唑（0.080mg/kg）的联合摄入可导致比单一暴露更严重的组织损伤、功能障碍和氧化应激以及代谢紊乱。因为环氧环唑通过靶向肠道菌群而导致肠道屏障损伤，进而导致PS微塑料的大量侵袭和积聚，这干扰了肝脏中环氧环唑的代谢清除[86]。微塑料对啮齿类动物的有害影响在病理情况下会加重，例如，Luo等[87]发现，用管饲法摄入PS微塑料对小鼠的肠屏障和肝脏状态影响小；但在结肠炎小鼠中，额外的PS微塑料暴露会导致结肠长度缩短、组织病理学损伤和炎症增加、黏液分泌减少，并增加结肠通透性。Li等[88]用含有PE微塑料（10～150μm）的饲料（2μg/g、20μg/g和200μg/g）喂养雄性小鼠，每只小鼠每日PE微塑料暴露量为6μg、60μg或600μg，喂养5周后，发现摄入高剂量（200μg/g）微塑料的小鼠，肠道菌群的数量和物种多样性显著增加，并观察到白细胞介素（interleukin-1a）表达水平显著升高（组织炎症）。除了对器官的影响外，暴露于0.01～1.0mg/d PS微塑料4周导致海马神经元变得松散和紊乱，并导致小鼠脑组织中ROS和MDA水平升高，谷胱甘肽水平降低。PS微塑料还诱导乙酰胆碱水平降低，并抑制反应元件结合蛋白/脑源性神经营养因子（CREB/BDNF）通路。此外，PS微塑料通过诱导氧化应激和降低乙酰胆碱水平来损害小鼠的学习和记忆功能[89]。

8.2 传统和生物可降解微塑料暴露对蚯蚓的影响

本书研究以传统塑料（PE）和生物可降解塑料（PLA）为研究对象，开展土壤培养试验，以评估在两种不同土壤（黑土和黄壤）中蚯蚓（*Eisenia fetida*）暴露于微塑料28d后的氧化应激和肠道微生物。测定抗氧化酶（SOD、CAT和POD）、解毒酶（GST）和AchE活性以及MDA含量，以评估微塑料对蚯蚓的毒性。此外，还使用Illumina高通量测序技术评估了微塑料对蚯蚓肠道微生物群落的影响，为生物可降解微塑料和传统微塑料的生态风险评估提供了重要信息。

8.2.1 试验设计

(1) 试验材料

为了研究微塑料对蚯蚓的生态毒性效应，选择了黑土和黄壤进行研究。在四川省眉山市东坡区（29°59′3″N，103°50′37″E）采集黄壤，该地区属亚热带季风气候，年平均气温17.4℃，年平均降水量983mm。在黑龙江省佳木斯市郊区（46°43′33″N，130°17′58″E）采集黑土，该研究地点为温带季风气候，年平均气温3℃，年平均降水量527mm。采样区域均无薄膜覆盖或已知的直接污染。2021年10月采集了0～20cm的土壤样品，在去除所有植物根和石块后，在室温下风干土壤样品，并通过2mm筛网进行筛分。通过肉眼和显微镜观察，土壤样品没有明显的微塑料污染。

实验土壤性质如表8-2所列。

表8-2 实验土壤性质

土壤性质	黄壤	黑土
pH 值	6.95	6.3
阳离子交换量/(cmol/kg)	16.1	30.5
有机质/(g/kg)	17.3	238
速效磷/(g/kg)	0.055	0.351
全氮/(g/kg)	1.39	5.24
溶解性有机碳/(g/kg)	0.16	0.301
硝态氮/(mg/kg)	13.8	67.2
氨态氮/(mg/kg)	2.83	2.93
溶解性有机氮/(g/kg)	0.102	0.486

LDPE颗粒和PLA颗粒购自东莞市樟木头特塑朗化工原料厂。蚯蚓毒理学试验中微塑料的粒径范围为0.47~1000μm[90]，土壤中粒径<200μm的微塑料所占比例相对较高[91]。因此，在本书中，微塑料粒径为70~250μm（平均粒径为150μm），粒径分布为<100μm（14.13%）、100~200μm（69.04%）和>200μm，形状为不规则的球形。这些微塑料颗粒用甲醇清洗，40℃干燥，后于4℃保存备用。

蚯蚓（E. fetida）购自中国天津的一家蚯蚓养殖场，在微塑料暴露试验之前，所有蚯蚓在实验室条件下在试验土壤中培养2周。

(2) 暴露试验

暴露试验由26个处理组成，包括对照处理（CK）和用6种不同剂量（0.5%、1.0%、2%、5.0%、7%和14%，微塑料与风干土壤的质量比）的2种微塑料污染的黄壤和黑土（见图8-1，书后另见彩图），每个处理设3个重复。CK-B、PE-B和PLA-B分别表示黑土中的空白处理、PE微塑料处理和PLA微塑料处理，CK-Y、PE-Y和PLA-Y分别表示黄壤中的空白处理、PE微塑料处理和PLA微塑料处理。为了达到每个处理的土壤-微塑料混合物的目标剂量，将1500g均质风干土壤与目标量的微塑料（7.5g、15g、30g、75g、105g和210g）放入玻璃容器中，用不锈钢勺手动搅拌10min以上。不添加微塑料的对照组，进行同样的搅拌。随后，将500g土壤-微塑料混合物或土壤装入烧杯（高15cm，直径10cm）中，这些烧杯保持在人工培养箱中（相对湿度为65%，20℃±1℃）在12h：12h（暗：光）的光周期下稳定7d。然后取经过预培养的蚯蚓，用超纯水清洗干净，放在湿润滤纸上过夜清肠。清肠后，取生长健康、体重为300~600mg的蚯蚓，每个烧杯放入10条。在暴露试验开始时，将15g干牛粪作为蚯蚓的食物铺在每个烧杯的土壤表面，然后在试验期间不补充食物。每个烧杯都用纱布覆盖，并用橡皮筋收紧，以防止蚯蚓逃逸。然后在20℃±1℃，光照强度600lx，光照：

黑暗为12h∶12h，相对湿度65%的气候箱培养28d[26]。在第14天和第28天，从每个烧杯中随机抽取2条蚯蚓，以测量与氧化应激相关的生物标志物[1,29,92]。暴露期间未观察到死亡。

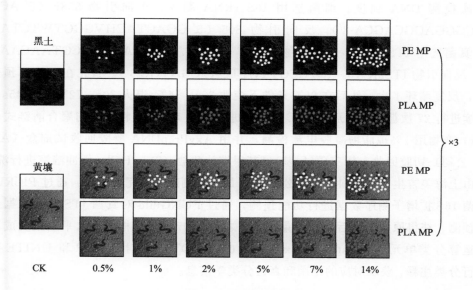

图8-1　土壤培养试验方案

（3）测量与氧化应激相关的生物标志物

为了确定微塑料对蚯蚓的毒性作用，按照Shao等[93]描述的方法测量了各种与氧化应激相关的生物标志物，包括抗氧化酶［超氧化物歧化酶（SOD）、过氧化氢酶（CAT）、过氧化物酶（POD）］、解毒酶［谷胱甘肽-S-转移酶（GST）］和乙酰胆碱酯酶（AchE）活性以及丙二醛（MDA）含量。简而言之，蚯蚓按照质量体积比1∶10加入预冷的磷酸盐缓冲盐水（PBS）（50mmol/L，pH＝7.8）中均质化，并以10000r/min的转速下离心10min（4℃），收集上清液进行生物标志物测定。根据制造商的说明，使用商业化验试剂盒（南京建成生物工程研究所有限公司）进行丙二醛含量（丙二醛测定试剂盒，A003-1-2），以及超氧化物歧化酶（超氧化物歧化酶测定试剂盒，A001-3-2）、过氧化氢酶（过氧化氢酶测定试剂盒，A007-1-1）、过氧化物酶（过氧化物酶测定试剂盒，A084-1-1；420nm）、谷胱甘肽-S-转移酶（谷胱甘肽-S-转移酶测定试剂盒，A004-1-1）、乙酰胆碱酯酶（乙酰胆碱酯酶测定试剂盒，A024-1-1；412nm）活性测定。在酶标仪（Dynamica，澳大利亚；型号：MPR96）中分别在532nm、450nm、405nm、420nm、412nm处读取吸光度。

（4）蚯蚓肠道微生物分析

暴露28d后，在每个处理的3个烧杯中取出3条蚯蚓，用蒸馏水洗涤，并立即用氯仿杀死。然后，在无菌条件下解剖蚯蚓获得肠道内容物。将来自同一处理的蚯蚓肠道内容物汇集到一个5mL的无菌管中作为复合样品，贮存在－80℃以进行微生物群落分析。

按照试剂盒制造商的说明，使用 PowerMax Soil DNA Isolation Kit（MoBio Laboratories，Carlsbad，CA，USA）从蚯蚓肠道内容物中提取微生物 DNA。将样品用缓冲液振荡清洗离心，弃上清液，使用细菌和真菌试剂盒提取样品总 DNA。用 1%的琼脂糖凝胶电泳检测 DNA 纯度。细菌选用 16S rRNA 测序，正向引物 338F（5′-ACTCCTACGGGAGGCAGCA-3′），反向引物 806（5′-GGACTACHVGGGTWTCTAAT-3′）。真菌选用 ITS 测序，正向引物 ITS1F（5′-GGAAGTAAAAGTCGTAACAAGG-3′），反向引物 ITS2R（5′-GCTGCGTTCTTCATCGATGC-3′）。首先在 95℃下预变性 3min，反复循环 1 次；然后在 95℃条件下变性 30s，55℃ 退火 30s，72℃延伸 45s，反应连续进行 27 次循环；最后在 72℃条件下进行延伸 10min。将获得的聚合酶链式反应（PCR）产物用 1%琼脂糖凝胶电泳检测，并用 AxyPrepDNA 凝胶回收试剂盒（AXYGEN 公司）切胶回收，用三(羟甲基)氨基甲烷盐酸盐（Tris-HCl）缓冲溶液进行洗脱。

由上海美吉生物医药科技有限公司采用 MiSeq 测序平台完成测序。通过 PICRUSt1 对细菌 16S 扩增子测序数据进行功能预测，通过 FUNGuild 对真菌 ITS 测序数据进行功能预测。获得原始序列后进行质量控制，之后在 97%序列相似性水平上聚类成可操作的运算分类单元（operational taxonomic units，OTU）。对照 RDP 和 UNITE 数据库进行分类注释，获取对应的细菌和真菌分类学信息。

8.2.2 微塑料对蚯蚓的神经毒性

乙酰胆碱酯酶（AchE）是催化神经递质乙酰胆碱的一种关键酶，其活性易受环境污染物的影响，是典型的神经毒性的生物标志物[94]。AchE 活性的变化与氧化应激和细胞内离子稳态的变化有关[95]。不同处理对蚯蚓 AchE 的影响见图 8-2，图中数值描述为平均值±标准差（SD）（$n=3$），柱状图上方不同的小写字母表明不同处理之间存在显著差异（$P<0.05$）。暴露 14d 后，黑土和黄壤中 PLA 和 PE 处理中的 AchE 活性均低于空白处理，且两种塑料降低程度相近。黑土和黄壤中 PE 处理在 0.5%～7%浓度时，AchE 活性的降低程度随着浓度的升高而减小，7%的时候降低程度最小，14%浓度时降低程度又开始增加。PLA 处理 AchE 活性的降低程度随着微塑料浓度的升高而减小，黑土和黄壤中均在 7%达到最低。暴露 28d 后，黑土和黄壤中 PLA 和 PE 处理中的 AchE 活性均高于空白处理，且黑土中的增加程度大于黄壤中。此外，PLA 和 PE 处理中 AchE 活性的增加程度在黑土和黄壤中均随着浓度的增加而增大，在暴露于 14%浓度时 AchE 活性增加程度最大。

AchE 活性变化在整个试验过程中呈现"抑制-刺激"趋势。许多研究已经证实，脑内脂质过氧化损伤可能导致含有神经递质的突触前囊膜破裂，使神经递质水平倍增到突触空间，从而对突触空间中过多的乙酰胆碱作出反应，导致乙酰胆碱活性增加[96]。本书观察暴露 28d 后，AchE 活性随着微塑料暴露浓度的增加而增加，说明微塑料暴露对蚯蚓造成脂质过氧化损伤，并且浓度越高损伤越严重。相比之下，Chen 等[1]发现 AchE 活性在较低浓度（0.1g/kg、0.25g/kg 和 0.5g/kg LDPE）下受到抑制，而在较高浓度

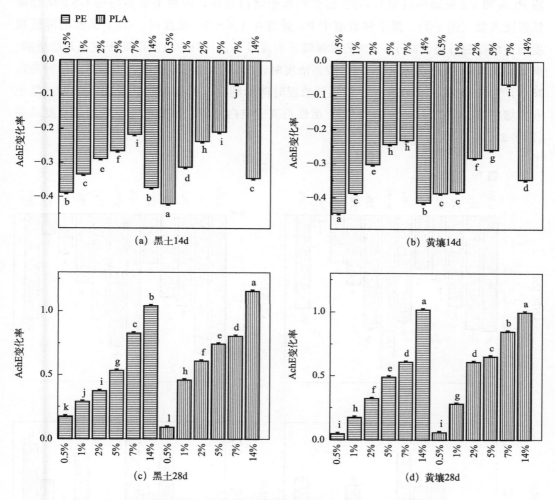

图 8-2 不同土壤中蚯蚓暴露于微塑料 14d 和 28d 导致 AchE 水平的变化

(1.0g/kg 和 1.5g/kg LDPE）下受到刺激。Lackmann 等[97]发现仅在暴露于 100mg/kg 聚苯乙烯-六溴环十二烷（PS-HBCD）7d 后，蚯蚓体内 AchE 活性受到抑制，在暴露 14d 和 28d 后，AchE 活性不受显著影响。这与测量酶活性的蚯蚓的物理状态有关[98]，微塑料可能会黏附在蚯蚓上并造成各种伤害，摄入微塑料时，添加剂、重金属等化学品可能会危害蚯蚓[27]。因此，蚯蚓可能处于昏睡状态或休息状态，以减轻损害，且存在更多的乙酰胆碱。然而，AchE 在微塑料暴露背景下的作用机制需要进一步研究。

8.2.3 微塑料对蚯蚓解毒酶的影响

谷胱甘肽-S-转移酶（GST）是一种不可缺少的解毒酶，在消除脂质氢过氧化物方面发挥着重要作用[50]。图 8-3 中数值描述为平均值±SD（$n=3$），柱状图上方不同的小写字母表明不同处理之间存在显著差异（$P<0.05$）。暴露于微塑料 14d 后，黑土和黄

壤 PLA 和 PE 处理中蚯蚓的 GST 活性均低于空白处理，两种土壤类型的 GST 活性降低程度类似（图 8-3）。黑土和黄壤中 PE 处理在 1%～7% 浓度时，GST 活性的降低程度随着浓度的升高而减小，7% 的时候降低程度最小，14% 浓度时降低程度又开始增加。黑土和黄壤中 PLA 处理在 0.5%～7% 浓度时，GST 活性的降低程度随着浓度的升高而减小，7% 的时候降低程度最小，14% 浓度时降低程度又开始增加。暴露 28d 后，黑土和黄壤中 PLA 和 PE 处理中的 GST 活性均高于空白处理，14% 浓度时的增加程度最高（图 8-3）。

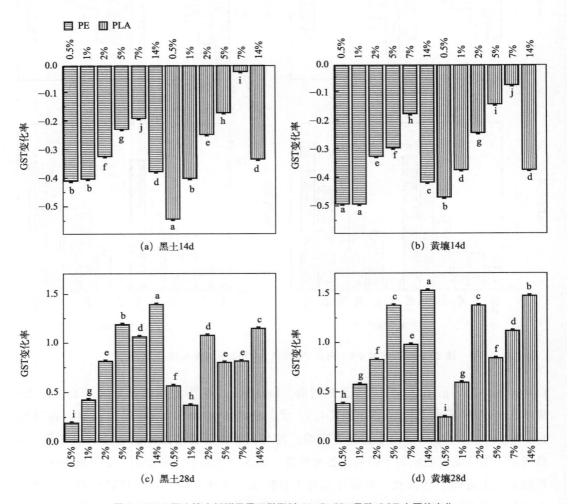

图 8-3 不同土壤中蚯蚓暴露于微塑料 14d 和 28d 导致 GST 水平的变化

GST 活性表现出与 AchE 活性相似的变化趋势，随着暴露时间的增加，GST 活性先受到抑制，然后受到刺激。有研究表明，在暴露于高密度聚乙烯和聚丙烯微塑料 14d 后，蚯蚓的 GST 活性显著下降，一些处理在 28d 后活性恢复到空白水平，而大多数处理仍然受到显著抑制[29]。也有研究表明蚯蚓暴露于 PS-HBCD 和汽车轮胎微塑料后，蚯蚓的 GST 活性没有受到影响[97]。蚯蚓暴露于 1000mg/kg 低密度聚乙烯微塑料后

GST活性增加，而暴露于62.5mg/kg、125mg/kg、250mg/kg、500mg/kg浓度时无显著影响[14]。这些研究结果表明，微塑料对GST活性的影响可能取决于微塑料的种类、粒径和浓度以及暴露时间。

8.2.4 微塑料诱导的蚯蚓氧化应激

氧化应激的控制对于生物体的正常功能至关重要，可以通过自由基产生、抗氧化防御和氧化损伤来评估[99]。丙二醛（MDA）是脂质过氧化的重要产物，被认为是评价脂质过氧化水平的可靠生物标志物[29]。SOD、CAT和POD都是生物体内必不可少的抗氧化防御酶，对清除活性氧自由基（O_2^-·、H_2O_2·和·OH^-）至关重要，是环境污染的指标压力，能间接反映环境中氧化污染的程度。SOD可催化O_2^-·转化为H_2O_2和O_2，被认为是保护身体免受氧化应激的第一道防线[100]；CAT可以消除蚯蚓体内多余的H_2O_2，直接将H_2O_2转化为无毒的H_2O和O_2，以维持蚯蚓体内的H_2O_2的平衡；POD也是一种广泛存在的抗氧化酶，参与消除过量H_2O_2，以H_2O_2为电子受体催化其他物质分解，接受电子后将H_2O_2转化为H_2O[101]。

图8-4中数值描述为平均值±SD（$n=3$），柱状图上方不同的小写字母表明不同处理之间存在显著差异（$P<0.05$）。如图8-4（a）、（c）和（e）所示，暴露14d后，黑土和黄壤中PLA和PE处理的SOD、CAT和POD活性均低于空白处理，蚯蚓的SOD、CAT和POD活性的降低程度随着微塑料暴露浓度从0.5%增加到7%而降低，然后增加。暴露于PE和PLA微塑料后，黑土和黄壤中蚯蚓的SOD和CAT活性的降低程度无显著差异。此外，PE处理在黑土和黄壤中POD活性的降低程度无显著差异，而PLA处理在黑土中的降低程度大于黄壤中的。同时，黑土和黄壤中PLA和PE处理的MDA水平均高于空白处理［图8-4（g）］。黑土和黄壤中PE和PLA处理均在1%～7%浓度时，MDA的增加程度随着微塑料暴露浓度的升高而减小，7%浓度的时候增加程度最小，14%浓度时增加程度又开始增加。

如图8-4（b）、（d）和（f）所示，在微塑料暴露28d后，PLA和PE处理的黑土和黄壤中的SOD、CAT和POD活性均高于空白处理，并且处理之间SOD、CAT、POD活性的增加存在差异。PE处理后SOD活性的增加水平随着微塑料浓度的增加而增加，微塑料浓度为14%时SOD活性最高；然而，PLA处理后SOD活性最初随着微塑料浓度的增加而增加，在微塑料浓度为7%时达到最大值，然后降低。PLA和PE处理后，黑土和黄壤中的CAT活性高于空白处理，并且在黑土中PLA和PE处理后的CAT活性增加最高时微塑料浓度均为14%，而在黄壤中分别为14%和7%。PE处理后POD活性的增加水平随着微塑料浓度的增加而增加；然而，PLA处理后POD活性在微塑料浓度为5%～7%时随微塑料浓度的增加而增加。同时，暴露28d后，PLA和PE处理后的MDA水平低于空白处理，微塑料浓度为14%时，MDA水平下降最高［图8-4（h）］。PE处理后，黑土中MDA水平的降低程度随着微塑料浓度的增加而增加，而黄壤中MDA水平随着微塑料浓度从1%～14%增加而增加。此外，在黑土和黄壤中，

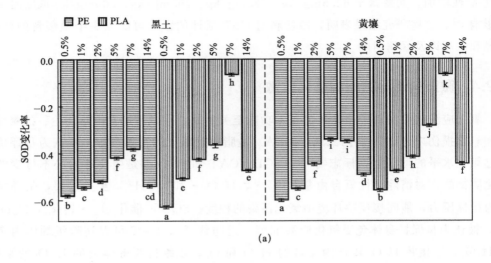

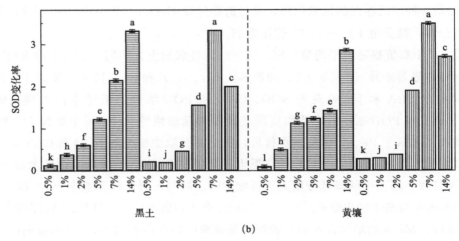

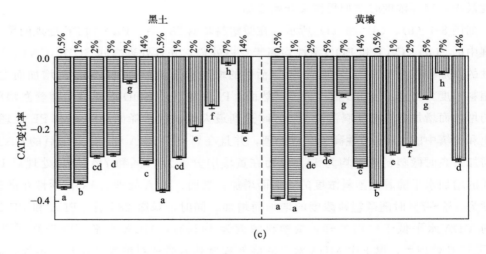

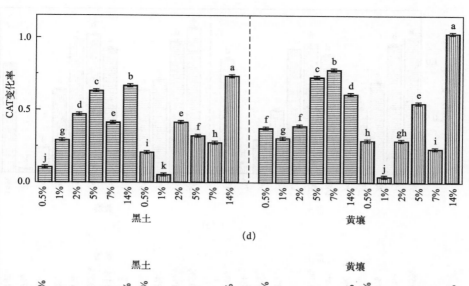

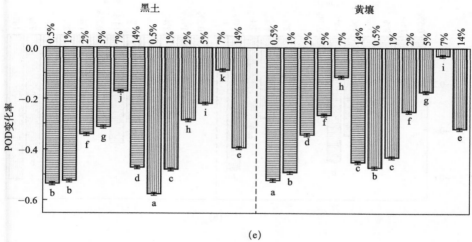

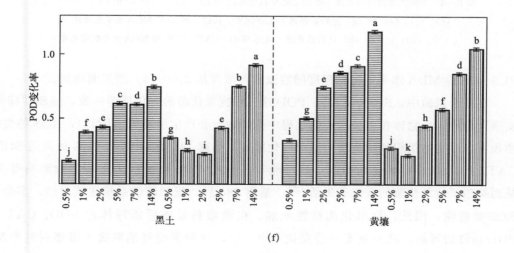

图 8-4

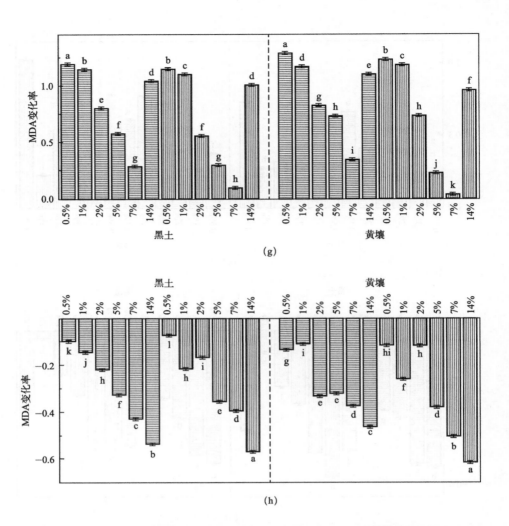

图 8-4 不同土壤微塑料暴露 14d 和 28d 引起蚯蚓的 SOD、CAT、POD 和 MDA 水平的变化
（a）、（c）、（e）和（g）分别是暴露 14d 后 SOD、CAT、POD 和 MDA 水平的变化率；
（b）、（d）、（f）和（h）分别是暴露 28d 后 SOD、CAT、POD 和 MDA 水平的变化率

PLA 处理后 MDA 水平的降低程度随着微塑料浓度从 2%~14% 增加而增加。

在整个试验中，SOD、CAT、POD 这三种抗氧化酶的变化趋势一致，呈现"抑制-刺激"趋势。生物体在生长和代谢过程中受到刺激会产生活性氧（ROS），ROS 的失衡和积累会对生物组织和细胞结构造成氧化胁迫。暴露 14d 后，PE 和 PLA 处理的 SOD、CAT、POD 活性明显受到抑制，这可能与过量的 ROS 对蚯蚓正常功能的影响有关，从而抑制了抗氧化酶的合成和失活[102]。暴露 28d 后，蚯蚓防御系统逐渐激活，多余的 ROS 被清除，因此，抗氧化酶活性增加。在微塑料暴露后蚯蚓体内 SOD、CAT 和 POD 活性的增加、减少或无显著变化[1,14,29,97]，这种影响可能取决于微塑料的种类、粒径和浓度以及暴露时间。其原因可能是不同研究中蚯蚓氧化损伤的程度不同，清除氧化胁迫的机制也不同。

MDA作为一种由自由基引发的次级脂质氧化产物，其含量反映了生物机体脂质受氧化损伤的程度，是评价脂质过氧化水平的可靠生物标志物[29]。在正常生理状态下，蚯蚓体内MDA含量较低，而当外源污染物胁迫时产生氧自由基，在体内抗氧化防御系统清除不及时，会导致机体MDA含量明显升高[24]。与抗氧化酶变化相反，MDA含量呈现"刺激-抑制"的变化趋势。MDA是ROS应激诱导的主要过氧化产物。暴露14d后，PE和PLA处理的MDA含量高于空白处理，这可能是蚯蚓过量ROS的积累而引起脂质过氧化，酶系统不能及时清除多余的活性氧。暴露28d后，MDA含量低于空白处理，这可能是蚯蚓防御系统逐渐被激活，酶系统可以有效清除暴露于微塑料诱导的蚯蚓体内过量的活性氧，使得氧化损伤作用有所缓解。CAT、SOD、GST、AchE和POD活性的变化也证实了这一推测。

暴露于微塑料14d后，CAT、SOD、GST、AchE和POD活性均低于空白处理，MDA活性显著高于空白处理，降低程度或增加程度随着微塑料浓度的增加呈现"降低-升高"趋势。微塑料诱导酶活性的变化说明微塑料激活了蚯蚓体内的抗氧化反应。这可能是由于暴露14d时，随着微塑料浓度增加酶系统逐渐启动，所以出现随浓度增加酶活性降低程度减小的趋势。然而，抗氧化酶的合成速度跟不上ROS的生成速度，破坏了ROS的产生和消除之间的平衡[50]，所以微塑料暴露浓度为14%时，CAT、SOD、POD和GST活性的降低水平增加。此外，MDA含量的"减少-增加"趋势也证实了这一现象。暴露28d后，CAT、SOD、GST、AchE和POD活性均高于空白处理，这表明抗氧化酶倾向于消除过量的活性氧，以减轻由微塑料引起的蚯蚓体内的氧化损伤[103]。同时，CAT、SOD、GST、AchE和POD活性随着微塑料浓度增加而增加，而MDA含量整体随着微塑料浓度的增加而降低，观察到剂量-效应关系。这说明蚯蚓体内抗氧化防御系统可能随着微塑料浓度增加而加强。此外，GST活性增加，解毒效果增加，这可以保护蚯蚓免受过多的外来污染物的胁迫。

8.2.5 微塑料诱导的蚯蚓氧化应激的综合评估

生物标志物对环境中的化学污染物具有预警作用，基于生物标志物的综合反应指数可以综合评估多种生物标志物对环境污染物的反应。通过整合SOD、CAT、POD、GST、AchE和MDA指标，计算不同处理组所有生物标志物的综合生物反应指数值（IBRv2值）。图8-5展示了微塑料对蚯蚓的生物毒性作用。微塑料暴露14d后，IBRv2值随着微塑料浓度的增加呈现"降低-增加"；暴露28d后，IBRv2值随着微塑料浓度的增加而增加。在暴露于不同浓度的PE和PLA微塑料后，蚯蚓中的酶活性也有相似的趋势（图8-2、图8-3和图8-4）。这些结果表明PE和PLA微塑料对蚯蚓的影响取决于微塑料浓度，高浓度微塑料对蚯蚓的影响最大。暴露14d时，PE微塑料处理的IBRv2值普遍高于PLA微塑料处理组，大小范围相似［图8-5（a）］，这表明PE微塑料在蚯蚓中诱导的氧化应激高于PLA。但第28天时，PE微塑料和PLA微塑料处理的IBRv2值无显著差异［图8-5（b）］。此外，黑土和黄壤中IBRv2值也无显著差异。

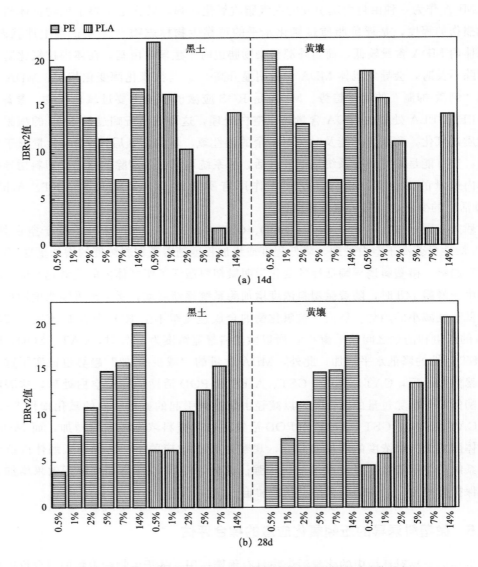

图 8-5 不同土壤中暴露 14d 和 28d 微塑料诱导的蚯蚓的综合生物反应

本书中，关于微塑料对蚯蚓的毒性效应，微塑料的浓度比微塑料的类型和土壤类型更重要。以前的研究也表明，微塑料的浓度可以显著影响微塑料的毒性。Ding 等[26]报道的微塑料对蚯蚓的影响中，微塑料的浓度比类型更重要。Zhong 等[104]报道，微塑料的浓度越高蚯蚓的氧化应激反应越强。AchE 活性在较低浓度（0.1g/kg、0.25g/kg 和 0.5g/kg LDPE）下受到抑制，而在较高浓度（1.0g/kg 和 1.5g/kg LDPE）下受到刺激[1]。此外，微塑料的影响具有时间依赖性，高浓度微塑料暴露的 IBRv2 值随时间延长逐渐增大，而低浓度的 IBRv2 值随时间延长逐渐减小。Chen 等[1]报道蚯蚓暴露于 LDPE 微塑料 7d 时，CAT 活性被抑制，之后 CAT 活性恢复正常并在第 14 天和第 21 天保持稳定，第 28 天时活性被激活。

8.2.6 微塑料对蚯蚓肠道微生物群落的影响

在本试验的 26 个处理中,细菌共检测到 26 个门、77 个纲、213 个目、364 个科、735 个属和 1276 个种,真菌共检测到 15 个门、42 个纲、83 个目、186 个科、331 个属和 509 个种。通过 Venn 图可以直观地比较不同土壤和微塑料样品的 OUT 组成相似性和重叠情况(图 8-6)。图 8-6 中 CK-B、PE-B 和 PLA-B 分别表示黑土中的空白处理、PE 处理和 PLA 处理,CK-Y、PE-Y 和 PLA-Y 分别表示黄壤中的空白处理、PE 处理和 PLA 处理。黑土中空白处理、PE 处理和 PLA 处理的细菌 OTU 数目分别为 850、1529 和 1674,真菌 OTU 数目分别为 341、419 和 764;黄壤中空白处理、PE 处理和 PLA 处理的细菌 OTU 数目分别为 656、1238 和 1344,真菌 OTU 数目分别为 191、544 和 480。PE 处理和 PLA 处理中细菌和真菌 OTU 数目均高于空白处理,说明微塑料会引起蚯蚓肠道中细菌和真菌 OTU 数目增加,引起土壤微生物多样性发生变化。

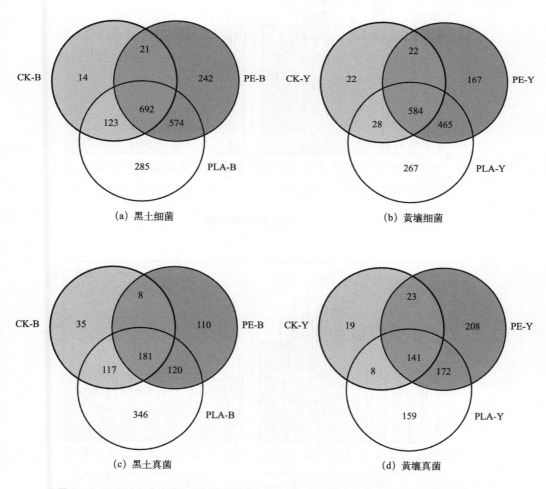

图 8-6 不同土层中土壤和微塑料样品中细菌(a)、(b)和真菌(c)、(d)的 Venn 图分析

Chao 指数通常被认为是微生物群落丰富度的指标，数值越大代表丰富度越高；Shannon 指数通常被视为微生物群落多样性的指标，数值越大代表多样性越高[105]。基于序列分析，样本的细菌和真菌多样性覆盖指数均大于 0.99，表明样本测序深度足以完全满足后续的数值分析。

与空白处理的蚯蚓肠道微生物相比，在黑土中，PE 微塑料暴露浓度为 1％、2％、7％和 14％时，PLA 微塑料暴露浓度为 0.5％和 7％时，细菌 Shannon 指数值显著降低（$P<0.05$）；而在黄壤中，PE 微塑料浓度为 7％和 PLA 微塑料为 1％、5％和 14％时细菌 Shannon 指数值显著降低 [图 8-7 (a)]。在黑土中，细菌 Chao 指数值仅在 1％PE 微塑料浓度时显著降低 [图 8-7 (b)]。与空白处理相比，在黑土中所有 PE 微塑料暴露浓度和 2％、7％和 14％PLA 微塑料浓度下，在黄壤中 1％PE 微塑料浓度以及 1％、2％

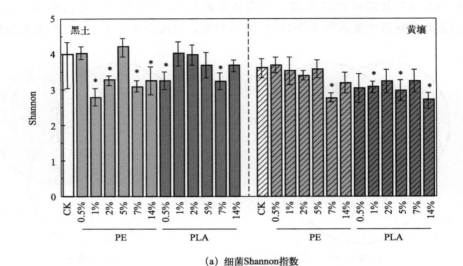

(a) 细菌Shannon指数

(b) 细菌Chao指数

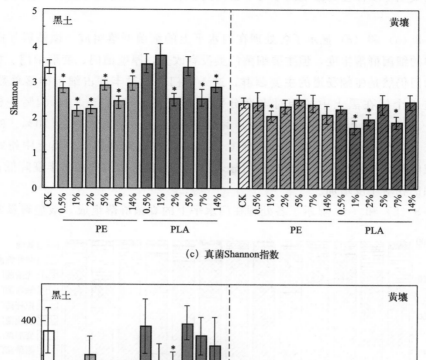

图 8-7 不同土壤中微塑料暴露 28d 后蚯蚓肠道细菌群落的 Shannon 指数（a）和 Chao 指数（b）以及真菌群落的 Shannon 指数（c）和 Chao 指数（d）

和 7% PLA 微塑料浓度下，真菌 Shannon 指数值显著降低 [图 8-7（c）]。在黑土中，当 PE 微塑料浓度为 0.5%、1%、7% 和 14% 以及 PLA 微塑料浓度为 2% 时，真菌 Chao 指数值显著降低；然而，在黄壤中细菌和真菌 Chao 指数没有观察到显著变化 [图 8-7（b）和（d）]。

在本书中，部分暴露于 PE 微塑料和 PLA 微塑料处理的 Chao 指数和 Shannon 指数低于空白处理。该结果与 Cheng 等[106] 报告的结果不一致，他们发现暴露于 HDPE 和 PP 微塑料后，蚯蚓肠道的 α 多样性没有显著差异，这可能是由于微塑料类型和浓度不同以及土壤类型不同。此外，在本书中，在部分处理中没有观察到显著变化。微塑料对蚯蚓肠道微生物多样性的影响高于对丰富度的影响,PE 微塑料的影响一般高于 PLA 微塑料。

图 8-8(a)和(c)显示了各处理在门水平上的细菌群落组成。微塑料暴露影响蚯蚓肠道中的细菌群落丰度,但主要细菌门类没有改变,厚壁菌门、变形菌门、放线菌门和拟杆菌门仍然是蚯蚓肠道的主要菌群,这 4 个门的相对丰度占细菌群落总数的 94% 以上。这 4 个门在黑土中的相对丰度分别为 9.93%～51.81%、10.64%～68.78%、7.86%～31.87%、0.45%～24.77%,黄壤中分别为 39.06%～59.70%、8.29%～30.04%、10.2%～30.13% 和 3.00%～6.78%。与空白处理相比,黑土中蚯蚓肠道的放线菌门的相对丰度在暴露于微塑料后显著增加,而拟杆菌门的相对丰度降低;黄壤中拟杆菌门的相对丰度增加。

图 8-8(b)和(d)显示了各处理在门水平上的真菌群落组成。微塑料暴露影响蚯

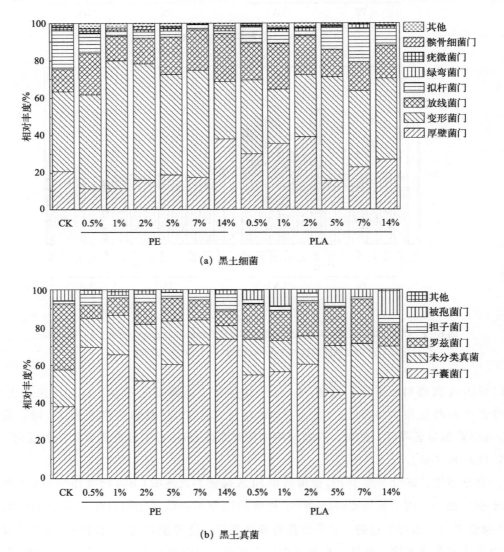

(a)黑土细菌

(b)黑土真菌

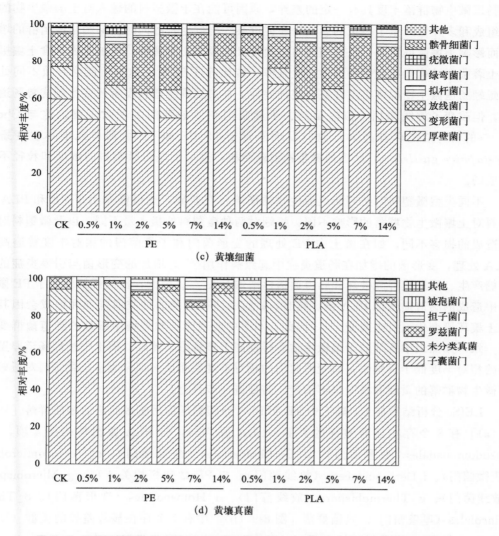

图 8-8 暴露于微塑料 28d 后黑土中蚯蚓肠道细菌（a）和真菌（b）以及黄壤中细菌（c）和真菌门（d）的相对丰度变化（其他代表相对丰度小于 1% 的门）

蚓肠道中的真菌丰度，但主要真菌门类没有改变，子囊菌门、未分类真菌、罗兹菌门、担子菌门和被孢菌门仍然是蚯蚓肠道中的主要菌群，而这 5 个门的相对丰度占真菌群落的 98% 以上。这 5 个门在黑土中的相对丰度分别为 38.08%～73.77%、7.13%～29.73%、7.03%～34.90%、1.33%～8.83% 和 2.00%～12.56%，在黄壤中分别为 53.55%～80.91%、12.43%～34.35%、1.00%～6.04%、0.59%～9.12% 和 0%～0.95%。与空白处理相比，微塑料暴露后黑土中蚯蚓肠道中子囊菌门的相对丰度显著增加，而黑土和黄壤中罗兹菌门的相对丰度降低。

当蚯蚓暴露于污染物或肠道环境发生变化时，会破坏微生物群落的稳定性[107]，因此，蚯蚓肠道菌群的群落组成和结构一直被认为是评估污染物的重要指标。不同处理组的肠道微生物群落丰度具有一定的差异，原因可能在于微塑料的输入对土壤微生物的群落组成和多样性产生了一定的影响，在促进某些群群生长的同时会抑制某些菌群的增长从而影响土壤菌群结构，且蚯蚓的内生菌落又来源于土壤菌群，再加上因吞食土壤摄入的土著菌群结构会在蚯蚓肠道内发生发酵、转化等改变[108]，这就可能会导致不同处理组蚯蚓肠道微生物群落丰度存在一定的差异。本书发现微塑料没有改变蚯蚓优势肠道菌群，但改变了放线菌门、拟杆菌门、子囊菌门和罗兹菌门的相对丰度。这与 Cheng 等[106]的研究结论存在差异，他们发现暴露于 HDPE 和 PP 微塑料几乎不改变蚯蚓（*Metaphire guillelmi*）肠道的微生物群落结构，这可能是由微塑料的浓度和粒径不同造成的。

不同类型微塑料对蚯蚓肠道微生物的影响存在差异，这可能是由于 PE 和 PLA 微塑料对土壤微生物群落的影响不同、蚯蚓对两种微塑料的摄入量不同，以及微塑料对蚯蚓造成的损害不同。如在黑土中 PE 处理的变形菌门和子囊菌门的相对丰度普遍高于 PLA 处理，变形菌的增加在肠道炎症中起致病作用[109]，增加的变形菌与引发炎症的脂多糖产生、肠黏膜屏障破坏和肠道通透性增加有关[96]。因此，推测蚯蚓暴露于 PE 微塑料中造成的肠道损伤比 PLA 强。同时，蚯蚓肠道微生物的种类多样性和组成会因其所处土壤环境变化而发生改变[110]，因此，本书中发现黑土和黄壤中蚯蚓的肠道菌群变化不一致，如黑土中蚯蚓的肠道微生物多样性高于黄壤中。此外，黑土中蚯蚓肠道厚壁菌门的相对丰度低于黄壤中，而变形菌门的相对丰度则相反。迄今为止，微塑料对蚯蚓肠道微生物群落的贡献和机制仍不清楚，需要进一步研究。

LEfSe 分析结果显示，黑土中 PE 和 PLA 微塑料暴露后蚯蚓肠道的细菌群落［图 8-9（a）］有 8 个存在显著差异的类群（LDA 值＞3），与 PLA 微塑料相关 4 项，o_Pseudomonadales（变形菌门）、o_Burkholderiales（变形菌门）、c_Verrucomicrobiae（疣微菌门）、f_Demequinaceae（放线菌门）；与 PE 微塑料相关 4 项，g_Microbispora（放线菌门）、g_Thermobispora（放线菌门）、o_Holosporales（变形菌门）、o_Thermincolales（厚壁菌门）。真菌群落［图 8-9（b）］中有 7 个存在显著差异的类群（LDA 值＞3），与 PLA 微塑料相关 4 项，p_Rozellomycota（罗兹菌门）、f_Ascobolaceae（子囊菌门）、f_Lasiosphaeriaceae（子囊菌门）、g_Paracremonium（子囊菌门）；与 PE 微塑料相关 3 项，g_Humicola（子囊菌门）、g_Trichocladium（子囊菌门）、c_Kickxellomycetes（梳霉门）。但黄壤 PE 和 PLA 微塑料处理中细菌和真菌不存在显著差异的类群（LDA 值＞3）。

与土壤相比，蚯蚓肠道是一个碳、氮、水含量较高，缺氧明显的微环境[111]，许多厌氧或兼性厌氧细菌（如梭菌属、气单胞菌属、芽孢杆菌属、希瓦氏菌属、丙酸杆菌属、葡萄球菌属、类芽孢杆菌属和发光杆菌属）以及古细菌在蚯蚓的肠道中含量丰富[112]。肠道条件适合激活土壤中可能存在的休眠或非活性微生物[111]。

8.2.7 微塑料对蚯蚓肠道微生物功能的影响

微生物群落的改变可能会影响细菌代谢功能的多样性[113]，因此运用 PICRUSt1 对

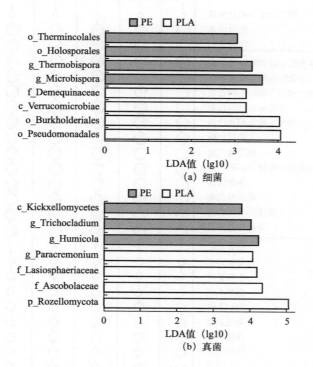

图 8-9 黑土中 PE 与 PLA 的细菌（a）和真菌（b）LEfSe 分析（LDA 值>3）

　　细菌 16S 扩增子测序数据进行功能预测，将各处理的 16S rRNA 基因谱数据注释到 KEGG 数据库中，以评估微塑料对蚯蚓肠道细菌功能的影响（图 8-10）。微塑料改变了蚯蚓肠道细菌的相关功能途径，如耐药性（如抗肿瘤）、传染病（如病毒性）、发育和再生相关功能的相对丰度降低，而感官系统相关功能的相对丰度增加。微塑料对蚯蚓肠道细菌功能途径的影响随土壤类型不同而有所不同，如黑土中细胞群落（如真核生物）、信号分子和相互作用功能途径的相对丰度增加，而黑土中呈降低。本书推测，蚯蚓肠道正常代谢功能受到微塑料应激的抑制。同时，黑土中 PE 微塑料对蚯蚓肠道细菌的相关功能途径的影响程度高于 PLA 微塑料，而黄壤中 PE 微塑料对蚯蚓肠道细菌的相关功能途径的影响程度低于 PLA 微塑料。

　　运用 FUNGuild 对真菌进行功能分类，见图 8-11。病理营养型和腐生营养型占所有真菌 OTU 的约 60%，而共生营养型占比不到 1%。微塑料处理的动物病原菌的相对丰度低于空白处理，而植物病原菌、土腐生菌、未定义腐生菌则呈现相反的趋势。两种土壤中，PLA 微塑料对蚯蚓肠道真菌功能途径的影响程度高于 PE 微塑料。但是，考虑到 PICRUSt1 和 FUNGuild 分析只能给出微生物群落的预测功能概况，因此需要进一步进行真正的宏基因组分析，以评估微塑料对蚯蚓肠道微生物功能的影响。

　　综上，微塑料对土壤动物的生态毒性已得到广泛认可，然而大多数研究只关注于常规微塑料。本书比较了不同浓度（0.5%、1%、2%、5%、7% 和 14%，质量分数）的 PE 和可生物降解 PLA 微塑料对来自两种不同土壤（黑土和黄壤）的蚯蚓（*Eisenia*

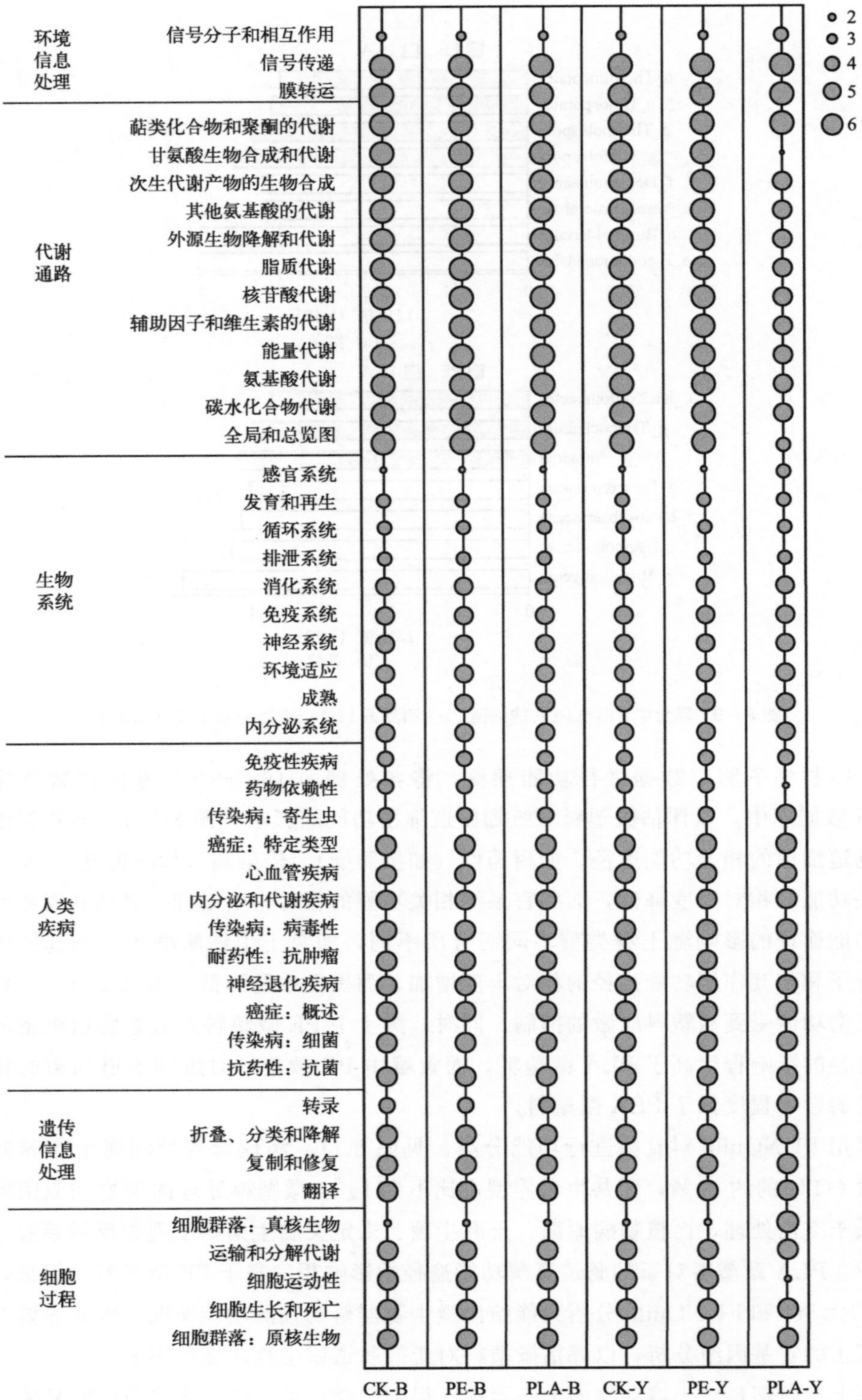

图 8-10 不同处理中细菌功能分类的相对丰度

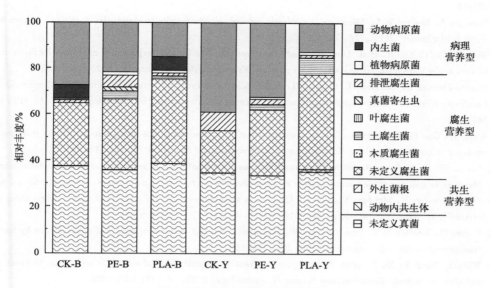

图8-11 真菌功能分类的相对丰度

fetida)的氧化应激和肠道微生物的影响。结果表明,PE和PLA微塑料暴露14d后,SOD、CAT、POD、GST和AchE活性降低,而MDA水平升高,且随着微塑料暴露浓度的增加,这种减少或增加的程度呈现出"抑制-刺激"的趋势。暴露28d后,SOD、CAT、POD、AchE和GST的活性增加,而MDA水平降低,并且随着微塑料浓度的增加,增加或减少的水平增加。综合生物反应指数表明,微塑料的毒性效应具有浓度依赖性,微塑料浓度比微塑料类型或土壤类型更重要。在微塑料暴露第14天,PE微塑料的毒性通常高于PLA微塑料,在第28天没有显著差异。此外,微塑料并没有改变蚯蚓的优势肠道微生物群,而是改变了放线菌门、拟杆菌门、子囊菌门和罗兹菌门的相对丰度。此外,不同的肠道微生物门对微塑料的反应不同,本书的结果表明,常规和生物可降解微塑料都会导致蚯蚓的氧化应激,与常规微塑料相比,生物可降解微塑料的毒性并不低。此外,微塑料诱导的毒性效应在黑土和黄壤之间没有显著差异,表明微塑料诱导的毒害效应受土壤类型的影响较小。

参考文献

[1] Chen Y, Liu X, Leng Y, et al. Defense responses in earthworms (*Eisenia fetida*) exposed to low-density polyethylene microplastics in soils. Ecotoxicology and Environmental Safety, 2020, 187: 109788.

[2] Kumar R, Manna C, Padha S, et al. Micro (nano) plastics pollution and human health: How plastics can induce carcinogenesis to humans? Chemosphere, 2022, 298: 134267.

[3] Panebianco A, Nalbone L, Giarratana F, et al. First discoveries of microplastics in terrestrial snails. Food Control, 2019, 106: 106722.

[4] Wang Q, Adams C A, Wang F, et al. Interactions between microplastics and soil fauna: A critical review. Critical Reviews in Environmental Science & Technology, 2022, 52: 3211-3243.

[5] Capowiez Y, Lévèque T, Pelosi C, et al. Using the ecosystem engineer concept to test the functional effects of a decrease in earthworm abundance due to an historic metal pollution gradient. Applied Soil Ecology, 2021, 158:

103816.

[6] Banerjee A, Shelver W L. Micro-and nanoplastic induced cellular toxicity in mammals: A review. Science of the Total Environment, 2021, 755: 142518.

[7] Song Y, Cao C, Qiu R, et al. Uptake and adverse effects of polyethylene terephthalate microplastics fibers on terrestrial snails (*Achatina fulica*) after soil exposure. Environmental Pollution, 2019, 250: 447-455.

[8] Huerta Lwanga E, Gertsen H, Gooren H, et al. Microplastics in the terrestrial ecosystem: Implications for *Lumbricus terrestris* (Oligochaeta, Lumbricidae). Environmental Science & Technology, 2016, 50 (5): 2685-2691.

[9] Wang W, Gao H, Jin S, et al. The ecotoxicological effects of microplastics on aquatic food web, from primary producer to human: A review. Ecotoxicology and Environmental Safety, 2019, 173: 110-117.

[10] Lei L, Wu S, Lu S, et al. Microplastic particles cause intestinal damage and other adverse effects in zebrafish *Danio rerio* and nematode *Caenorhabditis elegans*. Science of the Total Environment, 2018, 619-620: 1-8.

[11] Huerta Lwanga E, Mendoza Vega J, Ku Quej V, et al. Field evidence for transfer of plastic debris along a terrestrial food chain. Scientific Reports, 2017, 7 (1): 14071.

[12] Fueser H, Mueller M T, Traunspurger W. Rapid ingestion and egestion of spherical microplastics by bacteria-feeding nematodes. Chemosphere, 2020, 261: 128162.

[13] Wang L, Peng Y, Xu Y, et al. Earthworms' degradable bioplastic diet of polylactic acid: Easy to break down and slow to excrete. Environmental Science & Technology, 2022, 56 (8): 5020-5028.

[14] Rodríguez-Seijo A, da Costa J P, Rocha-Santos T, et al. Oxidative stress, energy metabolism and molecular responses of earthworms (*Eisenia fetida*) exposed to low-density polyethylene microplastics. Environmental Science and Pollution Research, 2018, 25 (33): 33599-33610.

[15] Hodson M, Duffus-Hodson C, Clark A, et al. Plastic bag derived-microplastics as a vector for metal exposure in terrestrial invertebrates. Environmental Science & Technology, 2017, 51 (8): 4714-4721.

[16] Rodríguez-Seijo A, Lourenco J, Rocha-Santos T A P, et al. Histopathological and molecular effects of microplastics in *Eisenia andrei* Bouché. Environmental Pollution, 2017, 220 (Pt A): 495-503.

[17] Zhu B K, Fang Y M, Zhu D, et al. Exposure to nanoplastics disturbs the gut microbiome in the soil oligochaete *Enchytraeus crypticus*. Environmental Pollution, 2018, 239: 408-415.

[18] Wang H T, Ding J, Xiong C, et al. Exposure to microplastics lowers arsenic accumulation and alters gut bacterial communities of earthworm *Metaphire californica*. Environmental Pollution, 2019, 251: 110-116.

[19] Cao D, Wang X, Luo X, et al. Effects of polystyrene microplastics on the fitness of earthworms in an agricultural soil. IOP Conference Series: Earth and Environmental Science, 2017, 61: 012148.

[20] Kwak J I, An Y J. Microplastic digestion generates fragmented nanoplastics in soils and damages earthworm spermatogenesis and coelomocyte viability. Journal of Hazardous Materials, 2021, 402: 124034.

[21] Wang J, Coffin S, Sun C, et al. Negligible effects of microplastics on animal fitness and HOC bioaccumulation in earthworm *Eisenia fetida* in soil. Environmental Pollution, 2019, 249: 776-784.

[22] Prendergast-Miller M T, Katsiamides A, Abbass M, et al. Polyester-derived microfibre impacts on the soil-dwelling earthworm *Lumbricus terrestris*. Environmental Pollution, 2019, 251: 453-459.

[23] Huerta Lwanga E, Thapa B, Yang X, et al. Decay of low-density polyethylene by bacteria extracted from earthworm's guts: A potential for soil restoration. Science of the Total Environment, 2018, 624: 753-757.

[24] Sheng Y, Liu Y, Wang K, et al. Ecotoxicological effects of micronized car tire wear particles and their heavy metals on the earthworm (*Eisenia fetida*) in soil. Science of the Total Environment, 2021, 793: 148613.

[25] Zhou Y, Liu X, Wang J. Ecotoxicological effects of microplastics and cadmium on the earthworm *Eisenia foetida*. Journal of Hazardous Materials, 2020, 392: 122273.

[26] Ding W, Li Z, Qi R, et al. Effect thresholds for the earthworm *Eisenia fetida*: Toxicity comparison between conventional and biodegradable microplastics. Science of the Total Environment, 2021, 781: 146884.

[27] Boughattas I, Hattab S, Zitouni N, et al. Assessing the presence of microplastic particles in Tunisian agriculture soils and their potential toxicity effects using *Eisenia andrei* as bioindicator. Science of the Total Environment, 2021, 796: 148959.

[28] Wang H T, Ma L, Zhu D, et al. Responses of earthworm *Metaphire vulgaris* gut microbiota to arsenic

and nanoplastics contamination. Science of the Total Environment, 2022, 806.

[29] Li B, Song W, Cheng Y, et al. Ecotoxicological effects of different size ranges of industrial-grade polyethylene and polypropylene microplastics on earthworms *Eisenia fetida*. Science of the Total Environment, 2021, 783: 147007.

[30] Li M, Liu Y, Xu G, et al. Impacts of polyethylene microplastics on bioavailability and toxicity of metals in soil. Science of the Total Environment, 2021, 760: 144037.

[31] Ding J, Zhu D, Wang H T, et al. Dysbiosis in the gut microbiota of soil fauna explains the toxicity of tire tread particles. Environmental Science & Technology, 2020, 54 (12): 7450-7460.

[32] Selonen S, Dolar A, Jemec Kokalj A, et al. Exploring the impacts of plastics in soil-The effects of polyester textile fibers on soil invertebrates. Science of the Total Environment, 2020, 700: 134451.

[33] Lahive E, Walton A, Horton A A, et al. Microplastic particles reduce reproduction in the terrestrial worm *Enchytraeus crypticus* in a soil exposure. Environmental Pollution, 2019, 255 (Pt 2): 113174.

[34] Kim S W, An Y J. Soil microplastics inhibit the movement of springtail species. Environment International, 2019, 126: 699-706.

[35] Ju H, Zhu D, Qiao M. Effects of polyethylene microplastics on the gut microbial community, reproduction and avoidance behaviors of the soil springtail, *Folsomia candida*. Environmental Pollution, 2019, 247: 890-897.

[36] Zhu D, Chen Q L, An X L, et al. Exposure of soil collembolans to microplastics perturbs their gut microbiota and alters their isotopic composition. Soil Biology and Biochemistry, 2018, 116: 302-310.

[37] Kim H M, Lee D K, Long N P, et al. Uptake of nanopolystyrene particles induces distinct metabolic profiles and toxic effects in *Caenorhabditis elegans*. Environmental Pollution, 2019, 246: 578-586.

[38] Jemec Kokalj A, Dolar A, Drobne D, et al. Effects of microplastics from disposable medical masks on terrestrial invertebrates. Journal of Hazardous Materials, 2022, 438: 129440.

[39] Kim S W, Kim D, Jeong S W, et al. Size-dependent effects of polystyrene plastic particles on the nematode *Caenorhabditis elegans* as related to soil physicochemical properties. Environmental Pollution, 2020, 258: 113740.

[40] Jemec Kokalj A, Horvat P, Skalar T, et al. Plastic bag and facial cleanser derived microplastic do not affect feeding behaviour and energy reserves of terrestrial isopods. Science of the Total Environment, 2018, 615: 761-766.

[41] Zhu D, Bi Q F, Xiang Q, et al. Trophic predator-prey relationships promote transport of microplastics compared with the single *Hypoaspis aculeifer* and *Folsomia candida*. Environmental Pollution, 2018, 235: 150-154.

[42] Jin Y, Lu L, Tu W, et al. Impacts of polystyrene microplastic on the gut barrier, microbiota and metabolism of mice. Science of the Total Environment, 2019, 649: 308-317.

[43] Lu L, Wan Z, Luo T, et al. Polystyrene microplastics induce gut microbiota dysbiosis and hepatic lipid metabolism disorder in mice. Science of the Total Environment, 2018, 631-632: 449-458.

[44] Deng Y, Zhang Y, Qiao R, et al. Evidence that microplastics aggravate the toxicity of organophosphorus flame retardants in mice (*Mus musculus*). Journal of Hazardous Materials, 2018, 357: 348-354.

[45] Al-Jaibachi R, Cuthbert R N, Callaghan A. Examining effects of ontogenic microplastic transference on *Culex mosquito* mortality and adult weight. Science of the Total Environment, 2019, 651 (Pt 1): 871-876.

[46] Chae Y, An Y J. Nanoplastic ingestion induces behavioral disorders in terrestrial snails: trophic transfer effects via vascular plants. Environmental Science: Nano, 2020, 7 (3): 975-983.

[47] Yu Y, Chen H, Hua X, et al. Polystyrene microplastics (PS-MPs) toxicity induced oxidative stress and intestinal injury in nematode *Caenorhabditis elegans*. Science of the Total Environment, 2020, 726: 138679.

[48] Xu G, Liu Y, Song X, et al. Size effects of microplastics on accumulation and elimination of phenanthrene in earthworms. Journal of Hazardous Materials, 2021, 403: 123966.

[49] Jiang X, Chen H, Liao Y, et al. Ecotoxicity and genotoxicity of polystyrene microplastics on higher plant *Vicia faba*. Environmental Pollution, 2019, 250: 831-838.

[50] Cheng Y, Zhu L, Song W, et al. Combined effects of mulch film-derived microplastics and atrazine on oxidative stress and gene expression in earthworm (*Eisenia fetida*). Science of the Total Environment, 2020, 746: 141280.

[51] Qu M, Wang D. Toxicity comparison between pristine and sulfonate modified nanopolystyrene particles in af-

[52] Lei L, Liu M, Song Y, et al. Polystyrene (nano) microplastics cause size-dependent neurotoxicity, oxidative damage and other adverse effects in *Caenorhabditis elegans*. Environmental Science: Nano, 2018, 5 (8): 2009-2020.

[53] Shang X, Lu J, Feng C, et al. Microplastic (1 and 5 μm) exposure disturbs lifespan and intestine function in the nematode *Caenorhabditis elegans*. Science of the Total Environment, 2020, 705: 135837.

[54] Chen H, Hua X, Li H, et al. Transgenerational neurotoxicity of polystyrene microplastics induced by oxidative stress in *Caenorhabditis elegans*. Chemosphere, 2021, 272: 129642.

[55] Qu M, Qiu Y, Kong Y, et al. Amino modification enhances reproductive toxicity of nanopolystyrene on gonad development and reproductive capacity in nematode *Caenorhabditis elegans*. Environmental Pollution, 2019, 254: 112978.

[56] Zhao L, Qu M, Wong G, et al. Transgenerational toxicity of nanopolystyrene particles in the range of μg L1 in the nematode *Caenorhabditis elegans*. Environmental Science: Nano, 2017, 4 (12): 2356-2366.

[57] Yang Y, Shao H, Wu Q, et al. Lipid metabolic response to polystyrene particles in nematode *Caenorhabditis elegans*. Environmental Pollution, 2020, 256: 113439.

[58] Zhang S, He Z, Wu C, et al. Complex bilateral interactions determine the fate of polystyrene micro-and nano-plastics and soil protists: Implications from a soil amoeba. Environmental Science & Technology, 2022, 56 (8): 4936-4949.

[59] Beriot N, Peek J, Zornoza R, et al. Low density-microplastics detected in sheep faeces and soil: A case study from the intensive vegetable farming in Southeast Spain. Science of the Total Environment, 2021, 755: 142653.

[60] Zhang Y, Yin K, Wang D, et al. Polystyrene microplastics-induced cardiotoxicity in chickens via the ROS-driven NF-κB-NLRP3-GSDMD and AMPK-PGC-1α axes. Science of the Total Environment, 2022, 840: 156727.

[61] Yang X, Man Y B, Wong M H, et al. Environmental health impacts of microplastics exposure on structural organization levels in the human body. Science of the Total Environment, 2022, 825: 154025.

[62] Mercogliano R, Avio C G, Regoli F, et al. Occurrence of microplastics in commercial seafood under the perspective of the human food chain. A review. Journal of Agricultural and Food Chemistry, 2020, 68 (19): 5296-5301.

[63] Smith M, Love D C, Rochman C M, et al. Microplastics in seafood and the implications for human health. Current Environmental Health Reports, 2018, 5 (3): 375-386.

[64] Clere I K, Ahmmed F, Remoto P, et al. Quantification and characterization of microplastics in commercial fish from southern New Zealand. Marine Pollution Bulletin, 2022, 184: 114121.

[65] Kilic E. Microplastic ingestion evidence by economically important farmed fish species from Turkey. Marine Pollution Bulletin, 2022, 183: 114097.

[66] Chen Y, Shen Z, Li G, et al. Factors affecting microplastic accumulation by wild fish: A case study in the Nandu River, South China. Science of the Total Environment, 2022, 847: 157486.

[67] Kim J S, Lee H J, Kim S K, et al. Global pattern of microplastics (MPs) in commercial food-grade salts: Sea salt as an indicator of seawater MP pollution. Environmental Science & Technology 2018, 52 (21): 12819-12828.

[68] Yang D, Shi H, Li L, et al. Microplastic pollution in table salts from China. Environmental Science & Technology, 2015, 49 (22): 13622-13627.

[69] Nakat Z, Dgheim N, Ballout J, et al. Occurrence and exposure to microplastics in salt for human consumption, present on the Lebanese market. Food Control, 2023, 145: 109414.

[70] Liebezeit G, Liebezeit E. Non-pollen particulates in honey and sugar. Food Additives & Contaminants: Part A, 2013, 30 (12): 2136-2140.

[71] Liebezeit G, Liebezeit E. Synthetic particles as contaminants in German beers. Food Additives & Contaminants: Part A, 2014, 31 (9): 1574-1578.

[72] Pivokonsky M, Cermakova L, Novotna K, et al. Occurrence of microplastics in raw and treated drinking water. Science of the Total Environment, 2018, 643: 1644-1651.

[73] Mintenig S M, Löder M G J, Primpke S, et al. Low numbers of microplastics detected in drinking water from ground water sources. Science of the Total Environment, 2019, 648: 631-635.

[74] Shruti V C, Kutralam-Muniasamy G, Perez-Guevara F, et al. Free, but not microplastic-free, drinking water from outdoor refill kiosks: A challenge and a wake-up call for urban management. Environmental Pollution, 2022, 309: 119800.

[75] Zhou G, Wu Q, Tang P, et al. How many microplastics do we ingest when using disposable drink cups? Journal of Hazardous Materials, 2023, 441: 129982.

[76] Bai C L, Liu L Y, Guo J L, et al. Microplastics in take-out food: Are we over taking it? Environ Res 2022, 215 (Pt 3): 114390.

[77] Nematollahi M J, Zarei F, Keshavarzi B, et al. Microplastic occurrence in settled indoor dust in schools. Science of the Total Environment, 2022, 807: 150984.

[78] Li L, Luo Y, Li R, et al. Effective uptake of submicrometre plastics by crop plants via a crack-entry mode. Nature Sustainability, 2020, 3 (11): 929-937.

[79] Jenner L C, Rotchell J M, Bennett R T, et al. Detection of microplastics in human lung tissue using muFTIR spectroscopy. Science of the Total Environment, 2022, 831: 154907.

[80] Zhang J, Wang L, Trasande L, et al. Occurrence of polyethylene terephthalate and polycarbonate microplastics in infant and adult feces. Environmental Science & Technology Letters, 2021, 8 (11): 989-994.

[81] Amato-Lourenco L F, Carvalho-Oliveira R, Junior G R, et al. Presence of airborne microplastics in human lung tissue. Journal of Hazardous Materials, 2021, 416: 126124.

[82] Ibrahim Y S, Tuan Anuar S, Azmi A A, et al. Detection of microplastics in human colectomy specimens. JGH Open, 2021, 5 (1): 116-121.

[83] Zhu L, Zhu J, Zuo R, et al. Identification of microplastics in human placenta using laser direct infrared spectroscopy. Science of the Total Environment, 2022, 856 (Pt 1): 159060.

[84] Leslie H A, van Velzen M J M, Brandsma S H, et al. Discovery and quantification of plastic particle pollution in human blood. Environment International, 2022, 163: 107199.

[85] Su Y, Hu X, Tang H, et al. Steam disinfection releases micro (nano) plastics from silicone-rubber baby teats as examined by optical photothermal infrared microspectroscopy. Nature Nanotechnology, 2022, 17 (1): 76-85.

[86] Sun W, Yan S, Meng Z, et al. Combined ingestion of polystyrene microplastics and epoxiconazole increases health risk to mice: Based on their synergistic bioaccumulation in vivo. Environment International, 2022, 166: 107391.

[87] Luo T, Wang D, Zhao Y, et al. Polystyrene microplastics exacerbate experimental colitis in mice tightly associated with the occurrence of hepatic inflammation. Science of the Total Environment, 2022, 844: 156884.

[88] Li B, Ding Y, Cheng X, et al. Polyethylene microplastics affect the distribution of gut microbiota and inflammation development in mice. Chemosphere, 2020, 244: 125492.

[89] Wang S, Han Q, Wei Z, et al. Polystyrene microplastics affect learning and memory in mice by inducing oxidative stress and decreasing the level of acetylcholine. Food and Chemical Toxicology, 2022, 162: 112904.

[90] Zhang Y, Zhang X, Li X, et al. Interaction of microplastics and soil animals in agricultural ecosystems. Current Opinion in Environmental Science & Health, 2022, 26: 100327.

[91] Chen Y, Wu Y, Ma J, et al. Microplastics pollution in the soil mulched by dust-proof nets: A case study in Beijing, China. Environmental Pollution, 2021, 275: 116600.

[92] Zhang S, Ren S, Pei L, et al. Ecotoxicological effects of polyethylene microplastics and ZnO nanoparticles on earthworm *Eisenia fetida*. Applied Soil Ecology, 2022, 176: 104469.

[93] Shao Y, Wang J, Du Z, et al. Toxicity of 1-alkyl-3-methyl imidazolium nitrate ionic liquids to earthworms: The effects of carbon chains of different lengths. Chemosphere, 2018, 206: 302-309.

[94] Blanco-Rayón E, Ziarrusta H, Mijangos L, et al. Integrated biological response to environmentally-relevant concentration of amitriptyline in *Sparus aurata*. Ecological Indicators, 2021, 130: 108028.

[95] Qi S, Wang C, Chen X, et al. Toxicity assessments with *Daphnia magna* of Guadipyr, a new neonicotinoid insecticide and studies of its effect on acetylcholinesterase (AChE), glutathione S-transferase (GST), catalase

(CAT) and chitobiase activities. Ecotoxicology and Environmental Safety, 2013, 98: 339-44.
[96] Zhang J, Meng H, Kong X, et al. Combined effects of polyethylene and organic contaminant on zebrafish (*Danio rerio*): Accumulation of 9-nitroanthracene, biomarkers and intestinal microbiota. Environmental Pollution, 2021, 277: 116767.
[97] Lackmann C, Velki M, Simic A, et al. Two types of microplastics (polystyrene-HBCD and car tire abrasion) affect oxidative stress-related biomarkers in earthworm *Eisenia andrei* in a time-dependent manner. Environment International, 2022, 163: 107190.
[98] Baeza C, Cifuentes C, González P, et al. Experimental exposure of *Lumbricus terrestris* to microplastics. Water Air Soil Pollution, 2020, 231 (6): 308.
[99] Prokić M D, Radovanović T B, Gavrić J P, et al. Ecotoxicological effects of microplastics: Examination of biomarkers, current state and future perspectives. TrAC Trends in Analytical Chemistry, 2019, 111: 37-46.
[100] Mittler R. Oxidative stress, antioxidants and stress tolerance. Trends Plant Science, 2002, 7 (9): 405-410.
[101] Li X, Zhu L, Du Z, et al. Mesotrione-induced oxidative stress and DNA damage in earthworms (*Eisenia fetida*). Ecological Indicators, 2018, 95: 436-443.
[102] Verma S, Dubey R S. Lead toxicity induces lipid peroxidation and alters the activities of antioxidant enzymes in growing rice plants. Plant Science, 2003, 164 (4): 645-655.
[103] Li M, Ma X, Saleem M, et al. Biochemical response, histopathological change and DNA damage in earthworm (*Eisenia fetida*) exposed to sulfentrazone herbicide. Ecological Indicators, 2020, 115: 106465.
[104] Zhong H, Yang S, Zhu L, et al. Effect of microplastics in sludge impacts on the vermicomposting. Bioresource Technology, 2021, 326: 124777.
[105] Yu H, Zhang Y, Tan W. The "neighbor avoidance effect" of microplastics on bacterial and fungal diversity and communities in different soil horizons. Environmental Science and Ecotechnology, 2021, 8: 100121.
[106] Cheng Y, Song W, Tian H, et al. The effects of high-density polyethylene and polypropylene microplastics on the soil and earthworm *Metaphire guillelmi* gut microbiota. Chemosphere, 2021, 267: 129219.
[107] Ma L, Xie Y, Han Z, et al. Responses of earthworms and microbial communities in their guts to triclosan. Chemosphere, 2017, 168: 1194-1202.
[108] Koubová A, Chroňáková A, Pižl V, et al. The effects of earthworms *Eisenia* spp. on microbial community are habitat dependent. European Journal of Soil Biology, 2015, 68: 42-55.
[109] Shin N R, Whon T W, Bae J W. Proteobacteria: Microbial signature of dysbiosis in gut microbiota. Trends Biotechnology, 2015, 33 (9): 496-503.
[110] Tang R, Li X, Mo Y, et al. Toxic responses of metabolites, organelles and gut microorganisms of *Eisenia fetida* in a soil with chromium contamination. Environmental Pollution, 2019, 251: 910-920.
[111] Horn M A, Schramm A, Drake H L. The earthworm gut: An ideal habitat for ingested N_2O-producing microorganisms. Applied & Environmental Microbiology, 2003, 69 (3): 1662.
[112] Shin K H, Yi H, Chun J S, et al. Analysis of the anaerobic bacterial community in the earthworm (*Eisenia fetida*) intestine. Journal of Applied Biological Chemistry, 2004, 47 (3): 147-152.
[113] Kanehisa M, Goto S. KEGG: Kyoto Encyclopedia of genes and Genomes. Nucleic Acids Research, 2000, 28: 27-30.

附录　专业缩写词

ACR	丙烯酸酯类共聚物	PES	聚酯纤维
ABS	丙烯腈-丁二烯-苯乙烯共聚物	PET	聚对苯二甲酸乙二醇酯
AMF	丛枝菌根真菌	PEVA	聚乙烯醋酸乙烯酯
CIP	环丙沙星	PHA	聚羟基脂肪酸酯
DDTs	二氯二苯三氯乙烷	PHBV	聚羟基丁酸戊酸酯
DEHP	邻苯二甲酸二(2-乙基己基)酯	PLA	聚乳酸
EC	电导率	PMF	聚酯超细纤维
EPC	乙烯-丙烯共聚物	PMMA	聚甲基丙烯酸甲酯
FDAse	荧光素二乙酸酯水解酶	PP	聚丙烯
HDPE	高密度聚乙烯	PPC	聚碳酸亚丙酯
LDPE	低密度聚乙烯	PS	聚苯乙烯
OPFRs	有机磷阻燃剂	PTFE	聚四氟乙烯
PA	聚酰胺	PU	聚氨酯
PAA	聚丙烯酸	PVA	聚乙烯醇
PAHs	多环芳烃	PVC	聚氯乙烯
PAN	聚丙烯腈	ROS	活性氧化物
PBS	聚丁二酸丁二醇酯	SOC	土壤有机碳
PBAT	聚己二酸对苯二甲酸丁二醇酯	SOM	土壤有机质
PC	聚碳酸酯	SON	土壤有机氮
PCBs	多氯联苯	SOP	土壤有机磷
PCF	聚合物包膜肥料	SWC	土壤含水量
PE	聚乙烯	TOC	总有机碳

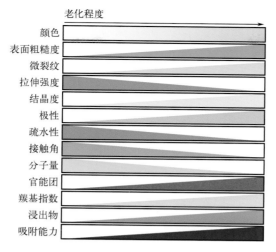

图1-2 随老化程度微塑料的物理化学性质变化[34]

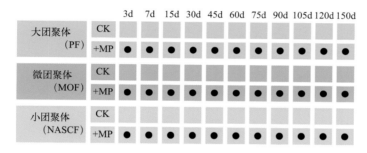

图2-1 土壤培养试验方案

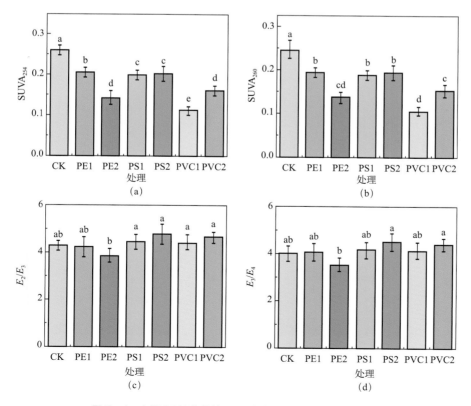

图2-4 土壤DOM的紫外-可见光光谱指数对微塑料的响应

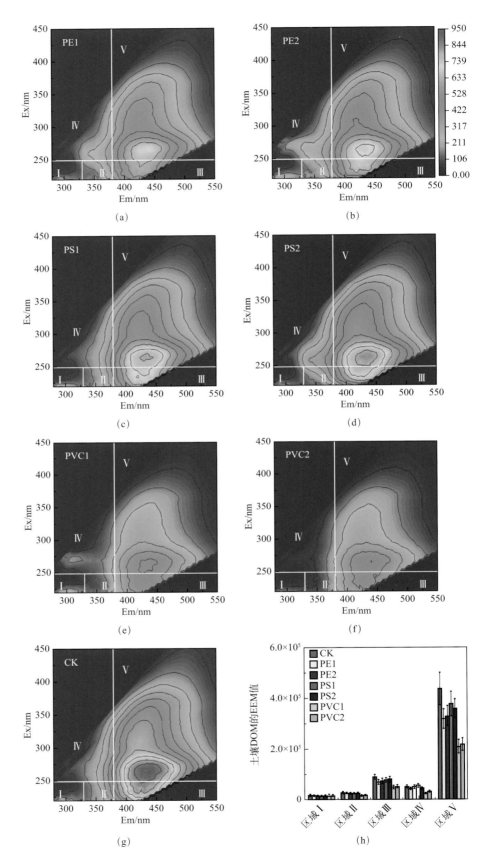

图 2-5 土壤 DOM 的三维荧光特征

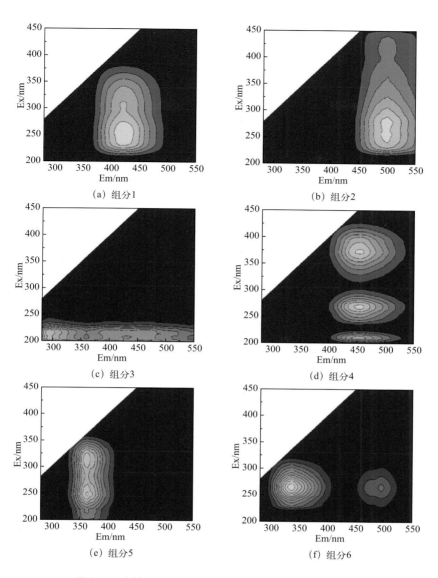

图 2-7 土壤 DOM 中 6 个组分三维荧光光谱平行因子分析

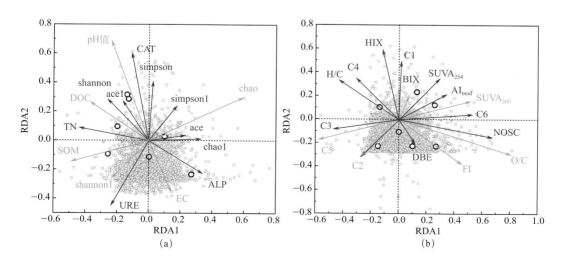

图 2-10 DOM 分子强度和土壤因素（a）和土壤 DOM 特性（b）的多变量分析

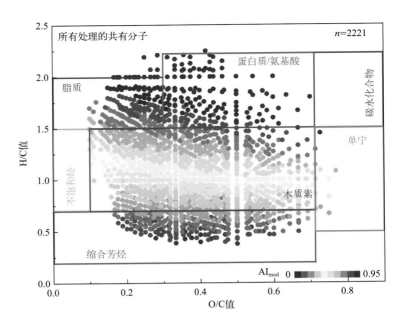

图 2-11 所有处理中共有的核心化合物的 Van Krevelen 图

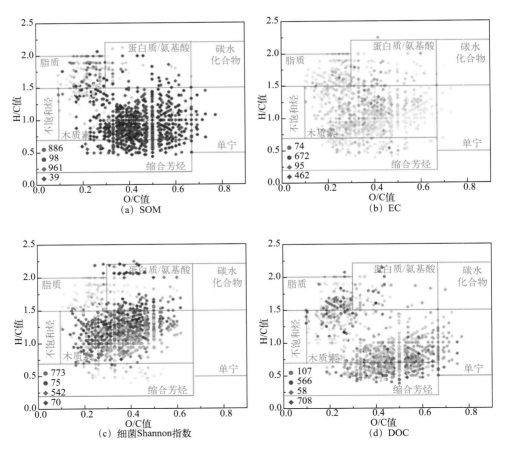

图 2-12

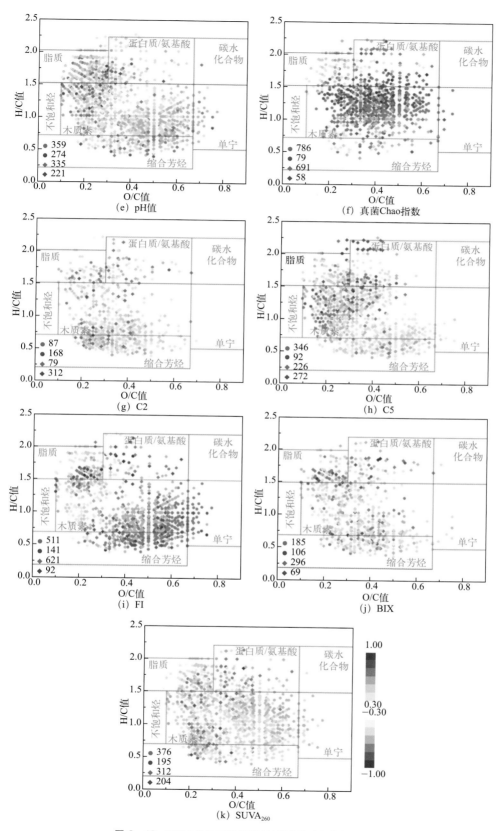

图 2-12 DOM 分子与各 DOM 特征参数之间的相关性

颜色条表示相关性的方向和强度(红色,正;蓝色,负),圆圈表示不含杂原子的化合物(CHO),菱形表示含杂原子的化合物(CHONS)

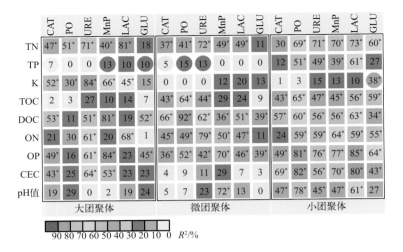

图 3-3 酶活性与土壤化学因子的相关性

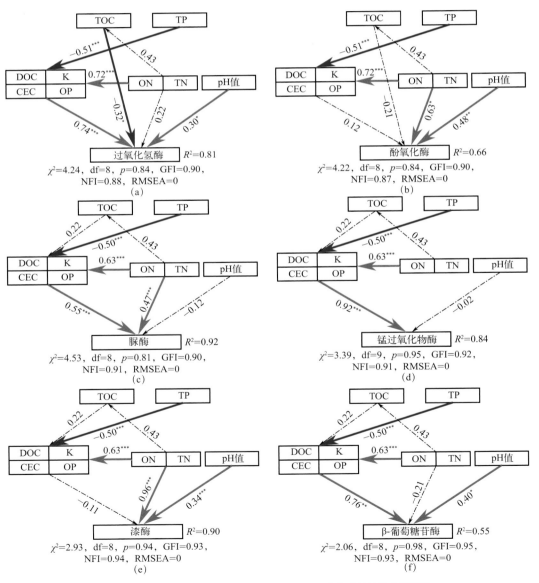

图 3-4 大团聚体组分中土壤化学因子和酶活性构建的结构方程模型

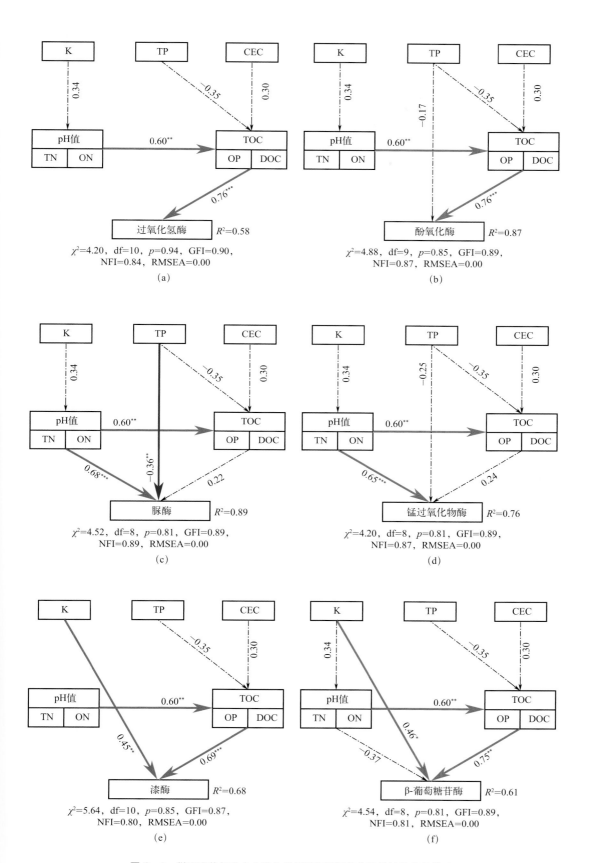

图 3-5 微团聚体组分中土壤化学因子和酶活性构建的结构方程模型

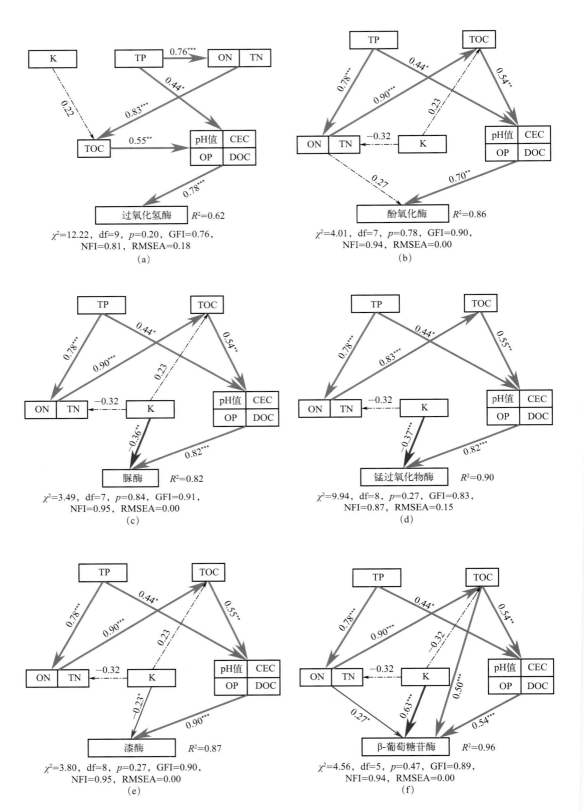

图 3-6 小团聚体组分中土壤化学因子和酶活性构建的结构方程模型

	TN	TP	K	TOC	DOC	ON	OP	CEC	pH值	CAT	PO	URE	MnP	LAC	GLU	
变形菌门	0	45*	11	9	24	4	19	17	28	38	8	3	24	3	17	大团聚体
放线菌门	0	36	14	3	66*	16	27	18	26	37	6	7	26	4	40*	
酸杆菌门	0	0	2	3	40*	11	4	25	8	29	8	0	9	1	30	
绿弯菌门	4	21	11	2	22	0	15	21	36	30	13	9	11	3	28	
芽单胞菌门	0	62*	41*	26	56*	21	53*	54*	15	82*	30	27	40*	26	12	
拟杆菌门	9	23	31	12	80*	65*	45*	57*	57*	70*	45*	57*	57*	29	63*	
厚壁菌门	6	22	20	3	28	5	27	30	13	27	23	15	13	1	17	
变形菌门	4	39*	1	4	47*	7	1	53*	1	83*	26	16	0	1	7	微团聚体
放线菌门	1	19	12	3	35*	6	5	34	0	37*	40*	53*	0	15	0	
酸杆菌门	2	26	15	15	16	6	0	23	0	28	31	25	0	2	0	
绿弯菌门	4	43*	2	1	1	10	3	41*	1	54*	21	18	3	3	4	
芽单胞菌门	5	46*	2	5	66*	1	2	18	13	57*	46*	55*	0	0	0	
拟杆菌门	2	19	7	15	61*	2	34*	85*	0	73*	82*	60*	11	34*	1	
厚壁菌门	25	21	0	5	11	35*	1	44*	15	14	45	23	8	0	17	
变形菌门	3	3	6	22	53*	1	45*	46*	2	2	54*	47*	8	9	3	小团聚体
放线菌门	7	2	11	13	84*	2	65*	27	15	0	40*	48*	9	0	33	
酸杆菌门	45*	31	32	2	20	50*	53*	40*	46*	22	72*	60*	3	18	39*	
绿弯菌门	1	9	9	25	36*	27	45*	10	1	54*	22	27*	0	3	4	
芽单胞菌门	3	5	12	13	55*	29	58*	68*	11	15	49*	43*	18	6	0	
拟杆菌门	46*	19	22	40*	65*	38*	70*	45*	23	22	44*	36*	5	50*	11	
厚壁菌门	22	19	8	3	42*	25	22	52*	12	36*	18	19	29	31	30	

90 80 70 60 50 40 30 20 10 0 $R^2/\%$

图 4-9 细菌群落（门水平）与土壤化学因子的相关性

	TN	TP	K	TOC	DOC	ON	OP	CEC	pH值	CAT	PO	URE	MnP	LAC	GLU	
子囊菌门	41*	7	5	23	45*	27	13	4	9	34	0	22*	10	33	2	大团聚体
被孢菌门	14	7	1	30	2	5	9	2	4	8	7	5	4	1	1	
担子菌门	42*	20	50*	54*	57*	17	64*	5	0	58*	22	11	83*	14	1	
壶菌门	30	23	42*	26	65*	10	81*	31	4	60*	42*	22	76*	38	20	
子囊菌门	49*	13	4	16	28	34	32	38	0	6	38	17	19	9	15	微团聚体
被孢菌门	18	11	17	8	34	15	4	6	1	39	36	57*	7	17	3	
担子菌门	77*	9	38	18	83*	0	26	47*	4	60*	46*	66*	4	43*	32	
壶菌门	14	11	8	1	35	0	22*	3	6	26	27	47*	0	1	0	
子囊菌门	38	6	18	0	20	22	26	49*	0	49*	15	6	8	16	4	小团聚体
被孢菌门	2	10	15	0	26	1	4	0	2	0	0	0	0	0	0	
担子菌门	82*	15	22	1	66*	8	75*	35	7	64*	46*	13	49*	13	23	
壶菌门	2	6	10	3	16	2	7	27*	0	28*	37	15	2	3	6	

90 80 70 60 50 40 30 20 10 0 $R^2/\%$

图 4-10 真菌群落（门水平）与土壤化学因子的相关性

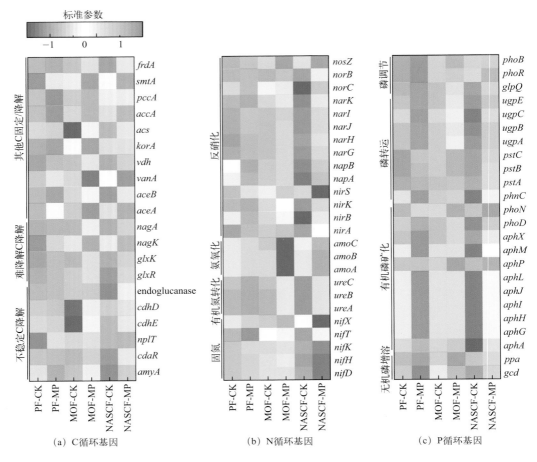

图 4-13 与碳、氮和磷循环有关的基因组在不同处理之间的丰度差异

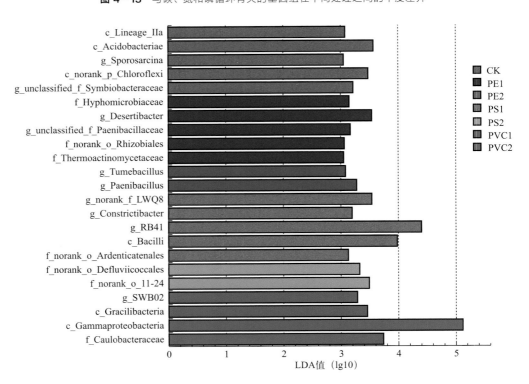

图 4-18 不同处理土壤细菌 LEfSe 分析（LDA 值＞3）

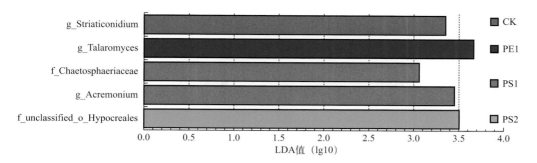

图 4-19　不同处理土壤真菌 LEfSe 分析（LDA 值＞3）

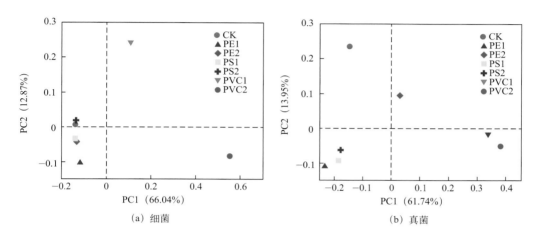

(a) 细菌

(b) 真菌

图 4-22　不同处理下土壤细菌和真菌的 PCoA 图

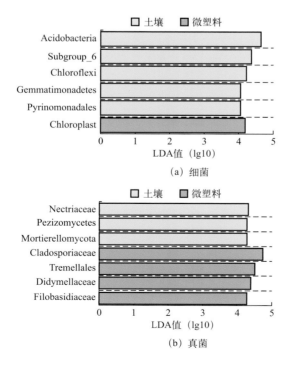

(a) 细菌

(b) 真菌

图 4-26　土壤与微塑料的细菌和真菌 LEfSe 分析（LDA 值＞4）

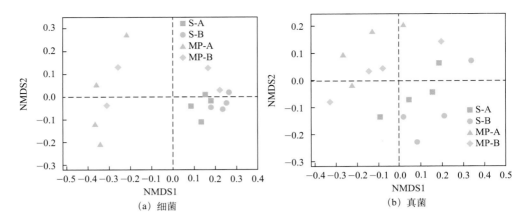

(a) 细菌　　　　　　　　　　(b) 真菌

图 4-27　土壤与微塑料细菌和真菌群落 NMDS 分析

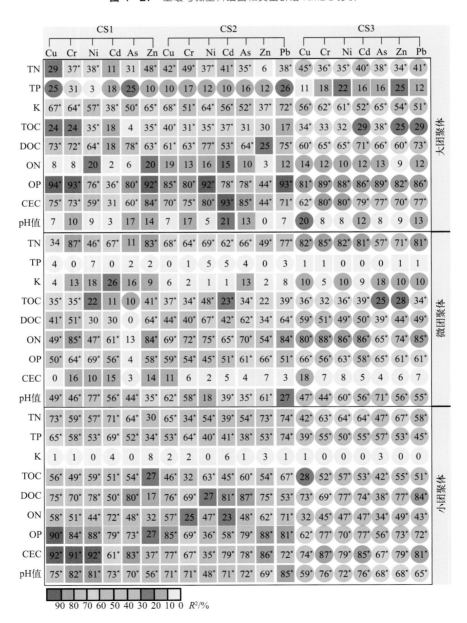

图 5-3　重金属化学形态与土壤化学因子的相关性

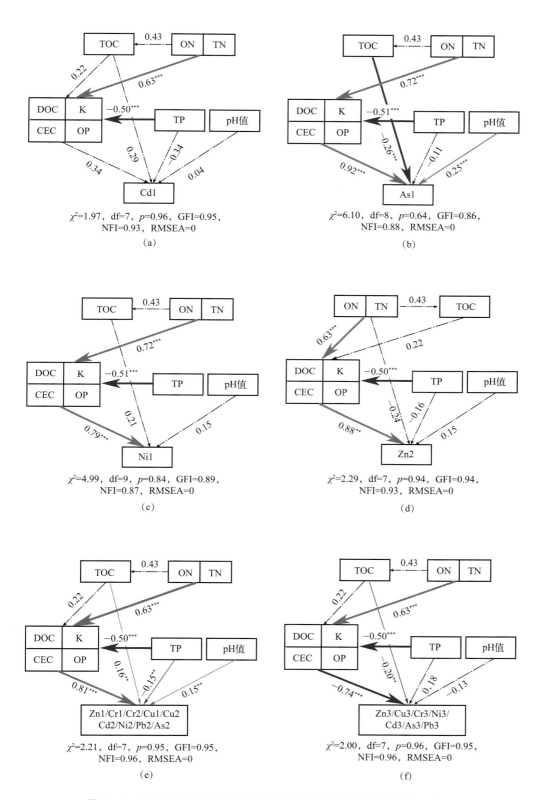

图 5-4 大团聚体组分中土壤化学因子和重金属化学形态构建的结构方程模型

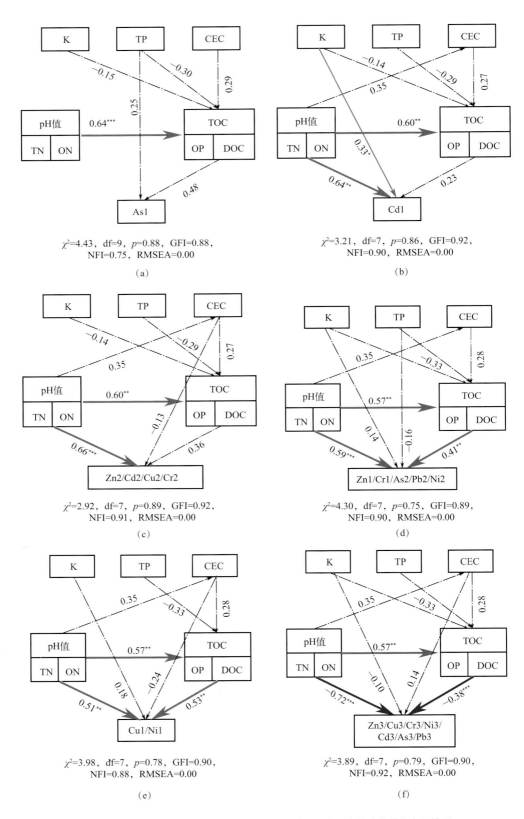

图 5-5 微团聚体组分中土壤化学因子和重金属化学形态构建的结构方程模型

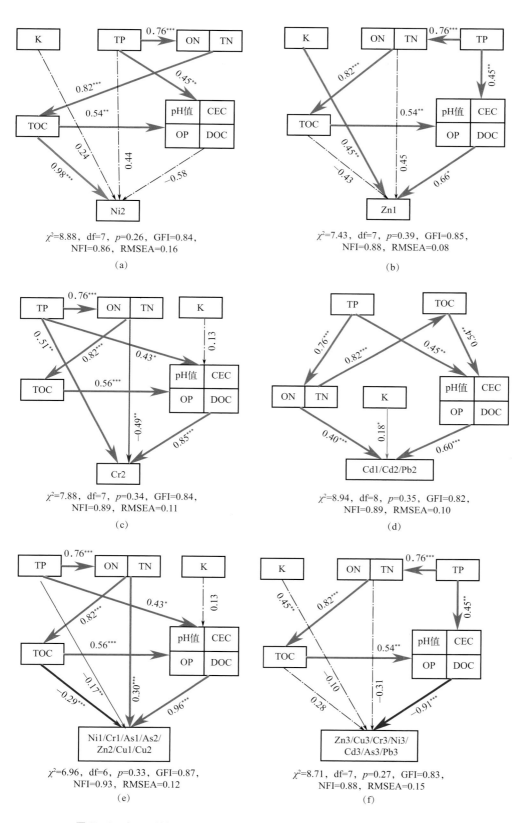

图 5-6 小团聚体组分中土壤化学因子和重金属化学形态构建的结构方程模型

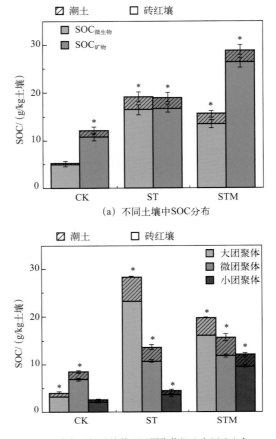

(a) 不同土壤中SOC分布

(b) 不同土壤的不同团聚体组分中SOC分布

图6-6 不同土壤类型中微塑料对SOC分布的影响

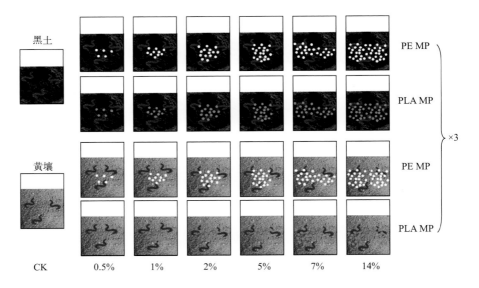

图8-1 土壤培养试验方案